조선기하학

선박설계의 기초지식

공학박사 **신찬익** 저

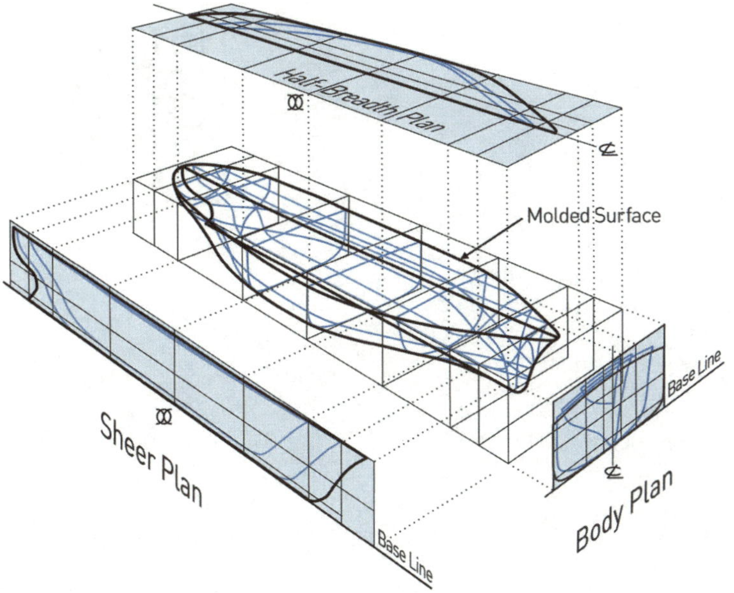

조선기하학_선박설계의 기초지식

초판 인쇄 2014년 5월 26일
초판 발행 2014년 6월 10일

지은이 신찬익
펴낸이 최국주
펴낸곳 동명사
출판등록 1950년 11월 1일(제1-76호)
주소 (우 413-756) 경기도 파주시 회동길 50(문발동)
전화 031-955-7200(대표)~2, 7203(편집부), 7204(물류)
팩스 031-955-7205
전자우편 webmaster@dmsbook.com
홈페이지 www.dmsbook.com

ISBN 978-89-411-8132-3 93550
값 31,000원

머리말

배는 물의 별인 지구의 표면을 7할이나 덮고 있는 해면에서 가장 활약하는 수송기관으로서 건조된다. 배는 원래 단순히 사람이나 물건을 실어 나르는 것이 목적 이었지만, 대량 물자를 해상 운송하기가 가능하기 때문에 세계의 정치 · 경제에 필수적인 물류를 지탱하기 위하여 건조 된다. 따라서 배는 그 전신인 인공적인 부체로 만들기 시작한 고대로부터 사람들의 생활과 용도에 부합하도록 다양한 형태의 변천을 거치면서 시대의 요구에 응하여 가장 적합한 형상으로 발달 해왔다.

배는 주로 부력을 이용하여 사람을 태우나 물건을 싣기 때문에 태우는 인원 및 싣는 화물의 양에 따라 그 크기는 홀로 타는 작은 배로부터 수십만 톤의 거대한 배까지 다양한 형태를 하고 있다.

배는 소형선 일수록 가혹한 풍파랑 중을 항해 할 때의 옆 안정성을 확보하는 것이 요구되지만, 선체 구조 및 강도는 별로 문제가 되지 않는다. 그러나 배가 커짐에 따라 가혹한 풍파랑 중에서는 옆 안정성의 확보도 요구되지만 특히 구조적 안전성을 확보하기 위한 선체 구조 및 강도가 크게 요구된다. 따라서 선박 건조 방법은 소형선과 대형선에 있어서 당연히 다르며, 소형선과 대형선의 건조 현장 기술에는 전혀 다른 점도 많이 있다. 그러므로 「조선(造船)」의 기반 기술은 매우 폭 넓고 깊은 것이라고 말할 수 있다. 조선 기술의 특징은 배의 종류나 크기에 관계없이 해상(수면상)에 부양하고 화물을 적재하여 강호나 넓은 바다를 항해하기 위한 최적의 성능과 구조를 갖도록 계획 · 설계하고 건조하는데 있다.

배의 규모에 관계없이 「선주(船主)」의 이용 목적에 따라 조선소에 발주 된 배는 조선소가 가지고 있는 조선 기술의 모든 것을 활용하여 선주의 요구에 맞게 건조된다. 선주가 조선소에 주문하는 배는 부체 구조물로서의 안정성과 안전성 및 수송 기관으로서의 최적한 운동 성능과 적당한 량의 적재 기능이 요구되기 때문에 조선소는 「선주」 요구에 부합한 선형 및 구조를 검토하여 최적의 선박을 건조하게 된다. 그러므로 조선소에서 건조되는 새로운 배는 최신 조선 기술을 기반으로, 완전히 오리지널 해상(수상) 수송기관이라고 말해도 과언이 아니다.

건조된 새로운 배는 지금까지 조선소가 쌓아온 독자적인 조선 기술과 조선 기술자 각자가 가지고 있는 노하우를 활용하고, 그리고 건조 과정에서 새로운 기술을 창조하면서 건조하였기 때문에 조선소의 조선 기술과 새로운 배 건조에 종사하는 기술자 각자의 개별적 기술의 종합적인 결실이라고 말할 수 있다. 그러므로, 선박 건조에 종사하는 모든 조선 기술자는 새로운 배를 계획 · 설계 그리고 건조하는 과정에서 기술자로서의 자부심과 긍지를 자연스럽게 품고 그리고 자부심을 갖게 된다.

한편 조선소에서 선박 건조에 종사하는 조선 기술자는 일부 산업 고등학교 또는 대학교에 개설된 선박공학과나 조선학과에서 조선학 및 조선 기술을 배운 졸업생들이다. 그들은 배운 학리와 조선소 내의 기술을 결합하여 기술적인 리더 역할을 충분히 수행함으로써 지금까지의 조선 산업을 지탱 발전시켜 왔다고 단언 할 수 있다.

일본 長崎県(나가사키현)에 있는 학교 법인 長崎総合科学大学(旧長崎造船大学 : 구 나가사키조선대학교)는 2012년에 창립 70 주년을 맞이했지만, 바로 이전 대학교 이름으로도 알 수 있듯이 조선 기술자를 육성하기 시작한지 70년이 되였다는 것이다. 그동안 선박공학과가 사회에 배출 한 조선 기술자는 이천 여명이 넘고, 그들이 일본의 전국 방방곡곡에서 일본 조선 산업을 지탱하고 발전시켜 왔다.

그 나가사키조선대학교 선박공학과에 저자(1956년 8살 때 도일)가 입학 한 것은 1966년이며, 전문 과목으로서 처음 배운 과목이 「조선기하(造船幾何)」이다.

「조선기하」는 당시 일본에 있었던 대학교에 설치된 선박공학과 혹은 조선학과에서는 지정 과목으로 정해져 있었던 주요 과목이었다. 「조선기하」는 조선학의 기초과목이기 때문에 선체 주요치수로부터 「선체선도(船体線図)」까지 조선 기술의 가장 기초적인 내용으로 되어 있었다. 때문에 대학교에 입학하여 처음 수강 한 전공과목이었고 지금까지 항상 전문 과목이라는 인식이었기에 기억 속에서 사라지지 않았다.

그러나 그 간 일본에 있는 대학교에서는 「선박공학」이나 「조선학」이라는 학과에서의 전문 교육이 「선박해양공학」이나 「해양시스탬학」과 같은 연구 중심의 교과 과

정으로 이행하고 직접 「조선」에 관한 제도나 설계 등의 전문 과목 시간수가 감소하는 환경 속에서, 조선 기술의 가장 기초적인 전문 과목인 「조선기하」라는 과목도 교과 과정으로부터 사라져 버렸다. 저자 또한 개인적인 전문 분야가 「조선기하」와는 직접적으로 관련이 없는 「선체복원성」 그리고 「파랑중 선체운동」이었기 때문에 당시에는 그다지 큰 문제라고 생각하지 않았다. 그런데 지난 십 수 년 전부터 젊은 조선 기술자, 특히 조선소 기본설계부의 「선체선도」 담당자들과의 기술 담론을 나누던 과정에서, 알고 있어야 할 조선 기술의 가장 기초적인 것은 대학교 시절에 가르쳐 두어야 할 필요성을 절실히 느끼게 되였다.

「선체선도」는 배의 크기에 관계없이 조선 설계의 근간을 이루는 도면이지만, 그 개념과 그리는 방법에 대하여서는 조선에 관한 전문 서적들에서도 단편적인 설명 밖에는 다루고 있지 않다. 따라서 대학교에서의 제도 교육 및 초보자에 대한 설계 교육에서 「선체선도」의 개념으로부터 그리는 방법까지를 체계적으로 설명하고 가르치는 것은 숙련 된 설계자라 하여도 어려운 것이 현실이다.

저자는 2005년부터 長崎総合科学大学(나가사키종합과학대학교) 공과대학 선박 공학과에서 미래의 조선 기술자를 목표로 조선학을 공부하는 학생들을 위하여 폐지되었던 「조선기하」를 다시 개강 하였지만, 과목 담당 초기에 깨달은 것이 「선체선도」에 관한 체계적인 도서가 없었다는 것이다.

그래서 이 책은 먼저 조선 기술자를 목표로 하는 학생 또는 선체 기본설계 초보자가 「선체선도」의 개략을 이해하고 그리는 방법의 대략적인 흐름을 이해할 수 있도록 「조선기하」에 대하여 가능한 도시하면서 알기 쉬운 문장으로 정리하였다. 또한 배수량 등의 계산식은 미분적분학 지식이 필요하지만, 여기에서도 수학적 설명뿐만 아니라 실제적인 계산식으로 알기 쉽게 나타내고 그 계산 방법의 흐름과 그 결과로서 배수량 등 곡선과의 관계가 이해할 수 있도록 정리하였다.

즉 이 책은 선체 형상을 표시하는 주요치수의 정의, 「선체선도」의 특징 · 역할, 선체의 형상 · 비척(肥脊:살찜과 여윔), 「선체선도」를 그리는 방법 및 배수량 등의 계산법과 곡선도에 대하여 가능한 도시하며 상세하게 설명하고 있고, 조선학을 배우고 조선 설계를 실시하는데 있어서 알아두어야 할 기초 지식에 대하여 설명하고 있기 때문에 「조선기하학」이라고 하였다.

이 책을 가지고 공부함으로서, 배마다 서로 다른 곡선미를 가진 선체가 어떤 기하학적인 사고에 근거하여 설계되고 있는지 알 수 있다. 또한 설계시 도면으로 작성된 「선체선도」에 있어서 모든 점과 선이 서로 한치의 오차도 없이 정합성(整合性)있게 그려져 있다는 것을 알 수 있다. 그 위에, 주어진 조건 하에서 「선체선도」를 그리는 방법을 알고, 얻어진 「선체선도」의 곡선군이 나타내는 값(치수)을 이용하여 선박의 배수량을 포함한 필요한 여러 항목에 대하여 계산하는 방법을 이해할 수 있다. 그리고 계산식을 이용한 계산 결과를 배수량 등 곡선으로 표시하고, 여러 곡선이 가지는 의미를 이해함으로써 선체가 가지는 유체 정역학적인 성질을 알 수 있다.

이 책은 조선 설계의 근간을 이루는 「선체선도」의 개념과 그를 그리는 방법 및 배수량 등 계산법을 이해하기 위한 입문서로 정리 한 것이다. 이 책이 앞으로 조선 기술자가 되려는 젊은 학생이나 조선소에서 설계 초보자 교육에 도움이 되고, 조선학 학문 체계의 유지·발전에 공헌이 된다면 저자에게는 더 없는 행복일 것이다.

또한 어릴 때 현해탄을 건너 일본으로 가서, 그 곳에서 배운 지식이 조국의 조선 기술 교육에 조금이라도 이바지 할 수 있다면 저자에게는 한없는 영광일 것이다. 저자를 낳은 한국과 키워준 일본에 대하여 감사 하는 바이다.

이 책은 먼저 일본의 海文堂出版株式会社에서 출판한 「造船幾何学(조선기하학)」을 기본으로 하여 한국 실정에 맞게 편집한 것이며, 한국에서의 출판에 대하여서는 전적으로 東明社의 도움을 받았다. 여기에 진심으로 감사를 표한다.

이 책의 구성과 용어의 정의

배의 건조는 배의 크기에 관계없이 건조하는 배의 형상을 나타내는 「선체선도(船体線図)」라고 하는 축척도을 제도하기 시작한 때부터 본격적으로 시작한다.

단순히 선도 또는 Lines(라인즈)라고도 한다.

이 책에서는 배의 형상을 나타내는 선도 또는 라인즈의 총칭으로 나타낼 때는 「선체선도」라고 부르지만, 기타 부분적인 그림을 말할 때는 「○○선도」라고 부르기로 한다.

건조하는 배의 적재 기능, 항해 중의 운동 성능 또는 복원 성능 등의 여러 성능은 선체선도에 의해 정해져 버린다. 그렇기 때문에 어느 조선소에 있어서도 자사 독자적인 선형과 여러 성능의 우월 점을 가지고 어필(호소)하기 위해 가장 신경을 쓰고, 선주(船主)의 요구 조건을 만족시키기 위한 선체선도를 그리기 위해 설계자는 최선을 다하고 있다.

선체선도는 선체의 독특한 곡선군으로 구성되어 있기 때문에, 지금까지와 같이 손으로 그리는 제도는 숙련 된 설계자라 해도 상당한 시간이 걸린다. 또한 선체선도는 축척도로 그리기 때문에 숙련된 설계자도 축척에서 발생하는 오차를 없앨 수는 없다.

설계 시에는 가능한 오차를 없애고 축척도로서의 선체선도에 그려지는 교점과 곡선 사이의 정합성을 맞추고, 곡선을 매끄럽게 하기 위한 정돈 작업을 항상하고 있지만, 이 작업을 설계 실에서의 선체선도의 순정(Fairing)이라고 한다.

또한 최근까지 조선소에서는 설계실에서 그려낸 축척도인 선체선도를 현도장(現図場)이라는 곳의 마루 위에 실제 크기로 확대하여 다시 그려 나타내어, 이 현척현도(現尺現図)로 나타냄으로서 나타나는 선체선도의 오차를 보정하기 위한 작업을 하고 있었다. 이 작업을 현척현도에 의한 현도장의 순정(Fairing in Mold Loft)이라고 한다. 현척현도 대신 1/5 또는 1/10의 축척도를 가지고 순정 작업을 하는 조선소도 있었다.

1/5 또는 1/10의 축척도 또는 현척현도의 순정을 완전히 마친 후 실제 크기의 선체선도를 얻을 수 있어, 이로부터 선체의 실제 치수를 나타내는 선체 치수표(Table of Offsets : 오프셋표)가 구하여 지고 건조하는 선박의 선형이 확정한다.

이상과 같은 설계실에서의 선체선도의 제도와 순정을 거쳐 1/5 또는 1/10의 축척도 아니면 현척현도에 의한 선체선도의 순정은 조선소에서 건조하는 배의 선체를 확정하는데 있어서 빼놓을 수 없었던 중요한 과정이었다.

한편 최근 선체선도를 위한 컴퓨터 소프트웨어는 선체선도의 제도와 현척현도의 순정이 가능하기 때문에 축척도인 선체선도의 제도와 그것을 기반으로 한 현척현도의 순정이라는 지금까지와 같은 두 가지 작업이 불필요하다. 또한 대부분의 경우 배수량 등의 계산이나 복원성 계산 등의 여러 계산 소프트웨어가 포함되어 있어 손으로 그리는 선체선도의 제도에 비하면 시간적으로도 노력적으로도 편하게 되었다. 따라서 현재 대부분의 조선소에서는 선체선도를 위한 컴퓨터 소프트웨어를 사용하여 「선체선도」의 제도와 순정 및 배수량 등의 여러 계산을 하고 있다.

조선소에서는 건조하는 배의 실제 선형이 확정되면 실제 치수의 선체선도 또는 선체 치수표를 기반으로 배수량 등 필요한 여러 계산을 한다. 더구나 그 계산서 및 계산 결과를 나타낸 도표 등은 선체 완성 후 여러 성능 성적서와 함께 완성 도서로서 작성한다. 따라서 이러한 과정은 선박을 건조하는데 있어서 가장 중요한 과정이라고 말 할 수 있다.

따라서 이 책은 「선체선도」에 대한 기하학적인 이해와 설계 방법을 알고, 배수량 등의 여러 계산 방법과 계산 결과의 그림 표시에 대하여 이해하기 위해 다음과 같은 내용으로 되어있다.

제1장 주요치수와 선체선도

제2장 배의 형상

제3장 선체선도(Lines)를 그리는 방법

제4장 배수량등 계산과 곡선도

제1장은 규칙 등에 근거한 선체 주요치수와 선체선도의 기하학적인 의미와 개념을 나타내고 있다.

제2장은 선체 설계시에 고려해야 할 배의 선형계수에 대한 예시를 포함한 구체적

인 설명을 하고 있다.

제3장은 선체선도(라인즈)를 처음부터 설계 할 때 그리는 방법에 대하여 가능한 상세하고 구체적으로 보여주고 있다.

제4장은 배수량 등 여러 항목에 대하여 지금까지의 근사 적분 방법이 아닌 사다리꼴 공식을 이용한 계산 방법을 나타냄과 동시에 배수량 등 곡선이 가지는 의미에 대하여 자세히 설명하고 있다.

이 책에서 「선체선도」에 관한 기본적 용어의 정의

「선체선도」는 선박 건조의 근본을 이루는 도면이기 때문에 조선소에서는 새로운 배 건조마다 제도를 한다. 따라서 지금까지 「선체선도」에 그려진 직선이나 곡선 또는 기호 등은 명확하게 정의되어 있을 뿐만 아니라 모두 올바른 것이라고 인식하여 취급하여 왔다. 더구나 이러한 정의가 어떻든 「선체선도」는 제도되고 그것을 기반으로 새로운 배가 건조되기 때문에 특히 문제가 되는 일은 없었다.

그러나 이 책에서 「선체선도」에 대하여 자세히 설명 하여 나가는 가운데, 지금까지 올바르다고 인식하고 있었던 정의, 특히 용어를 사용하여 설명하면 본래의 의미와는 다르게 이해 할 수도 있다는 것을 깨달아, 용어의 어원에 대하여 알아보았다.

「선체선도」에 대하여 쓰여 있는 도서를 알아보면, 약 1세기 [1]로부터 반세기 정도 이전[2]의 도서에 그려져 있는 「선체선도」와 현재의 도서 [3], [4], [5] 또는 [6]이나 조선소에서 제도되는 「선체선도」와는 직선과 곡선의 정의 또는 기호 등이 분명히 상이한 개념 · 의미로 사용되고 있다는 것을 알 수 있다.

같은 배에 대하여, 반세기 이전의 도서에 따른 「선체선도」를 **부속 그림－1**에, 현재 일반적으로 사용되고 있는 「선체선도」을 **부속 그림－2**에 나타내고 있다.

반세기 이전의 도서에 따라 「선체선도」를 나타낸 **부속 그림－1**은 다음 사항을 보여주고 있다.

① 정면선도(Body Plan)에 그려진 각 스퀘어 스테이션의 선체 횡단면은 측면선도(Sheer Plan)와 반폭선도(Half-Breadth Plan)에서는 단면을 얻기 위한 직선으로서 표시되어 있다.

② 측면선도의 선수곡선(Bow Line)과 선미곡선(Buttock Line)은 정면선도 및 반폭선도에서는 선수 및 선미곡선을 얻기 위한 종단면을 나타내는 직선 BL와 일치한다†.[1)]

③ 반폭선도에서 수선 WL은 정면선도와 측면선도에서 수선면을 나타내는 직선 WL과 일치한다.

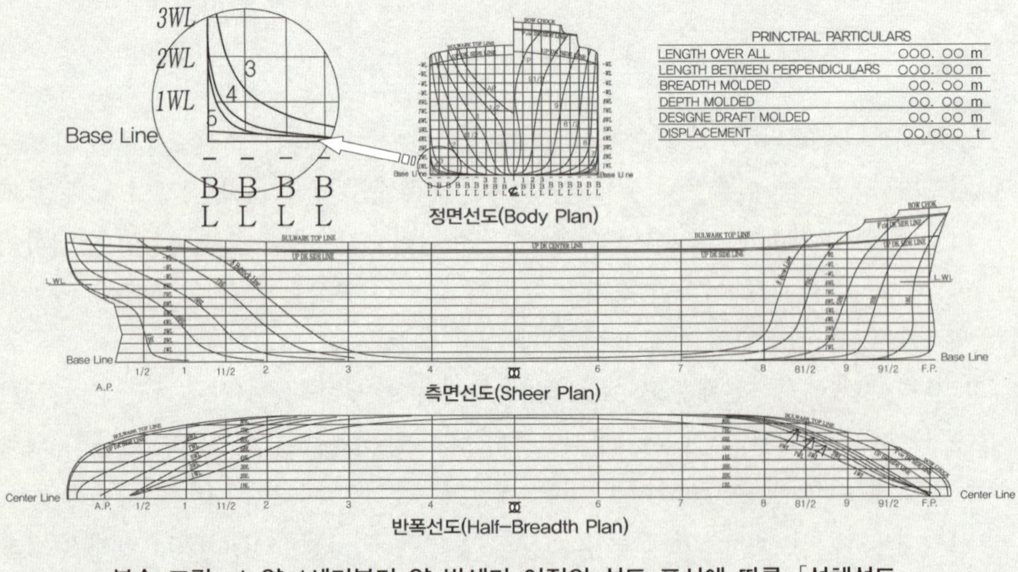

부속 그림－1 약 1세기부터 약 반세기 이전의 선도 표시에 따른 「선체선도」

† 약 반세기 이전의 도서에는 선수곡선(Bow Line)과 선미곡선(Buttock Line) 또는 BL이라고 정의되어 있지 않고, A, B … 기호로 표시되어 있지만, 여기에서는 현재의 「선체선도」에 맞추어 A, B … 기호 대신 BL을 사용 하였다.

즉, 「선체선도」를 표시하는 직선과 곡선 및 기호 등이 완전히 정합성 있게 그려져 있다는 것을 알 수 있다.

그리고 현재 일반적으로 사용되고 있는 「선체선도」가 **부속 그림-2**이다.

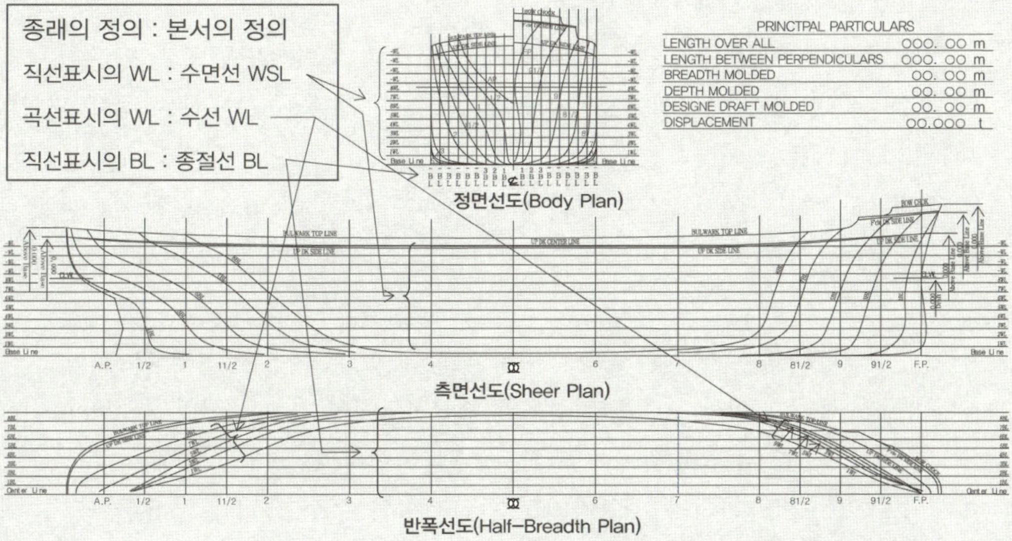

부속 그림-2 현재 일반적으로 사용되고 있는 「선체선도」

부속 그림-2는 다음과 같이 해석 할 수 있다.

① 정면선도(Body Plan)에서 각 스퀘어 스테이션의 선체 횡단면은 측면선도(Sheer Plan)에서는 높이를 나타내는 수직선 위의 일정한 높이를 나타내는 직선으로, 반폭선도(Half-Breadth Plan)에서는 반폭을 나타내기 위한 수직선 위의 각각 반폭까지의 직선으로 나타나고 있다.

② 측면선도의 선수곡선과 선미곡선은 정면선도에서는 BL로 정의 된 직선 위에서 일정한 높이를 나타내는 직선으로, 반폭선도에서는 BL로 정의 된 직선 위의 선수부와 선미부의 수선 사이의 직선으로 나타고 있다. 이것은 현재의 정면선도 및 반폭선도에 표시되고 있는 직선 BL은 반세기 이전의 「선체선도」에 표시

된 선수 및 선미곡선(BL : Bow and Buttock Line) 자체를 의미하고 있지 않다는 것을 보여주고 있다.

따라서 현재 일반적으로 사용되고 있는 「선체선도」에서 BL로 정의 된 직선은 선체 중심선면(Logitudinal Center Plane)에 평행하고 선체 종단면 형상(선수 및 선미곡선)을 구하기 위한 수직 평면을 나타내는 직선을 의미하고 있다.

③ 반폭선도에서 수선 WL은 정면선도와 측면선도에서 WL로 정의 된 직선의 일부로 표시되어 있다. 이것은 현재의 정면선도 및 측면선도에 표시되어 있는 직선 WL은 반세기 이전의 「선체선도」에서 수선(Waterline)을 보여주고 있었던 WL가 아님을 의미한다.

현재 「선체선도」에서 WL로 정의 되어있는 직선은 정수면과 평행하고 선체 수선면 형상(수선)을 구하기 위한 수평면을 나타내는 직선을 의미하고 있다.

따라서 이 책에서는 다음과 같이 정의하고 그에 따라 전편을 설명했다.

① 「선체선도」에 있어서 현재 정면선도와 측면선도에서 직선 표시인 WL(Waterline : 수선)을 수면선 WSL(Water Surface Line)이라 부르기로 한다.

수선 WL은 지금까지와 마찬가지로 반폭선도의 수선 표시에 사용한다.

② 정면선도 및 반폭선도에서 직선 표시인 BL을 선체 중심선면에 평행 한 절단평면인 수직면을 나타내는 직선을 표시하고 있기 때문에 종절선이라 부르기로 한다. 그러나, 그 기호로서는 지금까지 익숙하게 써온 BL을 사용 하지만, 선체 중심선(Center Line)에 대한 지선(Branch Line)적인 의미를 갖게 한 BL이라 하고, 종절선 BL이라 부르기로 한다. 따라서, 선수 및 선미곡선 BL와는 다른 의미로 사용한다.

배의 선수 및 선미곡선 BL은 지금까지와 마찬가지로 측면선도에서 선수 및 선미곡선 표시에 사용한다.

그 외에 선저구배와 캠버(Camber)에 대한 해석과 설명은 본문에서 설명하고 있으므로 참고하기 바란다.

참고문헌

[1] E. L. ATTWOOD : TEXT-BOOK of THEORETICAL NAVAL ARCHITECTURE, LONGMANS, GREEN AND CO. 1919

[2] E. L. ATTWOOD, H. S. PENGELLY, A. J. SIMS : THEORETICAL NAVAL ARCHITECTURE, LONGMANS, GREEN AND CO LTD 1962

[3] 全国造船教育研究会編 : 造船工学、海文堂 1981

[4] 橋本進、師岡洋一、軍司吉樹、河原健 : 船体関係図面の見方、(株)成山堂書店 1981

[5] 대한조선학회편 : 개정판 표준선박제도, 東明社 2012

[6] 대한조선학회편 : 선박해양공학개론, 인터비전 2012

차례

제1장 주요치수와 선체선도

1.1 선체선도의 요약 / 21

1.2 수선, 중앙부와 중심선, 기선 / 25

1.2.1 수선 / 25
1.2.2 중앙부와 중심선 / 26
1.2.3 기선 / 28

1.3 배(선박)의 길이 / 31

1.3.1 전길이 / 32
1.3.2 선수수선, 선미수선과 수선간길이 / 33
1.3.3 수선길이 / 36
1.3.4 등록길이 / 36
1.3.5 선박톤수의 측정에 관한 규칙에 의한 길이 / 37
1.3.6 강선의 구조기준에 의한 길이 / 37
1.3.7 선박만재흘수선기준에 의한 길이, 건현용 길이 / 37
1.3.8 강선의 구조기준에 의한 건현용 길이 / 39
1.3.9 선박구획기준에 의한 건현용 길이 / 39
1.3.10 「배의 길이」를 정의한 도면표시 / 39

1.4 스퀘어 스테이션 · 종직선 / 41

1.5 갑판선 / 44

1.6 배(선박)의 너비 / 47

1.6.1 전너비 / 47
1.6.2 형너비 / 48
1.6.3 선박법에 의한 너비 / 49
1.6.4 선박톤수의 측정에 관한 규칙에 의한 너비 / 50
1.6.5 강선의구조기준에 의한 너비 / 50
1.6.6 만재흘수선기준에 의한 너비 / 50
1.6.7 선박구획기준에 의한 너비 / 51

contents

1.7 배(선박)의 깊이 / 51

1.7.1 기선을 얻는 방법 / 51
1.7.2 형깊이 / 54
1.7.3 선박법에 의한 깊이 / 55
1.7.4 선박톤수의 측정에 관한 규칙에 의한 형깊이 / 55
1.7.5 강선의 구조기준에 의한 깊이 / 56
1.7.6 만재흘수선기준에 의한 건현용 깊이 및 형깊이 / 56
1.7.7 각국선급협회의 건현용 깊이의 정의 / 58

1.8 배(선박)의 건현 / 59

1.8.1 건현 / 59
1.8.2 건현갑판 / 60
1.8.3 만재흘수선표시 / 60

1.9 배(선박)의 흘수 / 63

1.9.1 흘수 / 63
1.9.2 흘수와 용골과의 관계 / 65
1.9.3 최대흘수와 형흘수 / 66
1.9.4 만재흘수와 만재흘수선 / 67
1.9.5 계획흘수와 계획만재흘수선 / 68
1.9.6 만재흘수선과 계획최대(만재)흘수선 / 68
1.9.7 만재흘수선과 계획만재흘수선 / 69
1.9.8 선박법에 의한 흘수 : 흘수표 / 69
1.9.9 선박구획기준에 의한 흘수 / 70
1.9.10 선박구획기준에 의한 최대구획만재흘수 / 70
1.9.11 흘수와 트림의 관계 / 70

1.10 선체선도 / 72

1.10.1 정면선도 / 72
1.10.2 수선, 수선면과 반폭선도 / 74
1.10.3 선수곡선, 선미곡선과 측면선도 / 77

차례

1.10.4 기타 곡선들 / 79
1.10.5 평면, 측면의 평행부곡선 / 80
1.10.6 사절선 / 82
1.10.7 선체선도의 특징 / 84

제2장 배의 형상

2.1 배의 형상과 비척 / 93
2.2 방형계수 / 96
2.3 중앙횡단면적계수 / 104
2.4 주형계수 / 106
2.5 수선면적계수 / 110
2.6 연직주형계수 / 111
2.7 선형계수상호간의 관계 / 113

제3장 선체선도를 그리는 방법

3.1 계획선(박)과 기준선(박) / 119
3.2 프리스마틱 곡선의 특징 / 123
3.3 프리스마틱 곡선을 그리는 방법 / 127
3.3.1 関西造船協会(간사이조선협회)의 방법 / 129
3.3.2 기준선의 프리스마틱 곡선을 이용하는 방법 / 133
3.3.3 종방향부력중심 위치의 변화에 의한 프리스마틱 곡선의 수정 방법 / 135
3.3.4 CP와 종방향부력중심 위치의 변화에 의한 프리스마틱 곡선의 수정 방법 / 138
3.3.5 프리스마틱 곡선과 구상선수부와의 관계 / 138

contents

3.4 선체선도를 그리는 방법 / 140

3.4.1 사전준비의 검토 사항 / 140

3.4.2 계획만재흘수선이하의 중앙횡단면형상 / 141

3.4.2.1 선저구배가 작거나 없는 경우 / 142

3.4.2.2 선저구배가 큰 경우 / 144

3.4.3 캠버형상을 그리는 방법 / 136

3.4.4 현호와 상갑판 선측선을 그리는 방법 / 157

3.4.5 상갑판선측선, 불워크 톱 라인, 선수루 및
선미루 갑판선측선과 선수 초크를 그리는 방법 / 163

3.4.6 정면선도의 윤곽을 그리는 방법 / 164

3.4.7 상갑판 중심선을 그리는 방법 / 166

3.4.8 계획만재상태의 수선면 형상 / 169

3.4.9 선체선도의 윤곽 / 169

3.4.10 프리스마틱 곡선과 각 스퀘어 스테이션에서의 횡단면형상과의 관계 / 171

3.4.11 각 스퀘어 스테이션의 횡단면곡선을 그리는 방법 / 175

3.4.12 정면선도를 그리는 방법 / 183

3.4.13 반폭선도를 그리는 방법 / 187

3.4.14 측면선도를 그리는 방법 / 190

3.4.15 설계실에 있어서의 선체선도의 마무리 / 194

3.4.16 초기의 선체치수표 작성 / 196

3.4.17 선체선도의 현척현도 순정과 최종선체치수표 / 200

3.4.18 선체선도의 역할과 선박건조의 특징 / 201

3.4.19 선체선도를 위한 컴퓨터 소프트 / 202

제4장 배수량등 계산과 곡선도

4.1 배의 무게와 부력 / 207

4.2 아르키메데스의 원리 / 208

4.2.1 아르키메데스의 원리의 개념 / 208

4.2.2 물속의 압력과 아르키메데스의 원리 / 211

차례

4.2.3 아르키메데스의 원리와 배와 배수량 / 216

4.3 선체선도와 기하학적 항목 / 221

4.3.1 면적과 관련 항목의 계산법 / 222

4.3.2 면적 모멘트와 관련 항목의 계산법 / 235

4.3.3 면적의 관성 모멘트와 관련 항목의 계산법 / 240

4.3.4 용적과 관련 항목의 계산법 / 246

4.3.5 용적모멘트와 관련 항목의 계산법 / 251

4.3.6 단위트림당 모멘트 / 256

4.3.7 단위 트림 수정 톤 / 259

4.3.8 곡선의 길이 및 곡면의 면적과 관련 항목의 계산법 / 262

4.4 배수량등 곡선도 / 268

4.4.1 배수량등 곡선도의 좌표 / 269

4.4.2 수선면적 $A_w(j)$의 곡선 / 271

4.4.3 방형계수 $C_b(j)$, 중앙횡단면적계수 $C_{\otimes}(j)$, 주형계수 $C_p(j)$, 수선면적계수 $C_w(j)$ 및 연직주형계수 $C_{vp}(j)$의 곡선 / 272

4.4.4 단위 침하당 배수톤 TPC의 곡선 / 273

4.4.5 $\otimes F(j)$와 $\otimes B(j)$의 곡선 / 273

4.4.6 형형상의 배수량과 전배수량 곡선 / 275

4.4.7 기선으로부터 부심높이의 곡선 / 276

4.4.8 기선으로부터 횡메타센터 높이와 종메타센터 높이의 곡선 / 276

4.4.9 단위 트림당 모멘트의 곡선 / 277

4.4.10 단위 트림 수정 톤의 곡선 / 277

4.4.11 침수표면적의 곡선 / 278

4.5 배수량등 곡선도의 체크 포인트 / 279

참고문헌 • 281

맺는말 • 283

제1장
주요치수와 선체선도
(PRINCIPAL DIMENSIONS and LINES of the SHIP)

1.1 선체선도의 요약

1.2 수선, 중앙부와 중심선, 기선

1.3 배(선박)의 길이(Length:L)

1.4 스퀘어 스테이션(Square Station)·종직선(Ordinate)

1.5 갑판선(Deck Line)

1.6 배(선박)의 너비(Breadth:B)

1.7 배(선박)의 깊이(Depth:D)

1.8 배(선박)의 건현(Freeboard)

1.9 배(선박)의 흘수(Draught(영어) or Draft(미국어):d)

1.10 선체선도(Lines)

1.1 선체선도의 요약

선체형상(船体形状 : Form of the Ship's Hull)은 투영도법의 방법을 선체 설계에 응용하여 「선체선도(船体線図 : Lines)」라는 축척도(縮尺図)로 그려진다.

그림 1-1에는 일반적인 상선의 선체선도와 그림 1-2에 소형선박의 선체선도를 표시하고 있다.

선체선도는 3평면, 즉, 3방향에서 본 도면으로 이루어져 있다. 3방향에서 본 도면은 선체를 정면으로 본 정면선도(正面線図 : Body Plan), 바로 옆으로 본 측면선도(側面線図 : Sheer Plan, Profile or Side Elevation) 및 바로 위에서 내려다 본 반폭선도(半幅線図 : Half-Breadth Plan or Waterplane)이다.

정면선도, 측면선도 및 반폭선도로 그려지는 선체선도는 조선소의 기본설계부에서 계획하고 있는 선체의 형표면(型表面 : Moulded(영어) or Molded(미국어) Surface, 여기에서는 (미국어)를 이용한다)을 정면, 측면 및 수평면(水平面)에 각각 평행한 여러 평면으로 절단했을 경우의 절단면 형상의 곡선군을 나타내고 있다. 선체의 형표면이란 실제로 보는 선체표면에서 선체를 형성하는 외판을 제거한 표면, 바꿔 말하면, 선체표면을 형성하는 외판의 안쪽 면을 말한다.

선체선도는 선체의 형표면을 3방향의 평면으로 절단하여 얻을 수 있는 절단면 형상을 곡선들로 표시하고 있기 때문에, 절단하는 평면을 늘리면 그만큼 절단면 형상의 곡선을 많이 그려 나타 낼 수 있다. 선수부(船首部)와 선미부(船尾部)의 곡률이 큰 곳에다 절단 평면을 많이 잡는 것은 거기에서의 형상을 보다 상세하게 알기 위해서이다. 이렇게 하여 얻을 수 있는 선체선도가 나타내는 선체형상을 형(뼈대) 형상(型形状 : Molded Form)이라고 한다.

강선(鋼船)의 경우 선체를 형성하는 외판은 상대적으로는 얇고 또 외판 두께가 다른 곳도 있지만, 선체선도는 이것들과는 관계없이 완전히 매끄러운 곡선으로 그릴 수 있다.

선체선도의 제도에 있어서 각각 상대적인 관계에 있는 3개의 도면을 적절하게 배치하는 것은 대단히 중요하다. 일반적으로는 **그림 1-1**이나 **그림 1-2**와 같이 도면 위쪽으로부터 아래쪽으로 정면선도, 측면선도 그리고 반폭선도을 배치한다. 제도를 콤팩트로 하기 위해서 측면선도와 반폭선도를 겹치어 그릴 수도 있다.

선체선도는 선체가 길이방향의 중심면에 대하여 좌우 대칭이기 때문에 일반적으로는 선체의 반만을 그리고 있다.

또한 측면선도는 보통 선체를 길이방향에 대하여 오른쪽에서 본 도면으로 되고 있지만, 그려지고 있는 측면선도는 반폭선도로부터도 알아 볼 수 있지만 선체 왼쪽의 종절단면(縱切斷面)을 나타내고 있다.

선체선도의 3면의 도면은 선체형상에 관한 모든 점과 선을 관련시킨 「관련도」로 표시되어 있으므로 선체선도를 이용하면 선체의 모든 점과 선의 상대적인 위치와 관계를 알 수 있다.

선체의 형표면의 절단면 곡선을 나타내는 선체선도는 선체를 구성하는 모든 부품의 정확한 위치의 기준으로 되는 선이며, 이 선을 몰디드라인(Molded Line)이라고 한다.

목선이나 외판의 바깥측을 매끄럽게 하고 있는 소형선의 경우, 선체선도는 바로 그것이 선체의 표면형상을 나타내고 있기 때문에 외판 두께를 포함한 외판의 바깥측을 표시 하고 있다. 그렇지만 구조설계를 위하여서는 형형상(型形状 : Molded Form)을 다루어야 한다.

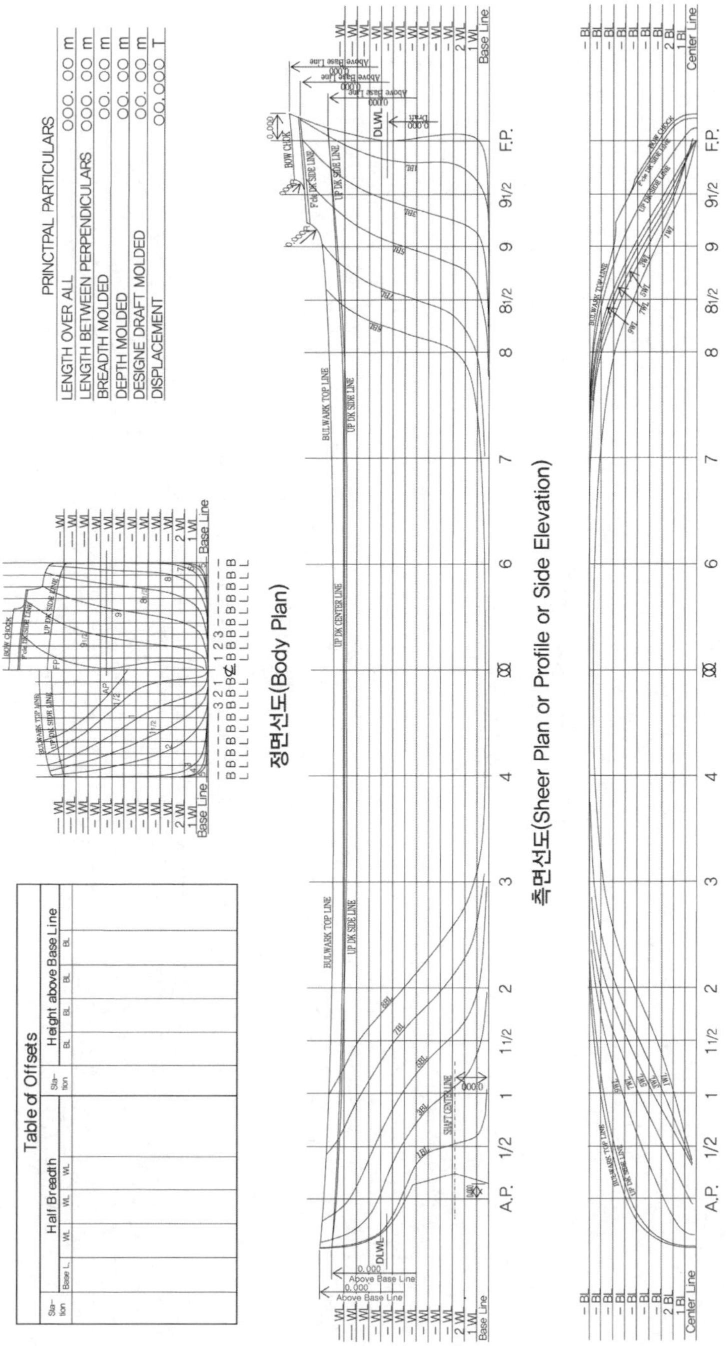

▶▶▶ 그림 1-1 일반적인 상선의 선체선도

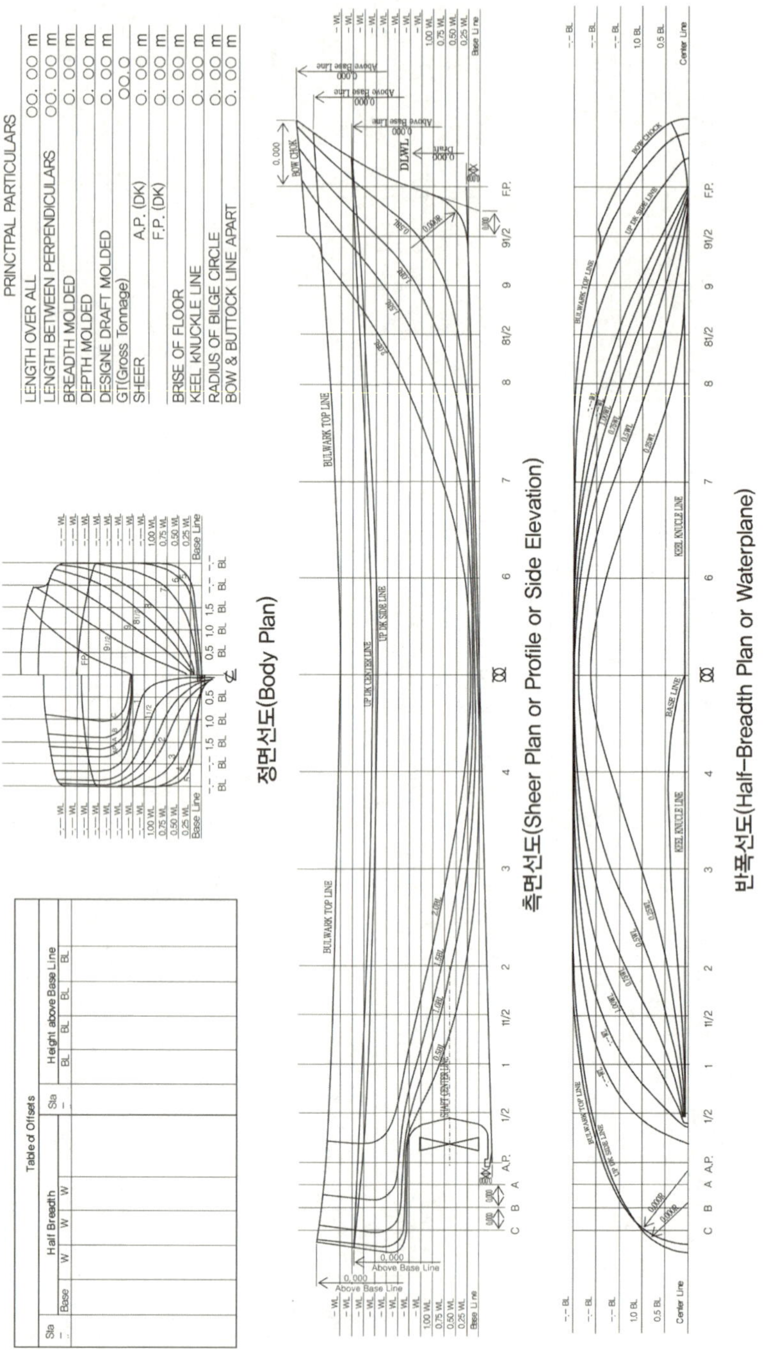

▶▶▶ 그림 1-2 소형선박의 선체선도

1.2 수선, 중앙부와 중심선, 기선

1.2.1 수선

선체선도는 그림 1-3에서 보는 바와 같이 선체가 손님과 화물 등을 가득 태운 계획상태(Designed Condition)로 물 위에 자유롭게 뜨고 있을 때의 정수면(靜水面 : Surface of Still Water)과의 상대적인 위치 관계를 표시한 것이다. 따라서 선체선도로 그려지고 있는 선체는 계획시의 만재상태(滿載狀態 : Full Load Condition)로 정수면에 뜨고 있다는 것이다. 이때의 정수면을 나타내고 있는 것이 정면선도와 측면선도의 계획만재흘수선(Designed Load Waterline : DLWL or DWL)이다. 간단히 만재흘수선(Load Waterline : LWL)이라고도 말한다.

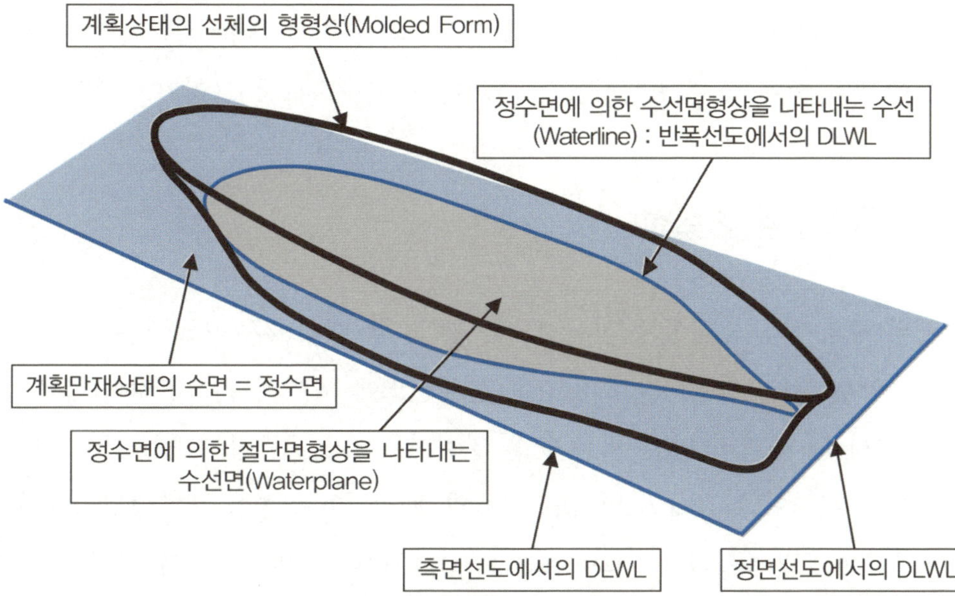

▶▶▶ 그림 1-3 계획상태의 선체와 정수면

만재흘수선이나 계획만재흘수선등의 정의에 대하여서는 「1.9 배의 흘수」에서 상세하게 설명하지만, 일반적으로 설계시에 있어서는 계획만재흘수선(DLWL)을 채용한다.

선체선도에 있어서 만재흘수선의 표시에는, 지금까지, LWL(만재흘수선)을 채용하고 있었으나, 최근 「1.3.3 수선길이」에서 보이는 수선길이(L_{WL})를 LWL로 표시 하는바 있기도 하기에, 이 책에서는 계획시의 만재흘수선인 것을 명확히 표시하기 위하여 DLWL(계획만재흘수선)을 채용하기로 한다.

정면선도와 측면선도에는 이 정수면을 나타내는 계획만재흘수선(DLWL)에 평행한 등간격의 다수의 직선이 그려져 있지만, 이것들은 정수면에 평행한 다수의 수평면(水平面 : Horizontal Plane)을 나타내고 있다. 이 수평면들에 의한 선체의 형형상(Molded Form)의 절단면을 수선면(水線面 : Waterplane)이라 하고, 이것들 수선면형상을 나타내고 있는 곡선, 다시 말하여, 선체의 형표면(Molded Surface)과 수평면으로 나타내고 있는 수면(水面 : Water Surface)이 교차하는 곡선을 수선(Waterline)이라고 말한다. 이 수선은 정면선도와 측면선도에서는 직선이지만, 반폭선도에서는 참된 선체 형형상을 나타내는 곡선군으로서 그려지고 있다.

1.2.2 중앙부와 중심선

선체의 중앙부와 중심선은 선체선도를 제도 할 때의 기준으로 되는 곳이다.

선체중앙부(船体中央部 : Midship)는 선체선도에 있어서 수선간길이(다음절에서 정의한다)의 정확히 반만 되는 곳을 말한다. 이 선체중앙부에 있어서 선체의 길이방향에 대하여 직각이고 연직인 선체의 폭방향의 평면을 선체중앙횡평면(船体中央横平面 : Transverse Plane at Midship)이라고 말한다. 이 선체중앙횡단면에 의한 절단면 형상을 도면으로 표시한 것이 중앙횡단면(도)(中央横断面(図)

: Midship Section)이다.

일반적으로 그림 1-4에서 보는 바와 같이 선체중앙부 및 중앙횡단면을 ⊗의 기호로 표시한다.

또한 그림 1-4에서 보는 바와 같이 선체중심선(船体中心線 : Center Line)은 중앙횡단면에서 횡단면형상이 좌우 대칭이 되는 연직선을 말하며, 이 선을 통하여 선체를 좌우로 절단하는 면을 선체중심선면(船体中心線面 : Longitudinal Center (Line) Plane)이라고 한다. 이 선체중심선면에 의한 선체의 절단면 형상을 도면으로 표시한 것이 선체중심선종단면(도)(船体中心線縦断面 (図):Inboard Profile)

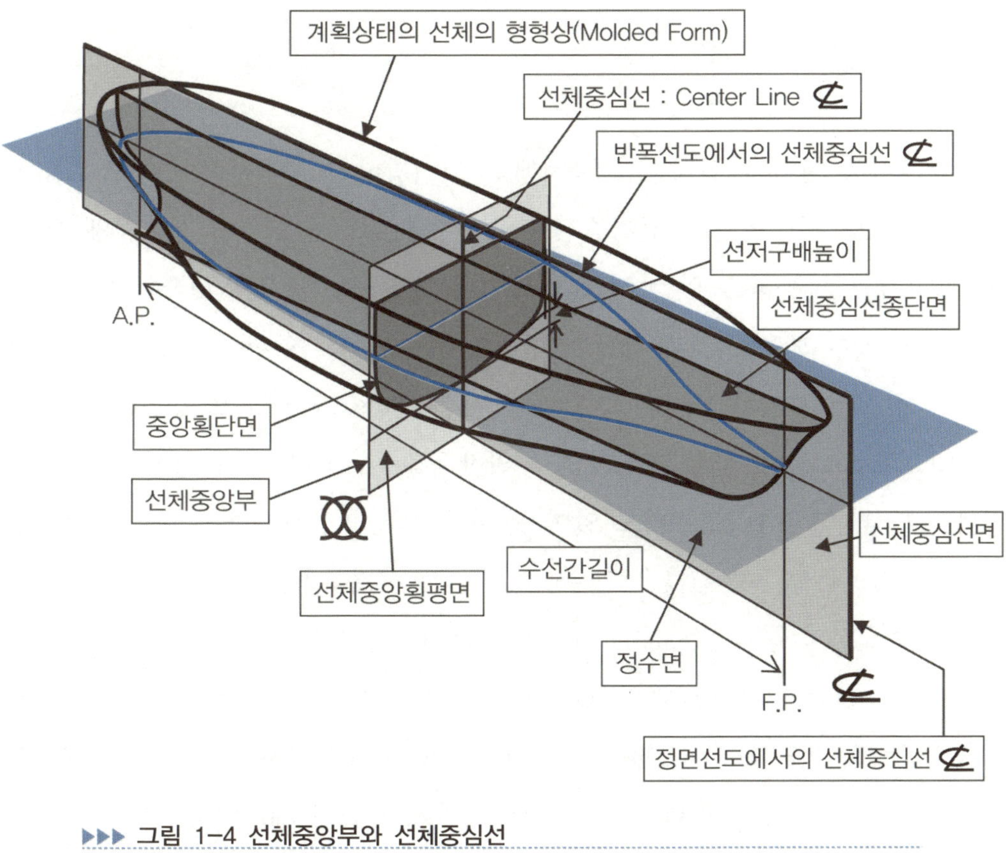

▶▶▶ 그림 1-4 선체중앙부와 선체중심선

이다. 또한 선체중심선면은 정면선도 및 반폭선도에서는 직선으로서 선체중심선을 나타내고 있다. 선체선도 안에서 선체중심선은 ℄의 기호로 표시한다.

일반 상선의 선저는 그림 1–4에서 선체중앙횡평면에 의한 선체의 절단면형상(중앙횡단면)이 보여주는 바와 같이 중심선의 근방으로부터 선측(배의 옆)을 향하여 위로 경사하고 있다. 이 선저경사(Inclined Bottom)의 정도를 선저구배(船底勾配 : Bottom Gradient)라고 말한다. 이 선저구배를 나타내는 선을 선저선(船底線 : Floor Line)이라하고, 그 연장선이 선측에서의 수직선과 교차하는 점과 기선(「1.2.3 기선」 참조)과의 수직거리를 선저구배높이(Rise of Floor or Dead Rise)라고 말한다(그림 1–19 참조).

1.2.3 기선

일반적으로 선체의 선저중심부는 배의 길이방향의 선저부품인 용골(Keel)로 이루어져 있고, 이 용골은 선저중심부를 선수재(船首材)로부터 선미골재(船尾骨材)까지 세로로 통하고 있는 선체의 등뼈에 해당하는 중요재(重要材)이다.

그림 1–1에서 보여준 것과 같은 측면선도에는 선체의 형형상(Molded Form)에 있어서 선저의 경계를 나타내고 있는 선저부경계선(Lowest Boundary Line of Molded Surface)이 선체 계획시의 계획만재흘수선(DLWL)에 평행하게 그려져 있다. 그러나 그림 1–2로부터도 알아 볼 수 있지만, 선저부경계선이 계획만재흘수선(DLWL)에 평행하지 않은 경우도 있다. 이 선저부경계선은 용골의 윗표면을 통하는 중심선인 용골선(Keel Line)을 나타내고 있지만, 용골 자신을 나타내고 있는 것은 아니다. 여기에서 말하는 “용골선”이라 함은 배의 길이(「1.3.7 선박만재흘수선기준에 의한 길이, 건현용 길이」 참조)의 중앙에서 다음 각 목을 통과하는 용골의 경사면에 평행한 선을 말한다(선박구획규정 제2조의 25).

가. 중심선 또는 금속외판을 가진 선박에서 방형용골이 그 선보다 아래로 연장되는 경우, 선체외판의 내측과 용골의 교선에서 용골의 상부

나. 목선 또는 합성재질의 선박에서, 이 거리는 용골 래빗의 하단으로부터 측정한다. 중앙 횡단면의 하부의 형상이 오목할 경우 또는 두꺼운 용골익판이 설치된 경우, 안쪽으로 연속된 평저선이 선체중앙의 중심선을 교차하는 점으로부터 거리를 측정한다.

그림 1-5에서 보는바와 같이 선저부경계선(또는 용골선)이 계획만재흘수선

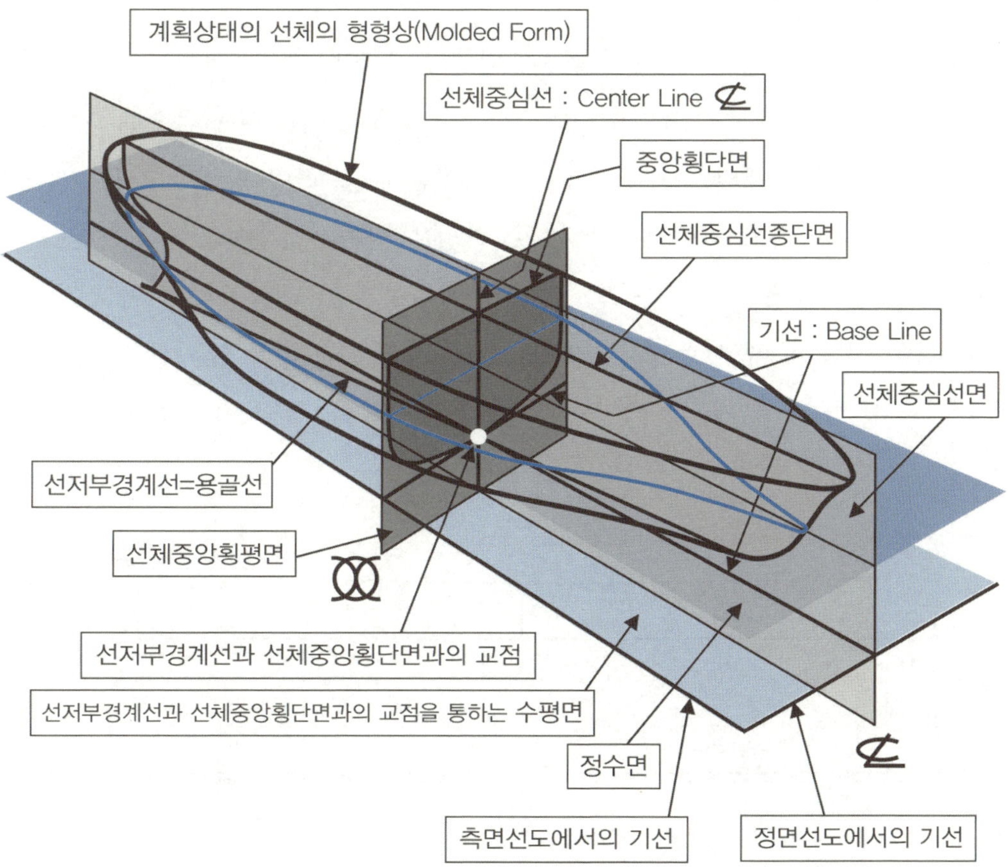

▶▶▶ 그림 1-5 기선의 정의

(DLWL)에 평행한가 아닌가에 관계없이, 선체중앙부⊗의 선체중앙횡평면과 교차하는 점을 얻고, 이 점을 통하는 수평면을 만들어 주면, 이 수평면과 선체중앙횡평면 및 선체중심선면과의 교차선을 각각 얻을 수 있다.

이 교차선은 정면선도 및 측면선도에서는 각각 수평선으로서 표시되며, 이 수평선을 일반적으로 기선(Base Line)이라고 말한다. 이것을 형기선(Molded Base Line)이라고 부르기도 한다. 이 기선은 선체건조 기간 중의 여러 계산에 있어서 가장 중요한 기준이 되는 선이 된다. 또한, 기선을 잡는 방법에 대하여서는 배의 종류에 따른 용골의 구조에 따라서 달라지기 때문에 「1.7 배의 깊이」에서 상세하게 설명하기로 한다.

그림 1-1에서 보여주고 있는 측면선도와 그림 1-6과 같이, 선체의 선저부경계선(또는 용골선)과 계획만재흘수선(DLWL)이 평행한 배는 비교적으로 대형선박에 많고, 이러한 선체의 선저부경계선과 계획만재흘수선이 평행한 것을 이븐 키일(Even Keel)이라고 말한다. 이 경우, 기선은 선저부경계선과 일치한다.

한편, 소형선박에는 그림 1-2와 같이 선저부경계선(또는 용골선)이 선수로부터 선미를 향해서 아래로 경사한 트림(Trim)상태로 항행을 계획하고 설계 · 건

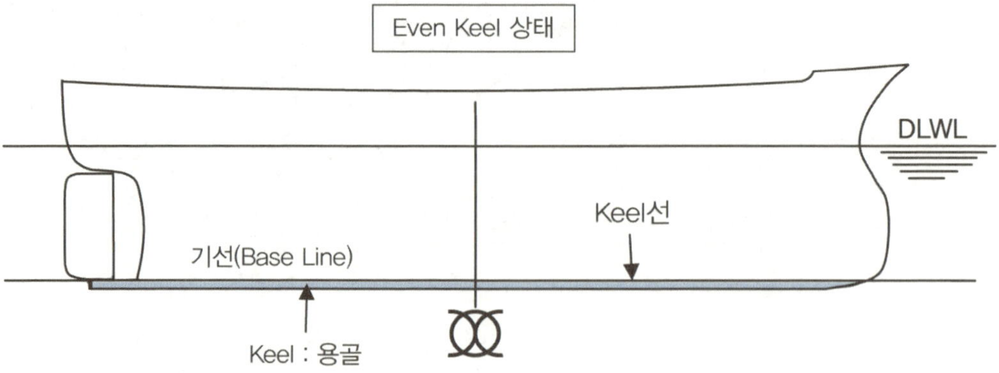

▶▶▶ 그림 1-6 이븐 키일 상태

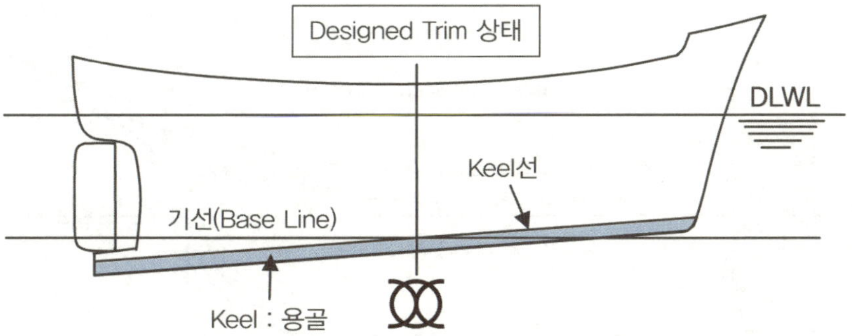

▶▶▶ 그림 1-7 계획트림상태

조하는 경우가 있다. 설계 초기로부터 선저부경계선을 경사시키고 있는 소형선박에 있어서, 기선은 그림 1-7과 같이 선체 형형상의 선저부경계선과 일치하지 않는다. 이렇게 계획 초기로부터 선저부경계선을 경사시켜서 트림상태로 하고 있는 것을 계획(설계)트림(Designed Trim)또는 초기트림(Initial Trim)이라고 말한다.

1.3 배(선박)의 길이(Length : L)

선체형상이나 기타 여러 성능을 검토할 경우에 배의 길이나 다른 치수 등이 공통한 방법에 의하여 정의되고 있으면 새로운 배의 기본계획을 세우거나 혹은 다른 배와 비교할 때에 대단히 편리하다.

그래서 「배의 길이」는 그림 1-8에서 보는바와 같이 몇 가지 「길이」로 규정되어 있기에 그에 대하여 상세히 해설한다.

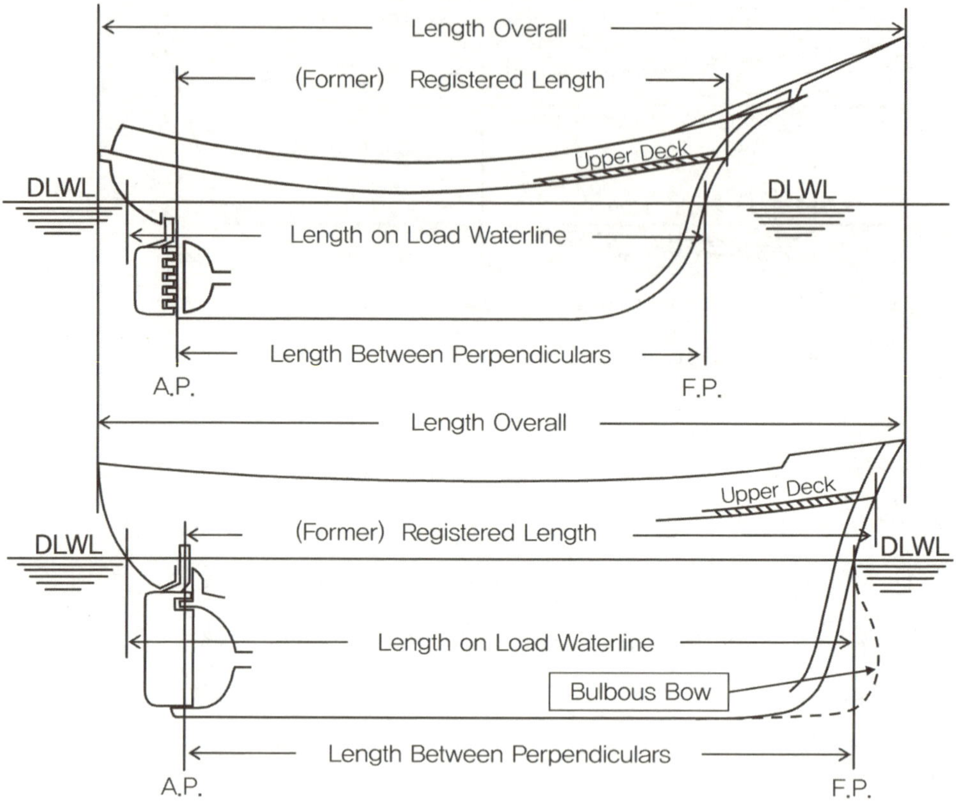

▶▶▶ 그림 1-8 「배의 길이」를 규정하는 개념도

1.3.1 전길이

배의 전길이(Length Overall : L_{OA})는 그림 1-8에서 보는바와 같이 선수부 최첨단으로부터 선미부 최후단까지의 수평거리를 말한다. 전장이라고도 한다. 일반적으로 대부분의 배에 대하여 표시되지만 단순한 배의 앞끝과 뒤끝 사이의 길이를 나타내고 있어, 선체의 용적등과는 직접 관계없기 때문에 조선학상은 그다지 중요하지 않다. 그러나 전길이는 항만이나 운하의 시설상 제한 혹은 해상충돌 예방법등과 관계있기에 선체선도의 제도시에는 계획치수를 넘지 않도록 주의할 필요가 있다.

1.3.2 선수수선, 선미수선과 수선간길이

그림 1-1, 그림 1-2에서 보여주는 측면선도(Sheer Plan or Profile or Side Elevation)는 선체를 바로 옆으로 본 도면이지만, 이 측면선도에는 선체선도를 제도하기 위한 기준이 되는 연직선인 수선(Perpendicular)이 선수와 선미에 각각 세워져 있다. 이 선수와 선미에 세워진 수선은 다음과 같은 정의에 따라서 세워진다.

우선, 그림 1-8 및 그림 1-9에서 보는바와 같이 계획만재흘수선(DLWL)과 선수재의 앞부분과의 교점을 통하는 연직선을 선수수선(Forward or Fore Perpendicular)이라 하고, F.P.라고 표시 한다.

이와 관련하여 말한다면, 선수형상은 그림 1-8의 윗그림과 같이 수면위의 선수

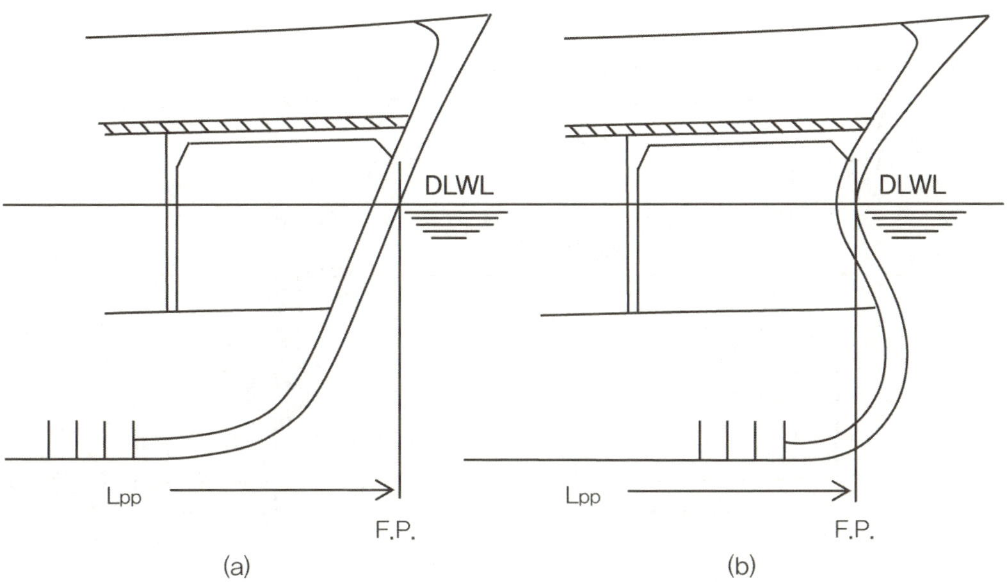

▶▶▶ 그림 1-9 선수수선

부가 앞으로 크게 구부러지고 있는 것을 크리퍼선수(Clipper Stem), 그림 1-9(a)와 같이 직선상태의 선수부가 앞으로 기울어지고 있는 것을 경사선수(Raked Stem), 그림 1-8의 아랫그림의 선수부 파선표시나 그림 1-9(b)와 같이 수면아래의 선수부가 둥그스름하게 앞으로 나온 것을 구상선수(Bulbous Bow)라고 부른다. 또한 최근 건조되는 배는 수면위의 선수부가 클리퍼선수나 경사선수와는 달리, 만재흘수선보다 좀 위에서 제일 위까지 위로 갈수록 둥그스름한 모양이 점점 커져가는 형상으로 되어 있다. 이러한 선수형상을 패션선수(Fashion Stem)라고 부른다.

다음으로, 그림 1-8의 윗그림과 그림 1-10에서 보는바와 같이 타주(Rudder Post)를 가진 배의 경우 타주의 뒷면이 연직이라면 뒷면을 나타내는 연직선을 선미수선(After Perpendicular)이라 하고, 타주의 뒷면이 경사하고 있으면 경사직선과 계획만재흘수선(DLWL)과의 교점을 통하는 연직선을 선미수선이라고 한다.

또한 그림 1-8의 아래 그림이나 그림 1-11과 같이 타주가 없는 배에 있어서는

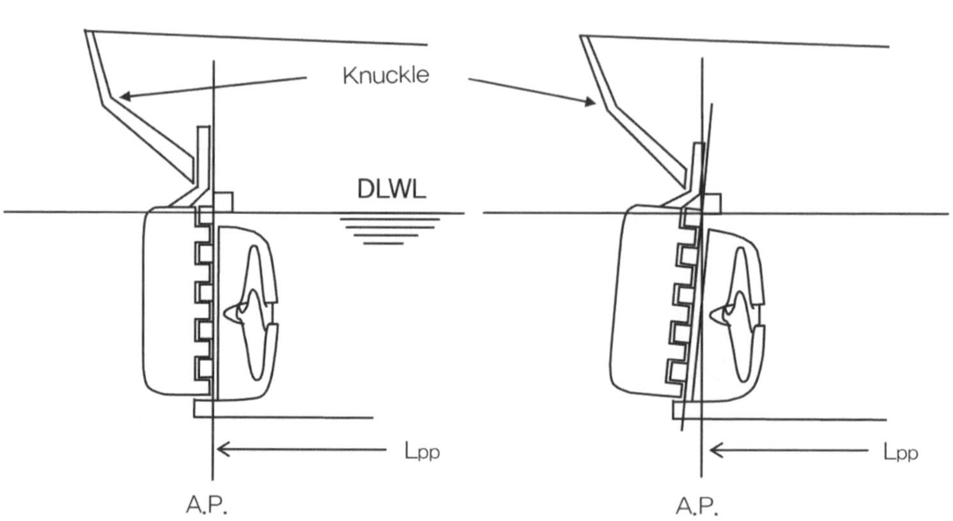

▶▶▶ 그림 1-10 타주를 가진 경우의 선미수선

타두재(Rudder Stock)의 중심을 통하는 연직선을 선미수선(After Perpendicular)이라 하고, A.P.라고 표시한다.

이상과 같이 정의된 선수부와 선미부에 있어서의 수선 F.P.와 A.P. 사이의 수평거리를, 수선간길이(Length Between Perpendiculars : L_{pp} or L_{BP})라고 말한다. 수선간장이라고도 한다. 수선간길이는 선체의 주요부분을 나타내고 있어 선체선도이나 배수량계산 등의 기준이 되는 배의 길이를 나타내고 있다.

그 외에 **그림 1-12**에서 보는바와 같이 함정 선미에 있어서는 DLWL과 선미형상의 뒷면과의 교점을 통하는 연직선을 선미수선 A.P.로서 정의되어, 수선간길이도 F.P.와 여기에서 정의된 A.P. 사이의 수평거리(이 경우는 수선길이와 같다)로서 정의된다.

이와 관련하여 말한다면, **그림 1-8**과 **그림 1-11**에서 보는바와 같이 타 및 스티어링 엔징부가 정수면 밑으로 되도록 선미돌출부(Counter)의 하부를 수면 아래

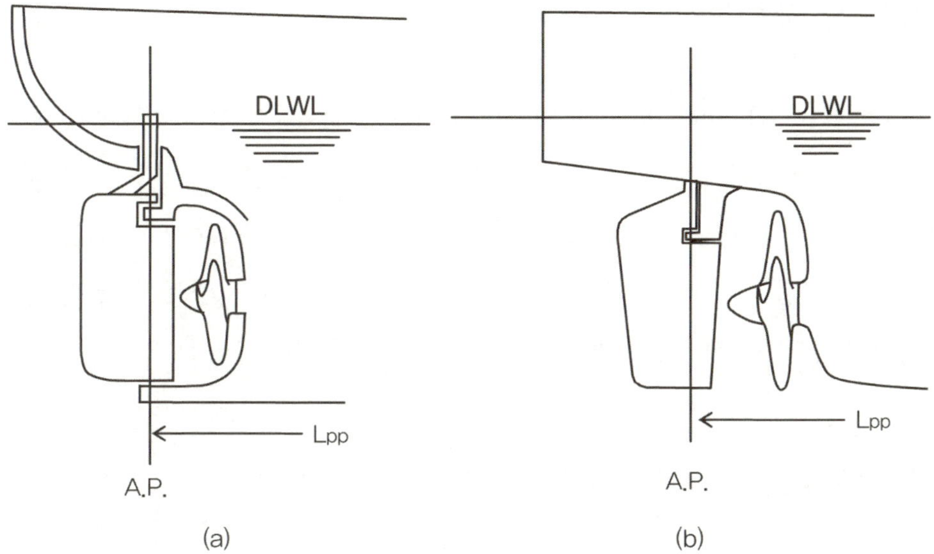

▶▶▶ 그림 1-11 타주가 없는 경우의 선미수선

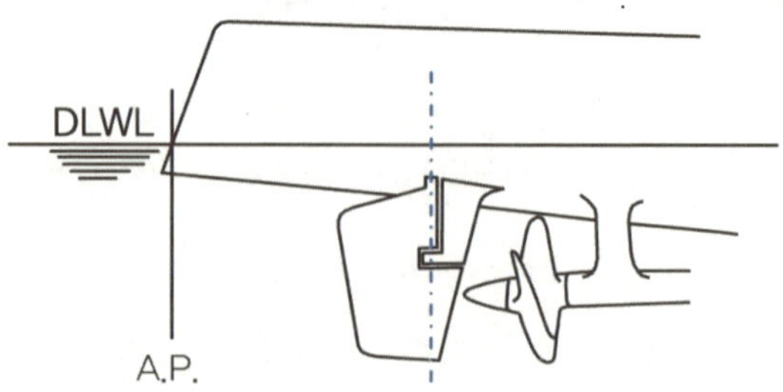

▶▶▶ 그림 1-12 함정의 선미

로 가라앉힌 선미형상을 크루저 선미(Cruiser Stern : 순양함형선미)라고 부른다. 또한 그림 1-10과 같이 선미돌출부에 너클(Knuckle)이 있는가, 그림 1-11(a)과 같이 없는가에 관계없이, 반폭선도에 있어서(위에서 보아서) 둥그스름한 선미형상을 타원형 선미(Elliptical Stern), 그림 1-11(b)과 같이 선미돌출부가 연직면 혹은 평평히 된 선미형상을 트랜섬 선미(Transom Stern)라고 부른다.

1.3.3 수선길이

수선길이(Length on Load Waterline : L_W)는 계획만재흘수선(DLWL)에 있어서 선수재 전면에서 선미외형의 후면간의 수평거리를 말한다. 수선장이라고도 한다. 최근에는 계획수선길이(Length on Design Waterline : L_{WL})로서 이용되고 있다. 수선길이 혹은 계획수선길이를 LWL로 표시하고 있는 경우도 있기에 지금까지와 같은 만재흘수선의 표시 LWL과는 구별 할 필요가 있다.

1.3.4 등록길이(선박법시행규칙 제11조의 9)

선박법시행규칙에 의하면 선박길이를 [최소 형(型)깊이의 85퍼센트의 위치에서 계획만재흘수선에 평행한 흘수선 전장(全長)의 96퍼센트와 그 흘수선상의 선수재전면으로부터 타두재 중심선까지의 거리 중 긴 것을 말한다.」고 규정하고 있다.

여기에서 규정된 선박길이는 선박국적증서에 기재되는 길이로 등록길이(Length Registered or Register Length : L_R)라고 말한다. 등록장이라고도 한다.

1.3.5 선박톤수의 측정에 관한 규칙에 의한 길이(제1장 총칙 제2조(정의) 6)

선박톤수의 측정에 관한 규칙에는 「"선박의 길이"라 함은 최소 형깊이의 85퍼센트의 위치에서 계획만재흘수선에 평행한 흘수선 전장의 96퍼센트와 그 흘수선상의 선수재 전면으로부터 타두재 중심선까지의 거리 중 큰 것을 말한다.」고 정의되어 있다.

1.3.6 강선의 구조기준에 의한 길이(제1편 총칙 제2조(정의) 1)

강선의 구조기준에는 「"선박길이(L)"라 함은 만재흘수선상에서 선수재의 전단으로부터 타주가 있는 선박은 타주의 후단까지, 타주가 없는 선박에 있어서는 타두재의 중심까지의 거리를 말한다. 다만, 선박길이는 만재흘수선상의 최대길이의 96퍼센트 미만이어서는 아니 되며, 97퍼센트를 초과할 필요는 없다.」고 정의되어 있다.

1.3.7 선박만재흘수선기준에 의한 길이, 건현용 길이

(선박만재흘수선기준 제2조(정의) 1)

만재흘수선기준에서 건현용 길이(L)를 다음 각목의 1에 해당하는 것으로 정의

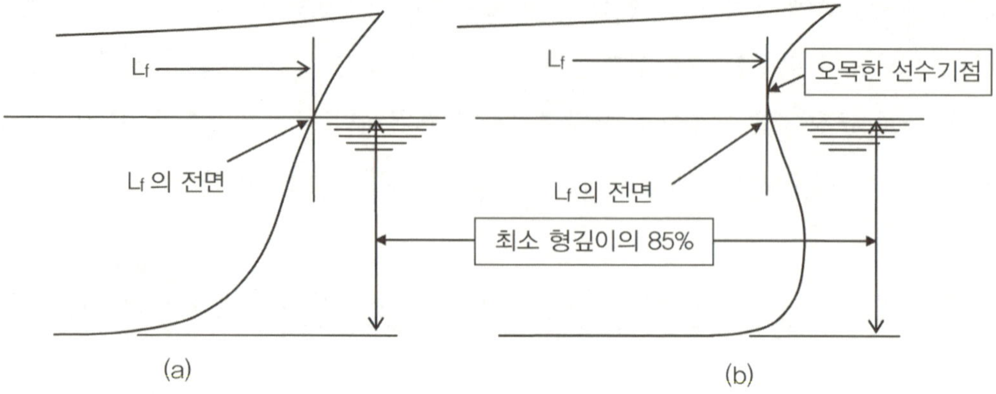

▶▶▶ 그림 1-13 건현용 길이의 전면

하고 있다.

가. 타두재가 있는 선박의 경우에는 최소 형깊이의 85퍼센트의 위치에 있어서의 계획만재흘수선에 평행한 흘수선의 전장의 96퍼센트 또는 그 흘수선상의 선수재의 전면으로부터 타두재의 중심까지의 거리 중 큰 것

나. 타두재가 없는 선박의 경우에는 최소 형깊이의 85퍼센트의 위치에 있어서의 계획만재흘수선에 평행한 흘수선 전장의 96퍼센트로 한다.

다. 선수재의 형상이 최소형깊이의 85퍼센트의 위치에 있어서의 흘수선 상부에서 오목한 선박의 경우에는 가목 및 나목의 길이를 산정하는 경우에 있어서 흘수선 전장의 선수기점과 선수재의 전면은 **그림 1-13**과 같이 각각 당해 흘수선 상부의 선수 형상에 있어서 가장 후방에 있는 지점에서 그 흘수선에 수직으로 내린 곳으로 한다.

라. 용골이 경사지게 설계된 선박에 대하여 가목 및 나목의 길이를 산정하는 경우에 흘수선은 **그림 1-14**와 같이 건현갑판의 형현호선(Moulded Sheer line)과 접하고 용골선과 평행한 선에서 구한 최소 형깊이의 85퍼센트 위치에 있어서의 계획만재흘수선과 평행하여야 한다.

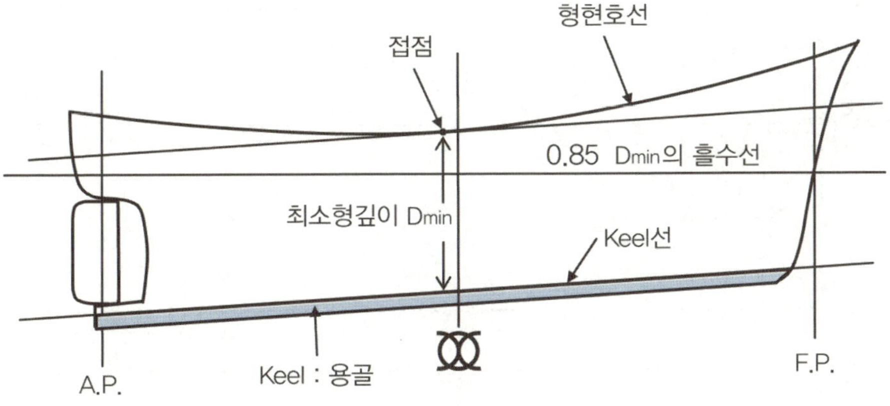

▶▶▶ 그림 1-14 건현용 길이를 재기 위한 흘수선

1.3.8 강선의 구조기준에 의한 건현용 길이(제1편 총칙 제2조(정의) 2)

강선의 구조기준에서는 ["건현용길이(L_f)"라 함은 각각 "선박만재흘수선기준"에 의한 건현용길이(미터)를 말한다.]고 정의되어 있다.

1.3.9 선박구획기준에 의한 건현용 길이(제1편 총칙 제2조(정의) 5)

선박구획기준에서는 ["길이(L)"라 함은 선박만재흘수선기준 제2조에서 정의된 길이를 말한다.]고 정의되어 있다.

1.3.10 「배의 길이」를 정의한 도면표시

일반적으로 「배의 길이」라고 하여도 앞에서 보고 온 바와 같이 겉보기상의 길이(L_{OA}), 수선면 위의 길이(L_W), 여러 성능 등을 계산하는데 채용하는 길이(L_{pp}),

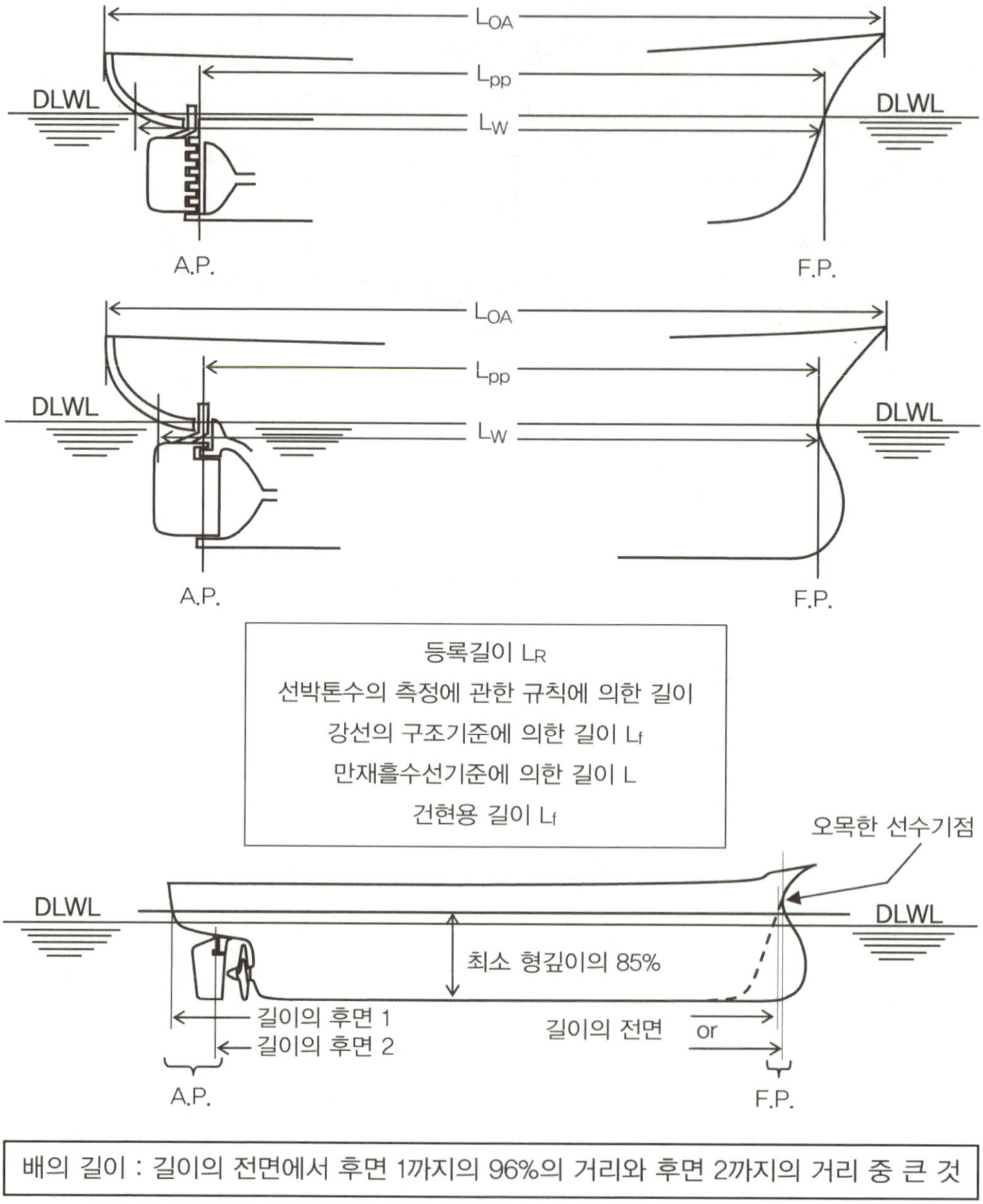

▶▶▶ 그림 1-15 「배의 길이」의 도면표시

적하물의 용적에 영향을 미치는 길이(L_R)이나 그 외에도 나라나 선급협회의 규칙 등의 목적에 의하여 여러 가지로 정의되고 있다.

「배의 길이」 속에서 가상 대표적으로 정의되고, 일반적으로 잘 알아져 있는 것을 도면 표시하면 그림 1-15와 같이 된다.

요트나 특수한 형상의 배를 제외하면 상선의 L_{pp}(Length Between Perpendiculars)나 함선의 계획만재흘수선(DLWL) 위에서의 길이는 배의 기본계획 때에 채용하는 길이로서 선체선도의 제도 및 배수량등의 계산이나 여러 성능계산의 기준이 되고 있다.

1.4 스퀘어 스테이션(Square Station) · 종직선(Ordinate)

배의 수선간길이는 선체선도의 제도나 배수량등의 여러 계산의 기준이 되고 있다. 선체선도의 제도 때에는 배의 길이방향의 기준이 되는 위치로서 수선간길이를 등간격으로 10등분한 지점을 채용한다. 선체선도에서는 이곳을 스퀘어 스테이션(Square Station)이라고 말한다. 선체선도의 모식그림을 그림 1-16에 보인다.

그림 1-16과 같이 측면선도에 있어서는 각 스퀘어 스테이션을 나타내는 선으로서 기선에 대하여 수직한 선을 세우고 이것을 종직선(Ordinate)이라고 말한다. 이로써 측면선도에 있어서는 이 종직선을 세운 위치를 종직선개소(Ordinate Station)라고도 말한다. 이 종직선개소는 반폭선도에도 옮겨져 각 위치에서 선체중심선℄에 대하여 수직한 종직선을 세운다. 이러한 까닭에 스퀘어 스테이션을 간단히 스테이션(Station)이라고도 말한다.

이 책에서 스퀘어 스테이션이라고 부를 경우에는 수선간길이를 등간격으로 10

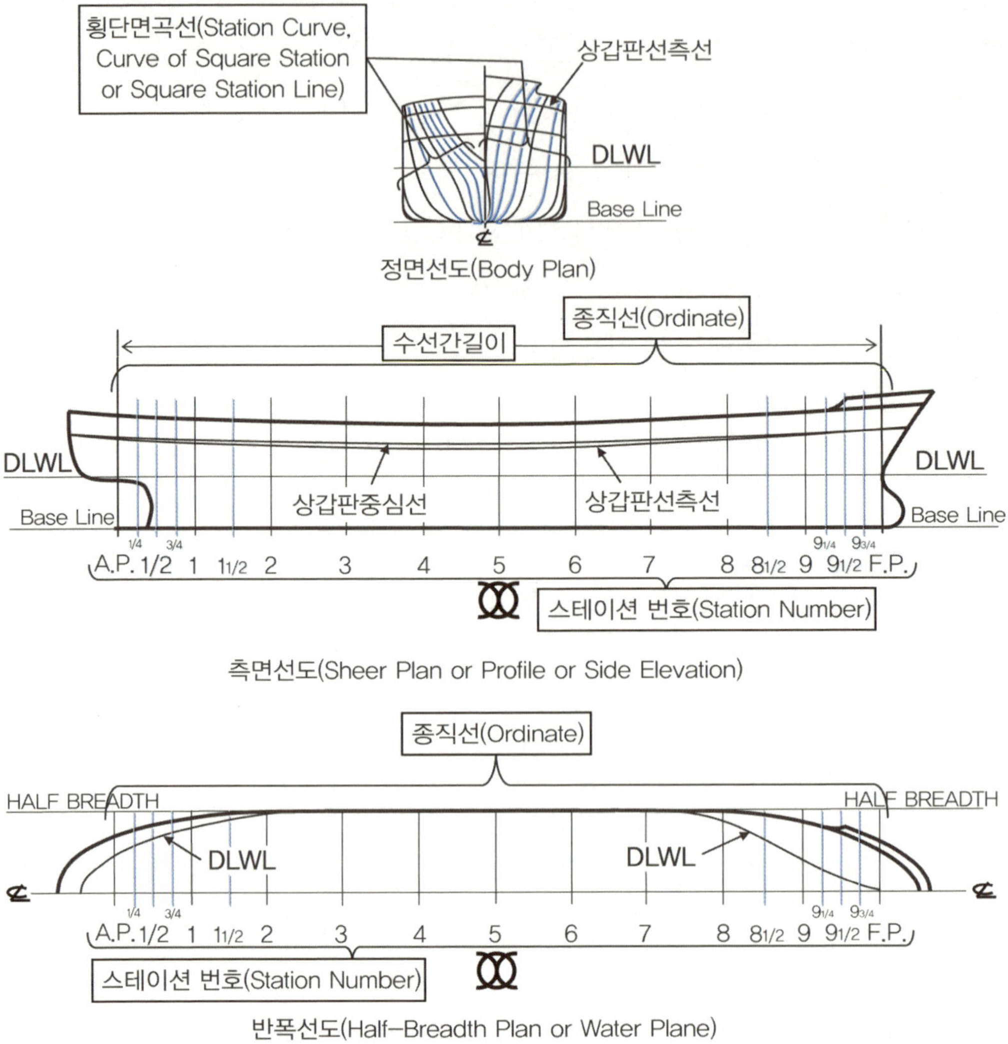

▶▶▶ 그림 1-16 선체선도의 모식그림

등분한 지점을 기준으로 하여 측면선도와 반폭선도에 있어서 기준으로 한 이 지점에서 종직선을 통하는 평면을 포함한 배의 길이 방향에 있어서의 소정된 위치를 말한다.

측면선도와 반폭선도에 있어서 각 종직선을 통하는 평면은 선체의 길이방향에 대하여 직각이고 연직인 선체의 폭방향의 평면을 나타내는 횡평면(Transverse Plane)이 되고 있다. 이 횡평면은 선체의 형표면(Molded Surface)을 폭방향으로 절단하는 면이 되며, 그것에 의하여 나타나는 각 절단면 형상은 곡선들로 표시할 수 있다. 이것이 각 스퀘어 스테이션에서의 횡평면에 의한 선체의 횡단면(Transverse Section or Station Section)을 나타내는 곡선들이며, 이들을 나타낸 곡선군이 정면선도(Body Plan)이다.

또한 **그림 1-16**에서 보는바와 같이 정면선도에 나타낸 곡선을 횡단면곡선(Station Curve, Curve of Square Station or Square Station Line)이라고 부른다.

10등분 된 지점에는 각각 번호가 첨부되고 있어 선미로부터 선수를 향하여 0(zero)으로부터 순서대로 10까지의 번호가 달라붙어 있다. 이것을 스퀘어 스테이션 번호(Square Station Number) 혹은 간단히 스테이션 번호(Station Number)나 종직선번호(Number of Ordinate)라고 말한다. 다만 선체선도에서는 0(zero)이 A.P.로 10이 F.P.로 나타내져 있다. 또한 5의 번호가 붙어 있는 곳은 배의 수선간길이의 중앙, 다름 아닌 ⊗로 나타내지는 선체중앙부(Midship)이다.

선수 및 선미의 형상에 있어서 곡률이 큰 곡선으로 나타나는 곳은 일반적으로 10등분하여 얻을 수 있었던 스퀘어 스테이션간의 반 또는 4등분점에 새로운 스퀘어 스테이션을 잡는다. 또한 이 번호는 최초에 10등분하여 얻을 수 있었던 번호에 가산하여 얻을 수 있다. 예를 들어 선미 부근의 A.P.로부터 1까지를 4등분하면 **그림 1-16**에서 보는바와 같이 A.P., 1/4, 1/2, 3/4, 1, 2, 3, …이 된다. 또한 선수 부근의 9로부터 F.P.까지를 4등분하면 …, 7, 8, 9, $9_{1/4}$, $9_{1/2}$, $9_{3/4}$, F.P.가 된다.

선체선도의 제도에 있어서 수선간길이를 등간격으로 10등분하는 것이나, 곡률이 커지는 선수 및 선미에 있어서 스퀘어 스테이션간을 반 또는 4등분과 같이 짝수로 분할하는 것은 제도상의 기하학적인 제약이 아니다. 이러한 분할 방법에 의하여 구하여지는 오프셋표를 채용하면, 배수량등 계산에 근사 적분법을 쉽게 채용할 수 있고, 그 위에, 실용상 대단히 유효한 결과를 얻을 수 있기 때문이다.

한편 최근의 컴퓨터 · 소프트를 채용하는 선체선도의 제도에는 스퀘어 스테이션을 잡는 방법에 큰 공통적인 제약이 없다. 이러한 컴퓨터 · 소프트를 이용하면 곡률이 커지는 선수 및 선미에서 스퀘어 스테이션간을 한정된 수로 분할하는 것이 지금까지의 선체선도제도와 같이 중요한 의미를 가지지 않고, 임의의 다수로 분할이 가능하며 그에 따른 계산 정밀도는 대단히 높아진다.

그러나 컴퓨터 · 소프트를 이용했다고 한들 선체선도의 제도에 있어서는 기준이 되는 스퀘어 스테이션이 필요하고 이것은 이후에 선체선도을 데이터베이스화하는데 있어서도 중요하다.

1.5 갑판선(Deck Line)

기선(Base Line)과 수선간길이를 정의하는 선수 및 선미의 형상이 결정되면 선체에 있어서 가장 중요한 갑판인 상갑판(上甲板 : Upper Deck 또는 주갑판(Main Deck)이라고도 말한다)을 나타내는 갑판선(Deck Line)을 측면선도에 그려 넣는다. 이 경우의 갑판선은 상갑판 하면(下面 : 아랫면)의 선(혹은 상갑판 보(Beam) 표면을 잇는 선)을 취한다. 따라서 각 스퀘어 스테이션에 있어서 상갑판의 하면과 선측 외판의 내면이 교차하는 점을 얻고, 이 점을 이은 상갑판선측선(上甲板 船側線 : Upper Deck Side Line)을 **그림 1-16**에서 보는바와 같이 측면선도에 그려 넣으면 그것으로 바로 옆으로 보는 선체의 기본 외형이 대부분 정해진다.

또한 선체 상갑판은 선측보다도 선체중심선면 쪽으로 갈수록 높아져감으로, 측면선도에 선체중심선면 위의 갑판선인 상갑판중심선(上甲板中心線 : Upper Deck Center Line)을 그려 넣는다(그림 1-1, 1-2과 그림 1-16 참조). 선체중앙횡단면의 갑판선에 있어서 선측보다도 선체중심선 쪽으로 갈수록 높아져가는 것은 갑판상 위로 뛰어든 파도 물의 배수가 잘 되게 할 목적이며, 선측보다 선체중심선 쪽으로 상갑판이 얼마나 올라가 있는지를 보여주는 형상을 캠버(Camber)라고 말한다. 또한 갑판선이 위로 구부러진 형상을 캠버 형상(Camber Curve or Curve of the Deck Beam)이라고 말한다.

그림 1-17에서 보는바와 같이 상갑판 보(Beam)의 표면(상갑판 아랫면)을 나타내는 선(Molded Deck Line)이 선체의 폭이 제일 넓은 양쪽 선측에 있어서 늑골(Frame)외면(외판 내면)을 나타내는 선(Molded Frame Line)과 교차하는 양쪽 점을 통하는 형깊이의 선(Molded Depth Line)으로부터 선체중심선 위에서 상갑판 보 표면까지의 높이를 일반적으로 「캠버」라고 부르기도 하지만, 상갑판의 구부러진 형상을 보여주는 캠버와 구별하기 위해서 여기에서는 캠버 높이(Height

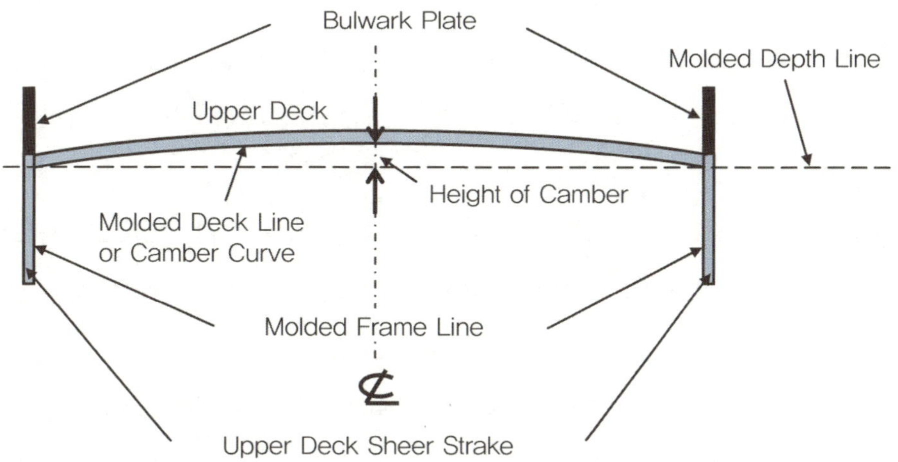

▶▶▶ 그림 1-17 갑판선 – 캠버

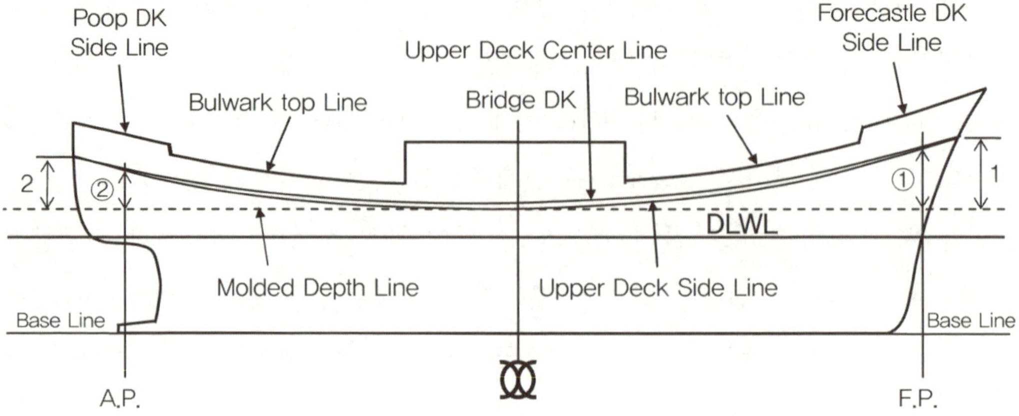

DLWL Designed Load Waterline

1. Height of Sheer at Stem 2. Height of Sheer at Counter

①. Height of Sheer Forward ②. Height of Sheer Aft

▶▶▶ 그림 1-18 갑판선-현호

of Camber)라고 부르기로 한다.

한편 그림 1-18에서 보는바와 같이 상갑판은 선체 길이방향에 대하여 선체중앙부⊗로부터 선수부 및 선미부 쪽을 향하여 높아져가도록 구부러지고 있는데 이 구부러짐을 현호(舷弧 : Sheer)라 하며, 일반적으로 선수부가 선미부보다도 구부러짐이 크다. 현호는 배가 풍파도중이라도 안전하게 항행할 수 있는 능파성(凌波性 : Sea Kindliness=파도를 헤치고 견디어 내는 성능)을 유지하기 위하여 마련되어져 있다.

그 외에도 선체선도에는 선수루갑판(Forecastle or F'cle Deck), 선교갑판(Bridge Deck) 및 선미루갑판(Poop Deck)의 선측선이나 상갑판 아래의 기타의 갑판들이 그려져 있다.

이 모든 선들은 선체의 형표면(Molded Surface)을 나타내는 형형상(Molded Form)을 보여주고 있다. 따라서 상갑판선측선과 상갑판중심선은 선체 형형상을 나타내는 선측 및 선체중심선면의 형현호선(Molded Sheer Line)이라고 말할 수 있다.

그림 1-18에서 보는바와 같이 선체중앙부⊗에 있어서 상갑판선측선(Upper Deck Side Line)과 선체중앙횡평면의 교점을 통하는 수평선(그림 1-18의 파선)을 그리면 각 스퀘어 스테이션에 있어서 이 수평선으로부터 상갑판선측선까지의 수직거리를 거기에서의 현호높이(Height of Sheer)라고 말한다. 선수끝에서의 이 수직거리를 선수끝현호높이(Height of Sheer at Stem), 선미끝에서의 이 수직거리를 선미끝현로높이(Height of Sheer at Counter)라고 부른다. 따라서 당연하지만 선체중앙부⊗에 있어서의 갑판의 현호는 0(zero)이다. 또한 대형선박과 같이 선체중앙평행부에 있어서 갑판선이 DLWL에 평행한 곳은 갑판의 현호가 0(zero)이다.

표준현호는 선박만재흘수선기준이 정의하는 배의 길이를 채용한 등분점 위치에서의 높이를 가지고 나타내지만(「제3장 3.4.4 현호(Sheer)와 상갑판선측선을 그리는 방법」 참조), 여기에서는 F.P.에 있어서 현호의 수평선(그림 1-18의 파선)으로부터의 높이(그림 1-18의 ①)를 선수현호높이(Height of Sheer Forward), A.P.에 있어서의 높이(그림 1-18의 ②)를 선미현호높이(Height of Sheer Aft)라고 말한다.

1.6 배(선박)의 너비(Breadth : B)

1.6.1 전너비

그림 1-19에서 보는바와 같이 배의 전너비 또는 최대너비(Breadth Extreme : B_{ex} or B_{ext})는 선체의 너비가 제일 넓은 양쪽 선측에 있어서 선측 외판의 외면으

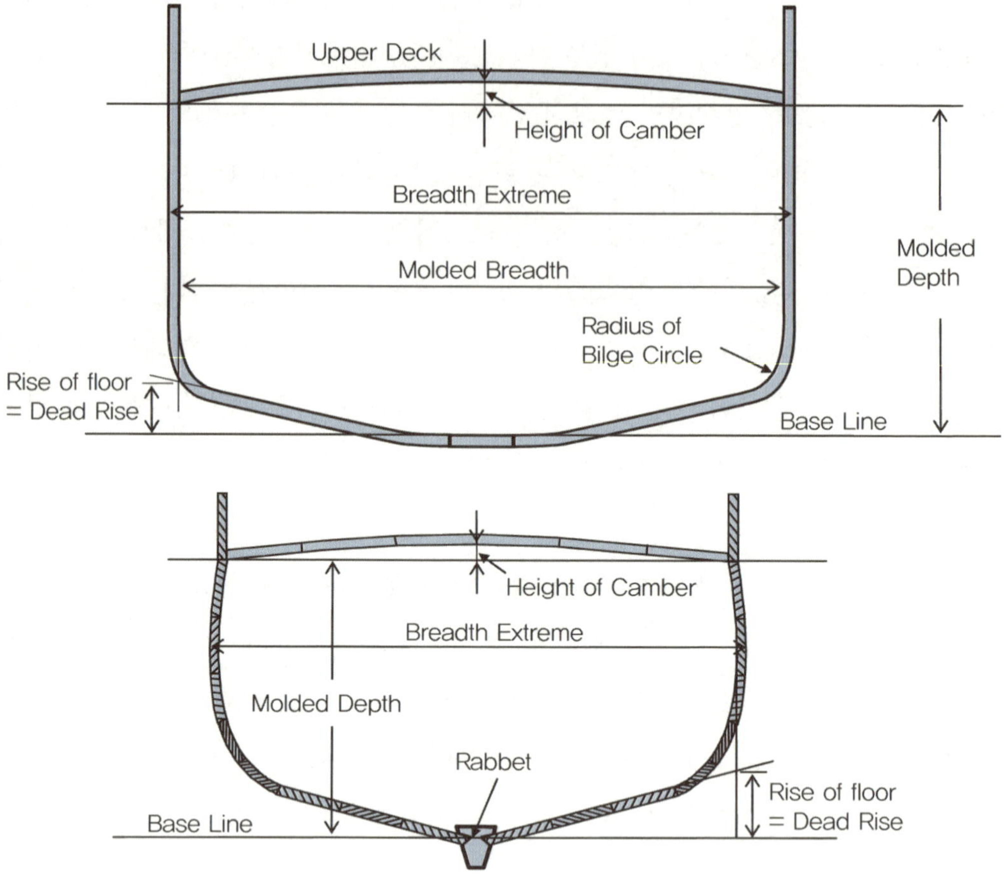

▶▶▶ 그림 1-19 배의 폭의 정의

로부터 반대쪽 외판의 외면까지의 수평거리를 말한다. 전폭 또는 최대폭이라고도 한다.

1.6.2 형너비

그림 1-19와 그림 1-20 (a)에서 보는바와 같이 형너비(Molded Breadth or Breadth Molded : B_{mld})는 선체의 너비가 제일 넓은 양쪽 선측에 있어서 선측 외

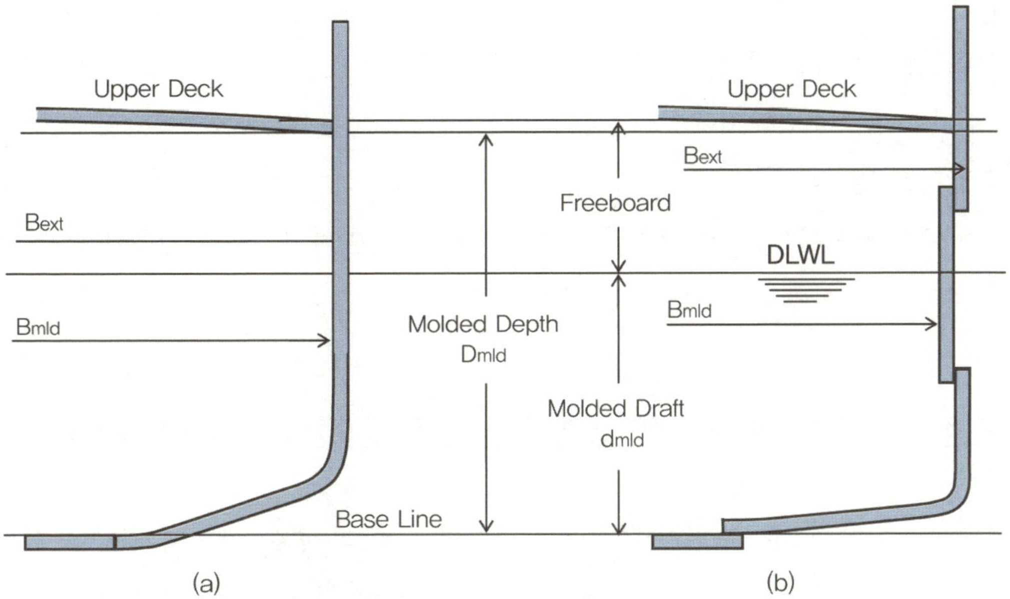

▶▶▶ 그림 1-20 현측외판과 배의 폭과의 관계

판의 내면으로부터 반대쪽 외판의 내면까지의 수평거리를 말한다. 바꿔 말하면, 선체의 너비가 제일 넓은 양쪽 선측에 있어서 늑골(Frame) 외면으로부터 반대쪽 늑골 외면까지 즉 양쪽 선측의 Molded Frame Line 사이의 수평거리를 형너비라고 한다. 형폭이라고도 말한다.

외판을 리벳으로 겹치어 잇고 있었을 때는 그림 1-20 (b)에서 보는바와 같이 형폭은 선측 외판의 안쪽 외판의 내면에서 반대쪽 안쪽 외판의 내면까지의 수평거리로 잡고 있었다.

1.6.3 선박법에 의한 너비(선박법시행규칙 제11조의 10)

선박법시행규칙에는 배의 너비를 [선박 길이의 중앙에서 금속제 외판(金屬製外板)이 있는 선박의 경우에는 늑골 외면(肋骨 外面) 간의 최대너비를 말하고,

금속제 외판 외의 외판이 있는 선박의 경우에는 선체 외면(船體 外面) 간의 최대 너비를 말한다.]고 정의되어 있다. 여기에서 선박 길이라 함은 「1.3.4 등록길이」로부터 「1.3.7 선박만재흘수선기준에 의한 길이, 건현용 길이」까지에서 정의된 배의 길이를 말한다.

즉 금속제 외판으로 된 선박의 너비는 형너비를 말하고 있고, 금속제 외판 외의 외판으로 된 선박의 너비는 최대너비를 말하고 있다.

1.6.4 선박톤수의 측정에 관한 규칙에 의한 너비(제1장 총칙 제2조(정의) 7)

선박톤수의 측정에 관한 규칙에는 [“선박의 너비”라 함은 금속제 외판이 있는 선박에서는 선박의 길이의 중앙에서 늑골 외면간의 최대너비를 말하고, 금속제 외판외의 외판이 있는 선박에 있어서는 선박의 길이의 중앙에서 선체외면간의 최대너비를 말한다.]고 정의되어 있다.

즉, 선박법시행규칙에서 정의한 선박의 너비와 같다.

1.6.5 강선의 구조기준에 의한 너비(제1편 총칙 제2조(정의) 3)

강선의 구조기준에는 [“선박의 너비(B)”라 함은 선체의 가장 넓은 곳에서 늑골 외면간의 수평거리(미터)를 말한다.]고 정의되어 있다.

즉, 선체의 너비가 제일 넓은 곳에서의 형너비를 말하고 있다.

1.6.6 만재흘수선기준에 의한 너비(만재흘수선기준 제2조(정의)4)

만재흘수선기준에서 [“배의 너비”라 함은 금속제 외판을 가지는 선박에 있어서는 건현용 길이의 중앙에서 늑골의 외면간의 최대너비를, 그림 1-20 (b)의 선박에 있어서는 동 그림에 의한 너비(B_{mld})를 말하고, 금속제 외판 이외의 외판을 가지는 선박에 있어서는 건현용 길이의 중앙에서 선체 외면간의 최대너비를 말한다.]고 정의되어 있다.

즉, 선박법시행규칙에서 정의한 선박의 너비와 같다.

1.6.7 선박구획기준에 의한 너비(제1편 총칙 제2조(정의) 8)

선박구획기준에서 선박의 ["너비(B)"라 함은 최대구획만재흘수선 또는 그 하부에서의 최대 형폭을 말한다.]고 정의되어 있다. 여기에서 "최대구획만재흘수"라 함은 선박의 하기 만재흘수에 해당하는 수선을 말하고 있다.

1.7 배(선박)의 깊이(Depth : D)

1.7.1 기선을 얻는 방법

선체선도을 제도할 경우 또는 선체의 형깊이나 형흘수를 정의할 경우, 기선(Base Line)이 기준이 되는 선이기 때문에 그 정의와 얻는 방법이 중요하다.

선체를 선체중심선면으로 절단했을 경우 측면선도에 나타나는 용골(Keel)의 표면선인 용골선(Keel Line)은 「1.2.3 기선」에서 이미 알아 본 바와 같이 대형선박인 경우에는 계획만재흘수선(DLWL)에 평행하지만 소형선박인 경우에는 계획트림(Designed Trim)을 선택하는 경우도 있기에 어떤 선박이나 평행하다고는 말할 수 없다.

따라서 일반적으로는 그림 1-5에서 본 바와 같이 용골선(또는 선저부경계선)이 DLWL에 평행한가 아닌가에 관계없이 용골선과 선체중앙부⊗의 선체중앙횡평면이 교차하는 점을 얻고, 이 점을 통하는 수평면(水平面)을 만들면, 이 면이 정면선도 및 측면선도에서는 수평선으로서 표시되며, 이 수평선을 기선(Base Line)이라고 말한다.

기선은 선체중앙부⊗에서 선체 형형상의 선저부경계선과의 교점을 통하고 있기 때문에 중앙횡단면에서의 용골은 반드시 기선 밑에 두어야 한다. 따라서 기선을 얻는 방법은 배의 종류에 의한 선체구조상 차이가 있기에 용골의 구조에 따라 다음과 같이 정의된다.

① 방형용골(Bar Keel)의 경우는 그림 1-21과 같이 그 윗표면을 기선으로 잡는다.

② 평판용골(Flat Plate Keel)인 경우, NK(Nippon Kaiji Kyokai)와 LR(Lloyd's Register of Shipping)은 그림 1-22와 같이 용골과 가아보오드판(Garboard Strake)이 버트(butt)이음이나 혹은 용골과 가아보오드판이 랩(lap)이음이나

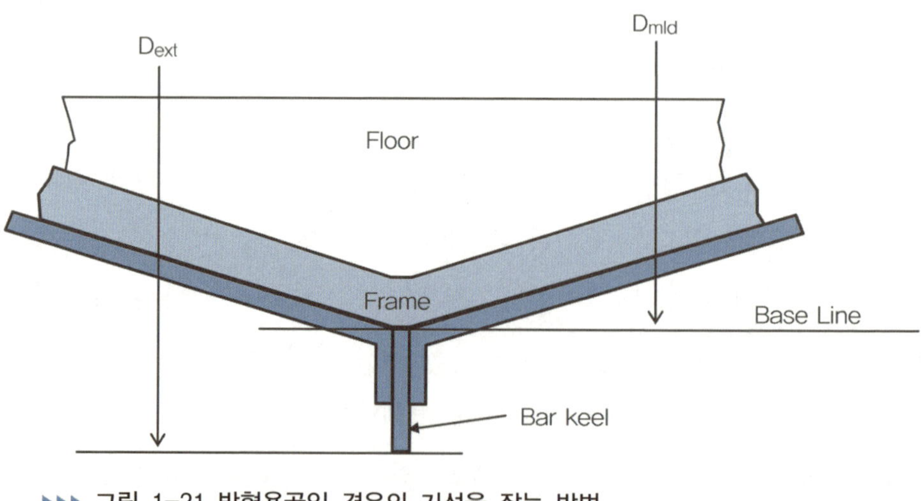

▶▶▶ 그림 1-21 방형용골인 경우의 기선을 잡는 방법

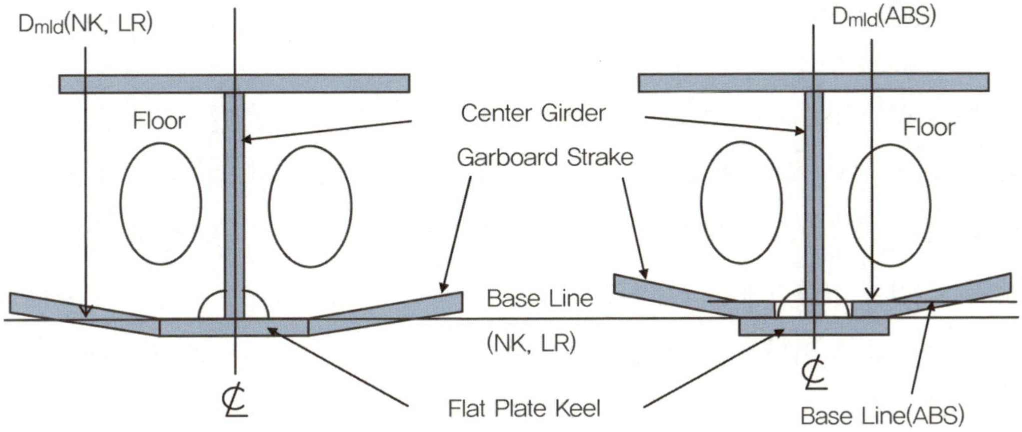

▶▶▶ 그림 1-22 평판용골인 경우의 기선을 잡는 방법

어느 쪽의 이음이라도 평판용골의 평탄부 윗표면을 통하는 수평선을 기선으로 잡고 있다. 이것에 대하여 ABS(American Bureau of Shipping)에서는 용골과 인접하는 가아보오드판이 랩(lap)이음인 경우, 용골의 평탄부 표면에서 가아보오드판의 두께만 위쪽의 점을 통하는 수평선을 기선이라고 하고 있다. 가아보오드판은 용골과 접하고 있는 배의 길이방향의 선저 외판이다.

③ 목선인 경우는 그림 1-23에서 보는 바와 같이 레비트(Rabbet)의 밑 가장자리(下緣)를 통하는 수평선을 기선이라 말한다.

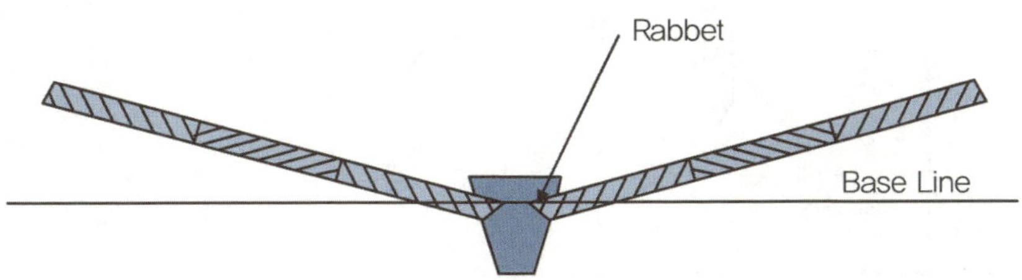

▶▶▶ 그림 1-23 목선인 경우의 기선을 잡는 방법

1.7.2 형깊이

배의 형깊이(Molded Depth or Depth Molded : D_{mld})는 측면선도에서는 선체 중앙부⊗에 있어서 기선(Base Line)으로부터 상갑판선측선(Upper Deck Side Line)까지의 수직거리를 말한다. 중앙횡단면에서는 그림 1-24의 Type 1에서 보는 바와 같이(그림 1-19, 그림 1-20 (a), 그림 1-20 (b)도 참조), 기선으로부터 상갑판 하면(下面)이나 혹은 상갑판 보(Beam) 윗면을 나타내는 선(Molded Deck Line)과 늑골(Frame)의 외면(선체외판의 내면)을 나타내는 선(Molded Frame Line)의 교점까지의 수직거리를 말한다. 또한 이 형깊이를 나타내는 선을 형깊이 선(Molded Depth Line)이라고 말한다.

일반적으로 상갑판(Upper Deck)과 선측의 결합부분이나 갑판 가장자리(Deck Edge)를 거널(Gunwale or Gunnel)이라고 하지만, 대형선박과 같이 상갑판의

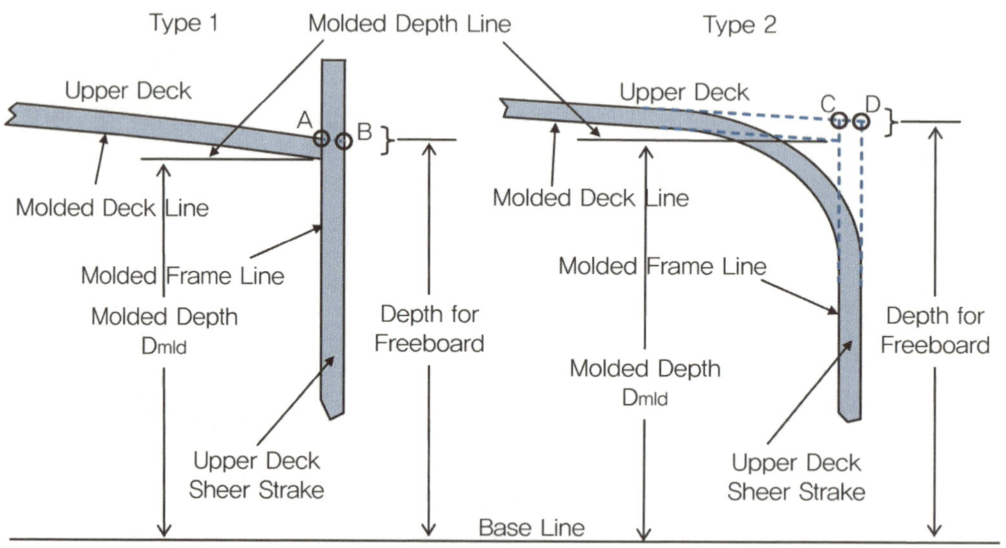

▶▶▶ 그림 1-24 배의 깊이의 정의

선측부가 둥근 거널(Round Gunwale)과 같이 되어 있는 경우에는 그림 1-24의 Type 2에서 보는 바와 같이 기선으로부터 상갑판 하면을 나타내는 선의 연장선과 선측 외판의 내면을 나타내는 선의 연장선이 교차하는 점까지의 수직거리를 형깊이라고 한다. 이 형깊이는 예비 복원력을 생각할 경우의 건현깊이가 아님을 주의해야 한다.

1.7.3 선박법에 의한 깊이(선박법시행규칙 제11조의 11)

선박법시행규칙에는 배의 깊이를 [선박 길이의 중앙에서 금속제 외판이 있는 선박의 경우에는 용골(龍骨)의 윗면으로부터, 금속제 외판 외의 외판이 있는 선박의 경우에는 용골의 아랫면으로부터 선측에 있어서의 상갑판의 아랫면까지의 수직거리를 말한다.]고 정의되어 있다. 여기에서 선박 길이라 함은 「1.3.4 등록 길이」로부터 「1.3.7 선박만재흘수선기준에 의한 길이, 건현용 길이」까지에서 정의된 배의 길이를 말한다.

즉 금속제 외판으로 된 선박의 깊이는 형깊이를 말하고 있고, 금속제 외판 외의 외판으로 된 선박의 깊이는 용골의 아랫면, 즉 배의 제일 깊은 곳 까지를 말하고 있다.

1.7.4 선박톤수의 측정에 관한 규칙에 의한 형깊이(제1장 총칙 제2조(정의) 5)

선박톤수의 측정에 관한 규칙에는 ["형깊이"라 함은 목선에 있어서는 용골의 레비트의 밑가장자리(두꺼운 가아보오드가 설치되어 있는 선박에 있어서는 가아보오드외의 선저외판의 외면을 안쪽으로 연장한 선과 용골의 측면과의 교점을 말한다)로부터 선측에 있어서의 상갑판 하면까지의 수직거리를 말하고, 기타의 선박에 있어서는 용골의 상면으로부터 선측의 상갑판의 하면(둥근 건넬이 있는 선박에 있어서는 건넬이 각형으로 되도록 상갑판 및 선측외판의 모울드라인을 각각 연장하여 얻어지는 교점을 말한다)까지의 수직거리를 말한다.」고 정의 되어 있다.

1.7.5 강선의 구조기준에 의한 깊이(제1편 총칙 제2조(정의) 3)

강선의 구조기준에는 「"선박의 깊이(D)"라 함은 선박길이의 중앙에서 용골의 상면으로부터 건현갑판보의 선측에 있어서의 상면까지의 수직거리(미터)를 말한다. 다만, 유효한 수밀격벽이 건현갑판 위의 갑판까지 연장되는 경우에는 선박길이의 중앙에서 용골의 상면으로부터 수밀격벽의 상단까지의 수직거리(미터)로 한다.」고 정의되어 있다. 여기에서 선박길이라 함은 「1.3.6 강선의 구조기준에 의한 길이(제1편 총칙 제2조(정의) 1)」에서 정의된 길이를 말한다.

1.7.6 만재흘수선기준에 의한 건현용 깊이 및 형깊이

(만재흘수선기준 제2조(정의) 1)

만재흘수선기준에서는 건현용 깊이를 다음 각목에 의한 것으로 정의하고 있다.

가. 건현용 길이의 중앙에서의 형깊이에 갑판스트링거의 두께(건현용 길이의 중앙에서 측정한 두께를 말한다)를 더한 것

나. 배의 너비의 4퍼센트를 넘는 반지름의 둥근모양의 거널을 가지는 선박 또는 통상의 것과 다른 형상의 상부현측을 가지는 선박의 건현용 깊이는 건현용 길이의 중앙횡단면의 상부현측이 수직이고 또한 동일한 캠버를 가지는 선박으로서 중앙횡단면적이 실제의 배의 중앙횡단면적과 같은 선박의 건현용 깊이로 한다.

또한, 만재흘수선기준에서는 형깊이를 다음 각목에 의한 것으로 정의하고 있다.

가. 강선에 있어서는 용골의 상면으로부터 선측에 있어서의 건현갑판의 갑판보의 상면까지(둥근 모양의 거널을 가지는 선박에 있어서는 거널이 각형이 되도록 갑판 및 선측외판의 몰드라인을 각각 연장하여 얻어지는 교점까지)의 수직거리

나. 강화플라스틱선(이하 "FRP선"이라 한다)에 있어서는 용골의 하면으로부터 선측에 있어서의 건현갑판의 갑판보의 상면까지의 수직거리

다. 목선에 있어서는 용골의 래비트 밑가장자리(두꺼운 가보드가 붙어있는 선박에 있어서는 가보드 이외의 선저외판의 외면을 안쪽으로 연장한 선과 용골의 측면과의 교점)로부터 선측에 있어서의 건현갑판의 갑판보의 상면까지의 수직거리

라. 가목 내지 다목의 적용에 있어서 선체중앙단면의 하부의 형상이 오목한 경우 형깊이의 하단은 선저면의 편평부를 안쪽으로 연장한 선과 용골의 측면과의 교점으로 하며, 갑판보 상면의 형상에 따른 갑판보의 상단은 그림 1-25에 의한다.

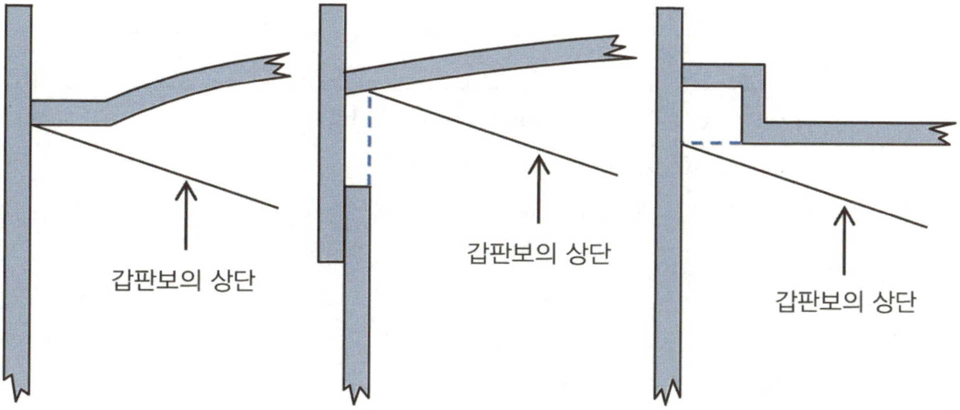

▶▶▶ 그림 1-25 만재흘수선기준에 의한 형깊이의 상단

1.7.7 각국선급협회의 건현용 깊이의 정의

배의 건현용 깊이는, 건현용 길이(L_f)의 중앙에 있어서의 형깊이(D_{mld})에 선측에 있어서의 건현갑판의 두께를 더한 깊이를 말하지만 각국선급협회에 따라 그 정의가 다르다.

그림 1-24에 있어서 Type 1배의 경우 상갑판표면과 선체외판의 내면(늑골의 외면)을 나타내는 선의 교점을 A, 상갑판표면을 나타내는 선의 연장선과 선체외판의 외면을 나타내는 선의 교점을 B점으로 한다. 또한 둥근 거널을 가지고 있는 Type 2배의 경우 상갑판표면을 나타내는 선의 연장선과 선측외판의 내면을 나타내는 선의 연장선과의 교점을 C, 상갑판표면을 나타내는 선의 연장선과 선측외판의 외면을 나타내는 선의 연장선과의 교점을 D로 한다.

각국선급협회의 건현용 깊이는 건현용 길이(L_f)의 중앙에 있어서의 형깊이(D_{mld})에 A점, B점, C점 혹은 D점까지의 판두께를 더한 깊이로서 정의되고 있어, 어느 점의 판두께를 더할지는 다음과 같다.

	KR	NK	LR	ABS	NV
Type 1	A	A	A	B	A
Type 2	C	C	C	D	C

여기서, KR는 Korean Register of Shipping
NK는 Nippon Kaiji Kyokai
LR는 Lloyd's Resister of Shipping
ABS는 American Bureau of Shipping
NV는 Det Norske Veritas

1.8 배(선박)의 건현(Freeboard)

1.8.1 건현

배의 건현(Freeboard)은 「선박만재흘수선기준」 제2조 8에서 「건현용 깊이의 상단에서 만재흘수선까지의 수직거리를 말한다.」라고 규정되고 있다. 일반적으로는 이미 알려져 있는 만재흘수선으로부터 건현용 깊이의 상단까지의 수직거리를 나타내고 있다고 해석되지만, 「만재흘수선기준」에 있어서는 건조하는 배에 적용되는 항행의 대역 또는 구역과 계절기간에 대응하는 건현의 크기를 결정하고, 그 크기를 가지고 건현용 깊이의 상단에서의 수직거리에 있는 수면위치를 만재흘수선이라고 정하고 있다.

다시 말해서 배의 건현은 통상의 운행 상태에 있어서 우연히 만날 수 있는 풍파도중에서 안전하게 항행할 수 있는 예비 부력(Reserve Buoyancy)을 확보하기 위해서 선체중앙부ꝏ의 선측에 있어서 건현갑판(Freeboard Deck : 통상 폐위 장치가 있는 최상층의 전통갑판)의 윗표면(그림 1-24 참조)으로부터 만재흘수선을 나타내는 수면까지의 수직거리로서 결정된다. 그림 1-20 및 그림 1-24의 상갑판(Upper Deck)은 건현갑판을 그리고 있다.

이렇게 건현은 배의 예비 부력을 확보하는 것이기 때문에 배의 안전성을 생각할 때는 중요한 요소의 하나이며 따라서 「만재흘수선기준」에서 규정되고 있다. 여기에서 건현에 의하여 확보되는 예비 부력은 만재흘수선으로부터 상부의 선체 수밀부분의 용적(만재흘수선으로부터 건현갑판 표면까지의 용적)에 관계되는 부력을 말하고, 전 용적 또는 전 부력에 대한 비율로 나타내진다.

예비 부력은 건현이 커짐에 따라 증가하고 그것에 의하여 배의 복원력

(Restoring Force or Stability)도 증가하기 때문에 배의 안전성에 크게 기여한다. 또한 배의 능파성(Sea Kindliness)에도 기여한다.

1.8.2 건현갑판(만재흘수선기준 제2조11)

「만재흘수선기준」에 있어서 배의 건현을 재기 위하여 정한 갑판을 건현갑판(Freeboard Deck)이라 하며, 선체의 주요부를 구성하는 통상폐쇄 장치가 있는 최상층의 전통갑판을 말한다. 상세한 정의에 대하여서는 만재흘수선기준 제2조 11을 참조 할 것.

1.8.3 만재흘수선표시(Load Line Mark)

(만재흘수선기준 제6조, 제14조, 제17조, 제26조)

「만재흘수선기준」에 의하여 배의 형상이나 강도에 따라 그 배의 건현을 산정한 후 만재흘수선이 양 선측에 표시 되어야 하며 이를 만재흘수선표시(Load Line Mark)라고 한다.

선내에 무제한으로 화물을 실어 놓다가는 배가 어느 점에 이르러서는 만재흘수선보다 가라앉게 되고 필요한 예비 부력이 부족하게 된다. 예비 부력은 배의 안전을 확보하기 위한 것이기 때문에 지나친 화물 적재는 대단히 위험하다.

만재흘수선표시(Load Line Mark)는 그림 1-26에서 보는바와 같이 일반상선인 경우에는 원의 중심이 건현용 길이(L_f)의 중앙에서 건현용 깊이의 상단으로부터 아래쪽을 향하여 수직으로 하기건현과 같은 거리에 두게 한다. 그림 1-27에는 소형 선박의 만재흘수선표시를 보여주고 있다. 이것들은 직립 상태의 배에 적재할 수 있는 한도를 나타내는 최대흘수선을 표시하고 있다.

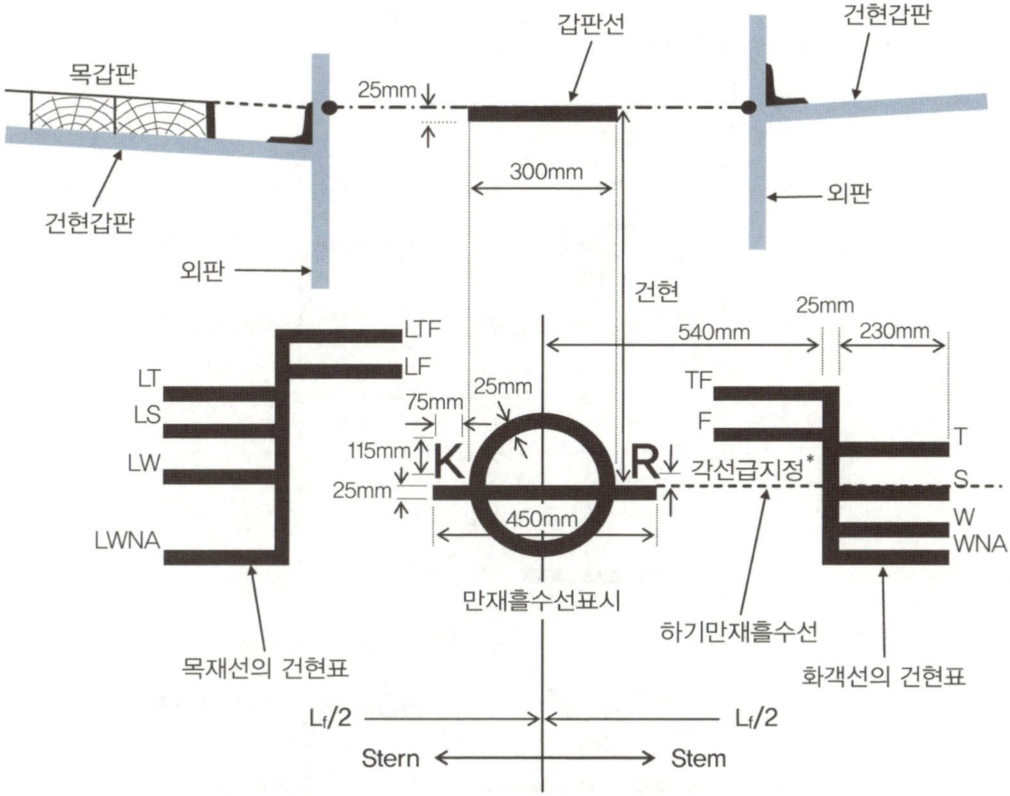

*각선급지정

LR : 25mm
NV : 25mm
NK : 35mm
ABS : 38mm

여기서, K R : Korean Register of Shipping
L : Lumber 목재만재흘수선
F : Flesh 하기담수만재흘수선
T : Tropical 열대만재흘수선
S : Summer 하기만재흘수선
W : Winter 동기만재흘수선
WNA : Winter North Atlantic 동기북대서양만재흘수선

▶▶▶ 그림 1-26 일반상선의 만재흘수선표시

국제항해에 취항하지 아니하는 선박 길이 12미터이상
선박(어울을 제외한다)의 만재흘수선 기준

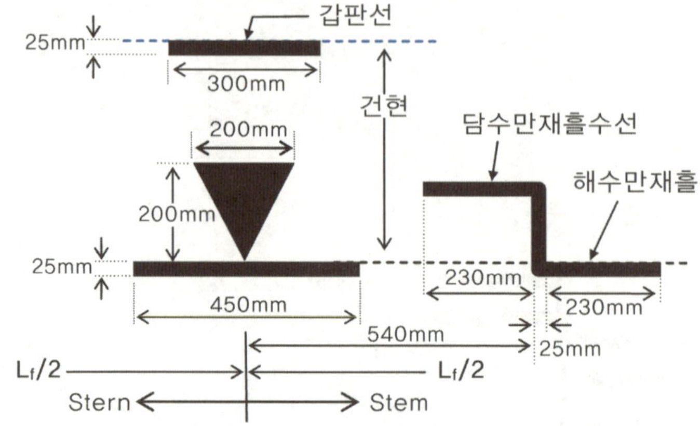

선박길이 12미터이상 어선의 만재흘수선기준

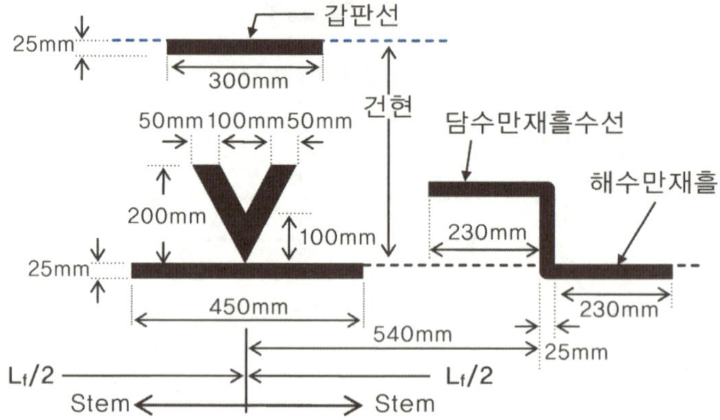

선박길이 12미터미만의 여객선 및 위험물산적운송선의 말재흘수선기준

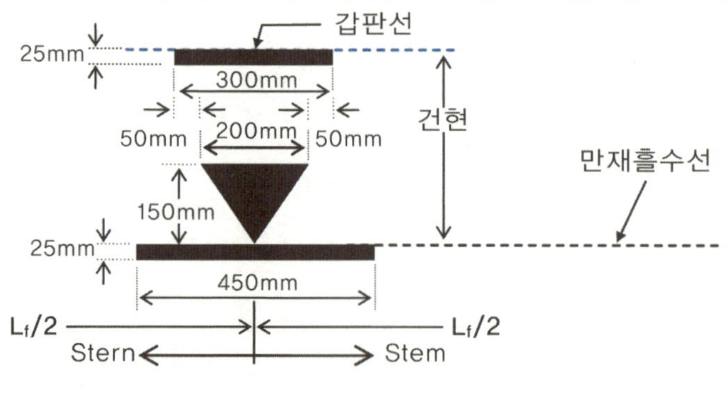

▶▶▶ 그림 1-27 소형선박의 만재흘수선표시

1.9 배(선박)의 흘수(Draught(영어) or Draft(미국어) : d)

1.9.1 흘수

흘수(Draught(영어) or Draft(미국어) : d, 여기에서는 미국어를 사용한다)는 배가 정수면(静水面 : Surface of Still Water)에 뜨고 있을 때에 정수면으로부터 용골의 두께도 포함한 선체최하부(Bottom of Keel)까지의 수직거리를 말한다. 이렇게 흘수는 정수면을 기준으로 하여 정수면아래의 선체의 깊이를 나타내고 있다.

선체 선수 및 선미의 외부 양 선측면에는 선체가 정수면에 뜨고 있는 상태의 흘수를 밝히고 그 흘수를 측정할 수 있게 흘수표(Draft Marks)를 표시하는 것이 의무화 되어 있다(선박법시행규칙 제17조).

흘수표는 **그림 1-28**에서 보는 바와 같이 방형용골 또는 평판용골의 아랫면 혹은 그 연장선과 F.P. 및 A.P.와의 교점을 흘수표의 0(zero)점으로 잡고 윗방향으로 선수재 및 선미부에 수직거리로 눈금 표시 되어야 한다. 따라서 배의 형상에 의하여 흘수표가 F.P. 및 A.P.와 멀리 떨어진 위치에 표시되고 있는 경우는 표시된 눈금으로 얻을 수 있는 흘수에 대하여 옳은 흘수로 수정해야 한다.

또한 대형선박에는 양 선측의 만재흘수선표시(Load Line Mark) 이외에 선체중앙부⊗ 근방에 흘수표를 표시한다. 다만 만재흘수선을 표시하는 배의 중앙(L_f/2의 위치)은 수선간길이의 중앙인 선체중앙부⊗와는 정의가 다르다(「1.2.2 중앙부와 중심선」 및 「1.8.3 만재흘수선표시(Load Line Mark)」 참조).

그림 1-29는 선체중앙부근의 만재흘수선표시와 흘수표를 예시하고 있다. 흘수표는 **그림 1-29**와 같이 선저(船底)로부터 최대흘수선(最大吃水線) 이상에 이르기까지 높이 10cm의 아라비아 숫자로 20cm마다 표시하여야 하며, 숫자의 하단은 그 숫자가 표시하는 흘수선과 일치해야 한다(선박법시행규칙 제17조).

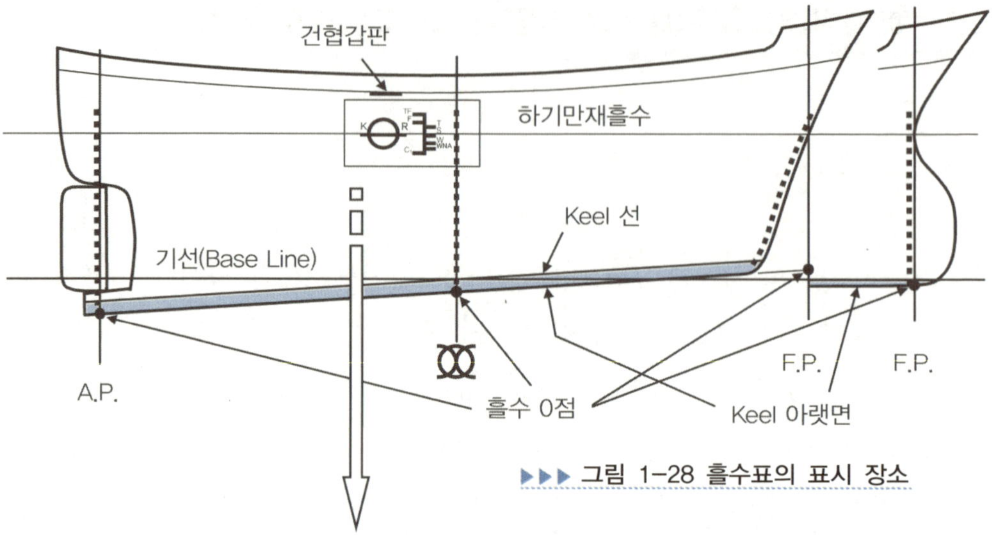

▶▶▶ 그림 1-28 흘수표의 표시 장소

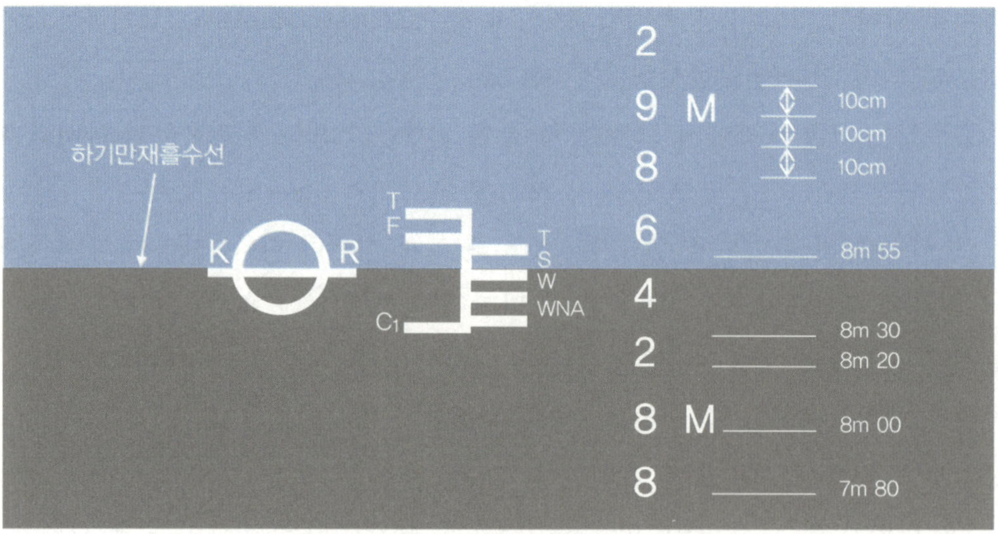

▶▶▶ 그림 1-29 만재흘수선표시와 선체중앙부 흘수표

선수재가 경사하고 있는 선수부에 있어서는 그림 1-28에서 보는바와 같이 F.P.에서의 0(zero)점에서 위쪽으로 잰 눈금을 기선에 평행하게 선체 선수부에 옮기고 흘수표로서 표시한다. 구상선수(Bulbous Bow)의 경우는 그림 1-29와 같

은 흘수표의 아라비아 숫자를 그림 1-28과 같이 F.P.선 근변에 흘수 0(zero)점에서 위쪽으로 흘수 눈금을 표시한다.

F.P., ⊗, A.P.에서의 흘수를 각각 선수흘수(Fore Draft : d_f), 중앙흘수(Midship Draft : d_{mid}), 선미흘수(Aft Draft : d_a)라 하고, 그림으로 표시하면 그림 1-30과 같이 된다. 또한 A.P., ⊗, F.P.에서의 흘수는 선체중앙부⊗에서의 평균 흘수와 선체 종경사를 알고 있으면 계산으로 얻을 수도 있다.

이때의 평균흘수(Mean Draft)는 A.P. 및 F.P.에서의 흘수의 평균치로서 중앙흘수(d_{mid})라고 말한다. 중앙흘수는 다음 식으로 얻을 수 있다.

$$d_{mid} = (d_f + d_a)/2$$

1.9.2 흘수(Draft)와 용골(Keel)과의 관계

지금까지 말해 온 흘수(Draft)는 배가 정수면에 떠서 정지하고 있을 때의 정수

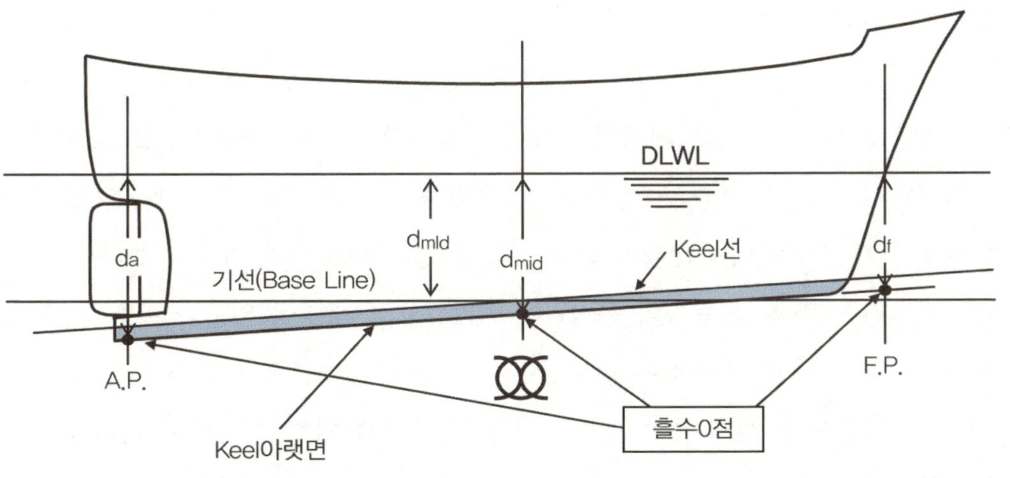

▶▶▶ 그림 1-30 흘수의 정의

면에서 선체 최하부까지의 수직거리로서 나타내고 있지만 일반적으로 이븐 키일(Even Keel)인 배의 경우는 용골의 아랫면이 선체 최하부가 된다.

계획트림(Designed Trim)을 가진 배의 경우는 선저가 경사지어 있기 때문에 선체최하부는 F.P., A.P. 및 선체중앙부⊗에서의 연직선과 용골의 아랫면을 나타내는 선과의 교점이 된다. 때문에 계획트림을 가진 배의 흘수는 정수면으로부터 각각 A.P., ⊗, F.P.에서 얻은 이 교점까지의 수직거리로서 표시된다(그림 1-30 참조).

따라서 방형용골의 깊이나 평판용골의 두께는 계획하고 있는 배의 최대흘수(Extreme Draft)를 생각할 경우 또는 최대흘수의 표시에 필요하다. 한편 선체선도를 제도할 때는 선체 형표면을 다루므로 용골의 두께 등을 생각할 필요가 없다.

1.9.3 최대흘수(Extreme Draft)와 형흘수(Molded Draft)

배가 정수면에 뜨고 있을 때에 정수면으로부터 앞에서 언급한 용골의 아랫면인 선체 최하부까지의 수직거리를 최대흘수(Extreme Draft : d_{ext})라고 말한다. 단 여기에서 말하는 정수면이란 설계시의 선주요구나 배 종류에 의하여 다르지만 일반적으로는 선체선도에서의 만재흘수선 또는 계획만재흘수선을 말한다.

최대흘수는 항만을 포함한 흘수 제한 수역을 항행할 때나 하천이나 운하 등에서 항행이 가능한가 아니한가를 판단해야 할 경우에 중요한 역할을 한다. 따라서 주로 건조하는 배의 선주측의 운항 수역에 수심의 제한이 있을 경우는 이 수심 제한의 요구를 꼭 만족시켜야 한다.

한편 선체선도는 선체 형표면의 절단면 곡선군에 의한 형형상을 나타내고 있기 때문에 설계 때 채용하는 흘수로서는 설계시의 정수면(만재흘수선 혹은 계획만재흘수선)으로부터 기선(Base Line)까지의 수직 거리를 취한다. 이것을 형흘수(Molded Draft : d_{mld})라고 말한다.

그림 1-20과 그림 1-30은 선체중앙부⊗에서 계획만재흘수선(DLWL)으로부터 기선까지의 수직거리를 형흘수(d_{mld})로 보이고 있다.

1.9.4 만재흘수(Full Load Draft)와 만재흘수선(Load Waterline : LWL)

강선의구조기준 제2조6에 의하면 「"만재흘수(d)"라 함은 만재흘수선의 표시를 하는 선박은 건현용길이의 중앙에서, 만재흘수선의 표시를 하지 아니하는 선박은 선박길이의 중앙에서 각각 용골의 상면으로부터 만재흘수선까지의 수직거리(미터)를 말한다.」고 규정 되어 있다. 즉 형흘수(d_{mld})를 말하고 있다. 선체구조의 설계에 있어서는 형형상을 다루기 때문에 이렇게 규정 되어 있다.

한편 배가 통상의 운행 상태에 있어서 우연히 만날 수 있는 풍파도중에서도 안전하게 항행할 수 있는 적재 한도인 흘수를 가리키는 선이 만재흘수선(LWL)이다.

만재흘수선에는 하기만재흘수선, 동기만재흘수선, 동기북대서양만재흘수선, 하기담수만재흘수선 및 열대담수만재흘수선등이 있어 각각 따로 규정되고 있다(「1.8.3 만재흘수선표시(Load Line Mark)」 참조).

이 만재흘수선은 만재흘수선규칙에 따라 건조하는 배에 적용되는 항행의 대역 혹은 구역과 계절기간에 대응하는 건현의 결정에 근거한 것이며, 따라서 건현용깊이의 상단에서 각각 정해진 건현의 깊이를 잡아 수면위치를 나타내고 있다.

그림 1-26에서 볼 수 있는 만재흘수선표시는 항행의 대역 혹은 구역과 계절기간에 대응한 각 만재흘수선의 위치를 보여주고 있다.

또한 선측에 있어서의 만재흘수선표시는 그림 1-26, 그림 1-27, 그림 1-28 및 그림 1-29에서 보는 바와 같이 하기만재흘수선과 일치하도록 그려져 있다.

1.9.5 계획흘수(Design Draft)와 계획만재흘수선(Designed Load Waterline : DLWL)

계획흘수(Designed Draft: d_{des})는 건조하는 배가 선주요구를 만족하는 만재상태로 뜨고 있을 경우 용골선(이븐 키일인 배의 경우는 기선)과 A.P. 및 F.P.와의 교점, 즉 그림 1-30에서 본 흘수 0점으로부터 연직 위쪽을 향하여 수직거리로서 설계시에 정해진다. 계획흘수가 정해지면 계획만재흘수선(DLWL)은 A.P. 및 F.P.에서 계획흘수의 제일 윗점을 잇는 수평선으로서 얻을 수 있다. 이것이 선체선도를 제도 할 때 기준이 되는 흘수선이다. 따라서 계획흘수는 계획만재흘수선으로부터 용골선(이븐 키일인 배의 경우는 기선)까지의 수직거리를 말한다.

일반적으로 이것은 배의 형흘수를 말한다.

1.9.6 만재흘수선(LWL)과 계획최대(만재)흘수선(Designed Max. Load Waterline)

강선의구조기준 제2조5에 의하면 「"만재흘수선"이라 함은 선박만재흘수선기준에 의한 하기만재흘수선, 해수만재흘수선 또는 당해 만재흘수선의 위치를 통과하는 흘수선을 말한다. 다만, 만재흘수선을 표시하지 아니하는 선박에 있어서는 계획최대흘수선을 말한다.」고 규정되어 있다.

일반적으로 만재흘수선이 배의 안전 항행상의 적재한도를 나타내고 있는 흘수선이기 때문에, 계획최대흘수선(Designed Max. Load Waterline)은 선체의 늑골(Frame)이나 구조강도에 대응하고 선급협회의 요구에 따른 허용할 수 있는 최대의 흘수를 나타내는 구조흘수(Scantling Draft : d_{scant})의 기준선이기도 하다. 따라서 구조흘수는 대부분의 경우, 계획최대흘수선으로부터 기선까지의 수직 거리를 말한다. 다만 구조흘수는 재화중량(Deadweight)이나 선체강도와의 관계로 선주요구에 따라 결정될 수도 있다.

1.9.7 만재흘수선(LWL)과 계획만재흘수선(DLWL)

이전에는 만재흘수선이 설계시의 계획만재흘수선을 나타내고 있었기 때문에 선체선도에서의 표시를 LWL(Load Waterline)로 하고 있었다. 최근에는 계획흘수와 구조흘수에 의거한 선박설계의 관점에서, 선체선도에 있어서는 원래 일반적으로 이용하여 온, 소위, 만재흘수선을 대신하여 DLWL(계획만재흘수선)가 채용되고 있다.

또한 만재흘수선은 배의 안전을 확보하기 위한 적재 한도를 보여주는 흘수선이기 때문에 선박만재흘수선기준에 의해 규정 되어 있고, 강선의 구조기준에 있어서도 선박만재흘수선기준에 의거하여 규정되고 있다.

따라서 선주의 요구에 따라 이전과 같이 만재흘수선과 계획만재흘수선을 마찬가지로 취급할 경우도 있지만, 일반적으로는 만재흘수선(=계획최대흘수선)이 구조설계의 관점에서 계획만재흘수선 보다도 높은 위치, 다시 말하면, 만재흘수가 계획흘수보다도 깊어지는 경우가 있다.

1.9.8 선박법에 의한 흘수 : 흘수표(Draft Marks)(선박법 시행규칙 제17조3)

선박법 시행규칙 제17조3에는 「흘수의 치수 : 선수와 선미의 외부 양 측면에 선저(船底)로부터 최대흘수선(最大吃水線) 이상에 이르기까지 20센티미터마다 10센티미터의 아라비아숫자로 표시. 이 경우 숫자의 하단은 그 숫자가 표시하는 흘수선과 일치해야 한다.」고 규정되어 있다(그림 1-28, 그림 1-29참조).

1.9.9 선박구획기준에 의한 흘수(선박구획기준 제2조9)

선박구획기준 제2조9에는 「"흘수(d)"라 함은 선박길이의 중앙에서의 용골기선으로 부터 그 구획만재흘수선까지의 수직거리를 말한다.」고 규정되어 있다. 여기서 선박길이라 함은 만재흘수선기준 제2조(정의) 1에서 규정되어 있는 길이를 말한다.(「1.3.7 만재흘수선기준에 의한 길이, 건현용 길이」 참조)

1.9.10 선박구획기준에 의한 최대구획만재흘수(선박구획기준 제2조10)

선박구획기준 제2조10에는 「"최대구획만재흘수(ds)"라 함은 선박의 하기 만재흘수에 해당하는 수선을 말한다.」고 규정되어 있다.

1.9.11 흘수와 트림의 관계

트림(Trim)이란 배가 수면에 뜨고 있을 때의 길이방향의 경사를 의미한다. 다시 말하여 트림은 이븐 키일(Even Keel)상태로 설계된 배가 수면에 뜨고 있을 때의 선미흘수와 선수흘수의 차이를 말하고, 다음 식으로 나타낼 수 있다.

$$t = d_a - d_f$$

여기에서, t는 트림의 크기

d_a는 선미흘수(선미부 흘수표에서의 수치)

d_f는 선수흘수(선수부 흘수표에서의 수치)

이븐 키일상태로 설계된 배가 그림 1-31에서 보는바와 같이 종경사하면, 선수

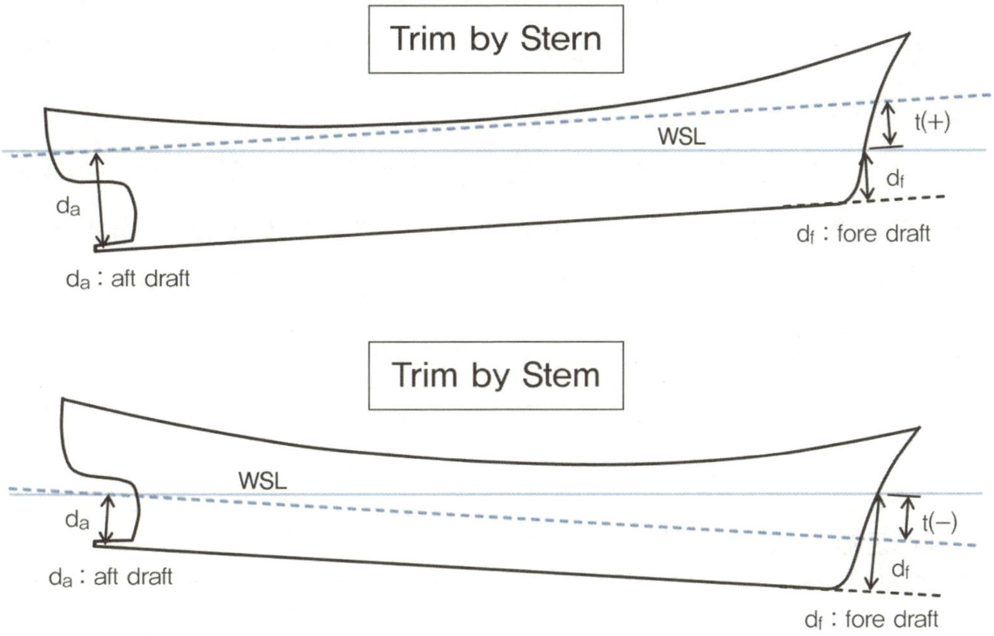

▶▶▶ 그림 1-31 트림의 정의

흘수 와 선미흘수 사이에 차이가 생기기 때문에 그 차이를 이용하여 종경사를 다음과 같이 정의하고 있다.

① 선미흘수가 선수흘수보다 큰 경우 : $d_a > d_f$

선미트림(Trim by Stern)이라고 말한다(그림 1-31의 윗그림 참조).

② 선미흘수가 선수흘수보다 작은 경우 : $d_a < d_f$

선수트림(Trim by Stem)이라고 말한다(그림 1-31의 아래그림 참조).

따라서 당연하지만 배가 종경사하지 않고 있는 상태에서는 선미흘수와 선수흘수는 같고 $d_a = d_f$이기 때문에 t=0이다. 다시 말하여 이븐 키일(Even Keel)상태이다.

한편, 그림 1-2에서 본 바와 같이 어선이나 중소형 선박에는 용골선이 선수로부터 선미를 향해서 밑으로 경사지게하고, 선체중앙부⊗에서 기선과 교차하는 자세로 설계하는 경우가 있다. 이러한 배는 설계 초기부터 선미흘수가 선수흘수 보다도 깊고, 선미트림 상태로 수면에 떠서 항주 할 수 있게 설계 · 건조하기에, 이러한 배를 설계 트림(Designed Trim)을 가진다고 말한다. 설계 트림을 가지는 배는 어선과 같이 흘수에 비교해서 비교적으로 큰 직경인 프로펠러(propeller)를 채용하기 위해서이다.

1.10 선체선도(Lines)

1.10.1 정면선도(Body Plan)

그림 1-32에서 보는바와 같이 선체의 형표면(Molded Surface)을 각 스퀘어 스테이션에서의 횡평면(Transverse Plane)으로 절단하면, 그 절단면 형상은 스퀘어 스테이션마다 다르고 각각 다른 곡선들로 나타낼 수 있다. 이것이 각 스퀘어 스테이션에 있어서의 선체의 횡단면(Transverse Section or Station Section)을 나타내는 곡선이며, 이들을 나타낸 곡선군이 정면선도(Body Plan)이다. 또한, 정면선도에 나타낸 곡선을 횡단면곡선(Station Curve, Curve of Square Station or Square Station Line)이라고 말한다.

그림 1-32에서 보는바와 같이 정면선도에는 기선(Base Line)에 평행한 등간격의 수면선 WSL(「1.10.2 수선(Waterline), 수선면(Waterplane)과 반폭선도」 참조)가 수평방향으로 그려져 있고, 수면선 WSL마다 기선으로부터의 높이 1 WSL,

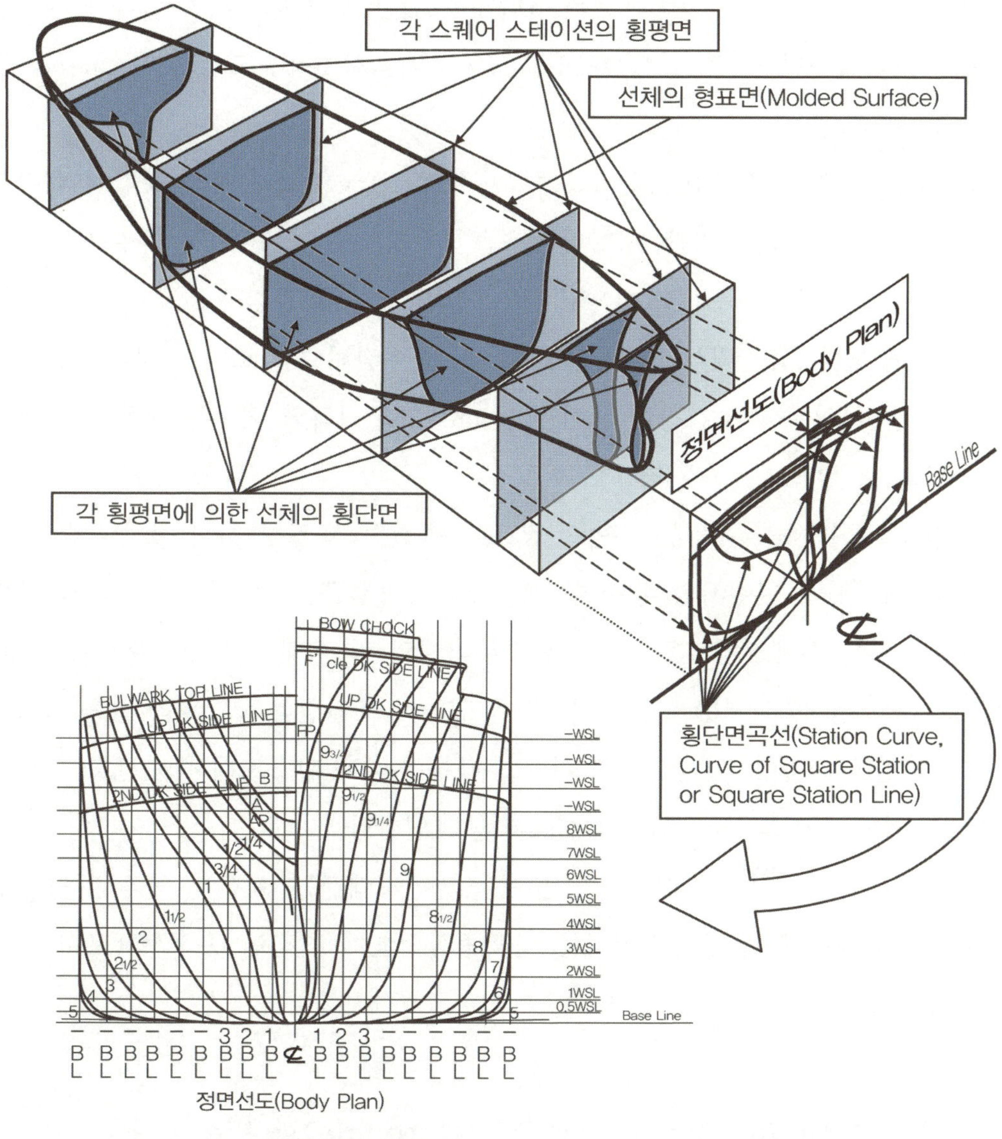

▶▶▶ **그림 1-32 정면선도의 개념도**

2 WSL, 3 WSL, …이 기입되어 있다.

또한, 선체중심선(Center Line)℄에 평행하고 기선에 수직한 등간격의 직선이 그려져 있어, 이것도 중심선에서 폭방향의 위치 1 BL, 2 BL, 3 BL, …이 기입되어 있다. BL는 선수 및 선미곡선을 나타내기 위한 종평면의 위치를 나타내는 종절선 BL를 말한다(「1.10.3 선수곡선(Bow Line), 선미곡선(Buttock Line)과 측면선도」 참조).

WSL과 BL 앞에 씌어져 있는 1, 2 …의 수치는 1m, 2m … 등의 등간격의 직선의 위치를 나타내고 있지만 m(미터)을 생략한 것이다. 한편 선저부 부근과 중심부 부근은 선체의 곡률이 크기 때문에 등간격의 반의 간격(0.5m)의 선을 그려 넣을 수도 있다. 등간격이 1m이하의 경우는 소수점의 수치로 나타낸다. 특히 배가 소형선박 일수록 등간격이 좁아져 0.5m나 그 이하의 경우는 모두 소수점의 수치로 나타낸다(그림 1-2 참조).

이렇게 하여 얻을 수 있는 수면선 WSL과 종절선 BL로 구성된 직선군에 각 스퀘어 스테이션에 있어서의 횡단면을 나타내는 곡선을 그려 넣는다. 정면선도의 오른쪽편에는 선체중앙부⊗로부터 선수부까지의 각 횡단면곡선의 오른쪽 반을, 왼쪽편에는 선체중앙부⊗로부터 선미부까지의 각 횡단면곡선의 왼쪽 반을 나타내고, 그려진 곡선마다 각 횡단면의 위치를 나타내는 스퀘어 스테이션 번호(Square Station Number or Station Number)를 기입한다.

각 스퀘어 스테이션에서의 횡평면은 측면선도에서는 기선에 직각인 종직선(Ordinate)으로서, 반폭선도에서는 선체중심선℄에 직각인 종직선으로서 나타낸다.

1.10.2 수선(Waterline), 수선면(Waterplane)과 반폭선도

그림 1-33에서 보는바와 같이 계획만재흘수선을 나타내는 정수면(静水面)으로 선체의 형표면(Molded Surface)을 절단했을 경우의 절단면을 계획만재흘수선면(Designed Load Waterplane)이라고 말한다. 이 정수면의 위와 아래로 이것과 평

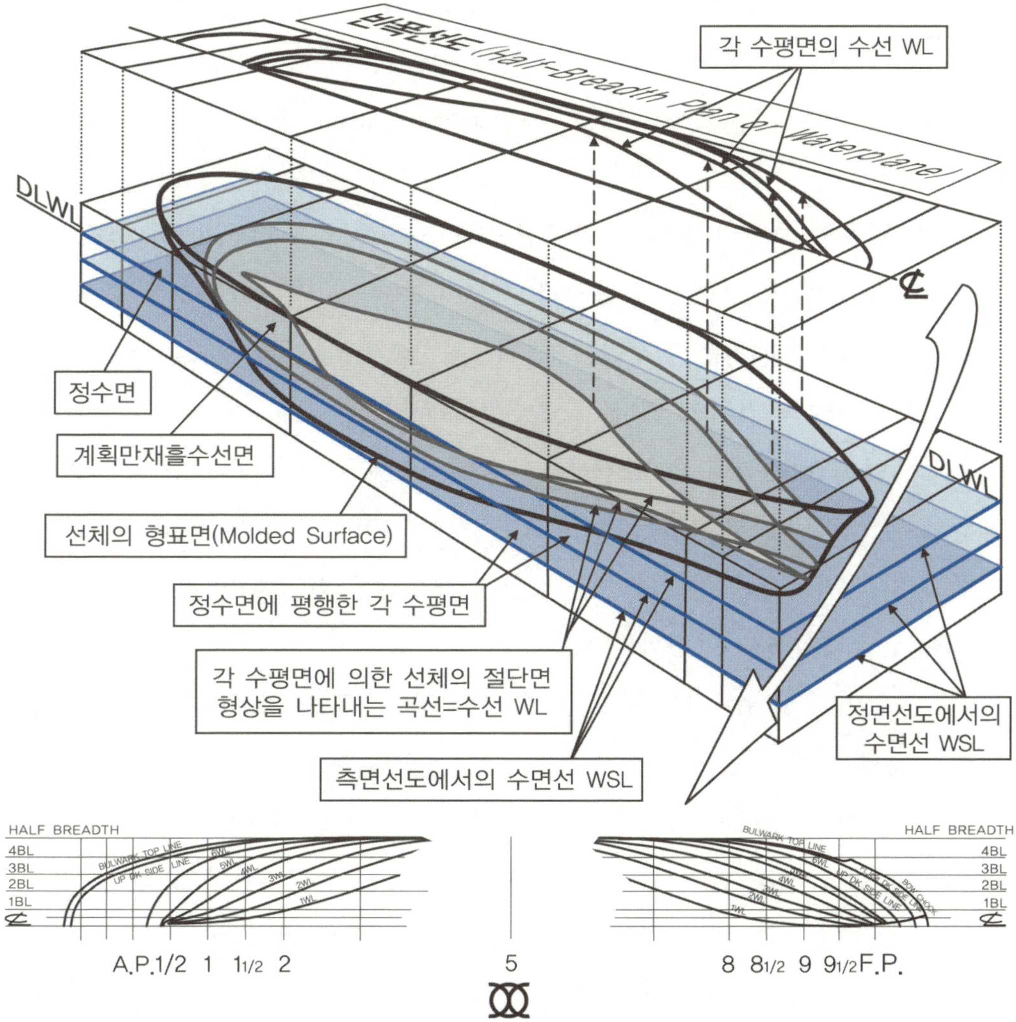

반폭선도(Half-Breadth Plan or Waterplane)

▶▶▶ 그림 1-33 반폭선도의 개념도

행한 몇 가지의 수평면(水平面) (Horizontal Plane)을 취하고, 이 수평면으로 선체의 형표면을 절단하면, 각 수평면에 의한 절단면 형상을 얻을 수 있다. 이렇게 다수의 수평면에 의한 절단면 형상을 수선면(Waterplane)이라 말하고, 이러한 수선면

형상을 나타내고 있는 곡선, 다시 말하여 선체의 형표면(Molded Surface)과 수평면으로서 나타내고 있는 수면이 교차하는 곡선을 수선(Waterline)이라고 말한다. 또한 이 수선들을 나타낸 곡선군을 반폭선도(Half-Breadth Plan or Waterplane)라고 말한다.

그림 1-33에서 보는바와 같이 반폭선도(Half-Breadth plan)에는 선체중심선(Center Line) ℄에 평행한 등간격의 직선이 그려져 있는데 이것이 종절선 BL이다. 이 종절선 BL에는 직선마다 선체중심선℄에서 반폭방향을 향해서 1BL, 2BL, 3BL, …이 기입되어 있다.

각 스퀘어 스테이션에 있어서는 선체중심선℄에 수직한 종직선이 세워지고, 그 밑에 각 스퀘어 스테이션 번호(… A.P. , 1, … 9, F.P.)가 기입되어 있다. 한편 선수 및 선미부근은 선체의 곡률이 크기 때문에 등간격의 반 혹은 1/4의 간격의 스퀘어 스테이션을 마련한다.

이렇게 하여 얻을 수 있는 종절선 BL와 종직선으로 구성된 직선군에 각 수평면(水平面)에 의한 절단면 형상을 나타내는 곡선인 수선 WL을 그려 넣는다. 각 수선 WL은 좌우 대칭이 되지만 선체가 좌우 대칭이기 때문에 반폭선도에는 선체중심선℄에서 왼쪽 반의 수선 WL만을 그려 넣는다. 각 수선 WL에는 기선으로부터의 높이를 나타내는 1WL, 2WL, 3WL, … 등을 기입한다.

설계 트림(Designed Trim)을 가진 배에는 기선(Base Line)을 통하는 수평면에 의한 절단면인 Base Line의 곡선을 그려 넣는다(그림 1-2의 반폭선도참조).

수선 WL을 얻기 위한 각 수평면은 정면선도와 측면선도에서는 기선에 평행한 수면선으로서 ○○WSL으로 나타내고 있다. 이 ○○WSL으로 표시되는 수면선의 간격은 대형선박의 경우는 일반적으로 1m을 취하고 선저부에서는 0.5m를 취한다. 소형선박의 경우는 배의 크기에 따라 등간격이 0.5m 혹은 그 이하의 경우도 취할 수 있으면, 정면선도와 측면선도는 동일한 등간격을 취한다(그림 1-2 참조).

1.10.3 선수곡선(Bow Line), 선미곡선(Buttock Line)과 측면선도

그림 1-34에서 보는바와 같이 선체중심선℄을 통하고 선체를 좌우로 절단하는 평면을 선체중심선면(Longitudinal Center(Line) Plane)이라고 말한다. 이 선체중심선면에 평행한 몇 가지의 종평면(Longitudinal Plane)을 가지고 선체의 형표면(Molded Surface)을 길이 방향으로 절단하면 각 종평면에 의한 절단면 형상은 서로 다른 곡선으로 나타난다.

이러한 다수의 종평면에 의한 절단면 형상을 나타내는 곡선에 있어서, 선체중앙부⊗에서 앞을 선수곡선(Bow Line : B.L.)이라 하고, 뒤를 선미곡선(Buttock Line : B.L.)이라고 말한다.

선체중심선면에 의한 절단면 형상인 선체중심선종단면(Inboard Profile)의 윤곽을 나타내는 곡선을 포함한 선수곡선과 선미곡선을 나타낸 곡선군을 측면선도(Sheer Plan or Profile or Side Elevation)라고 말한다.

선수곡선과 선미곡선을 총칭해서 버톡선(Buttock Line)이라고 부르기도 하지만, 앞에서 언급한바와 같이 Bow Line(선수곡선)과 Buttock Line(선미곡선)은 다르기 때문에 구별하여 이용하는 것이 좋다. 총칭으로서는 「버우 엔드 버톡라인」이나 「선수미곡선」이라 부르는 편이 알기 쉽다.

그림 1-34에서 보는바와 같이 측면선도(Sheer Plan)에는 기선(Base Line)으로부터 윗방향으로 이것에 평행한 등간격의 수면선 WSL이 그려져 있고, 수면선 WSL마다 기선으로부터의 높이 1 WSL, 2 WSL, 3 WSL, …들이 기입되어 있다.

각 스퀘어 스테이션에 있어서는 기선(Base Line)에 직각인 종직선이 세워지고, 그 밑에 각 스퀘어 스테이션 번호(… A.P., 1, … 9, F.P.)가 기입되어 있다. 한편 선수 및 선미부근은 선체의 곡률이 크기 때문에 등간격의 반 혹은 1/4의 간격의 스퀘어 스테이션을 마련한다.

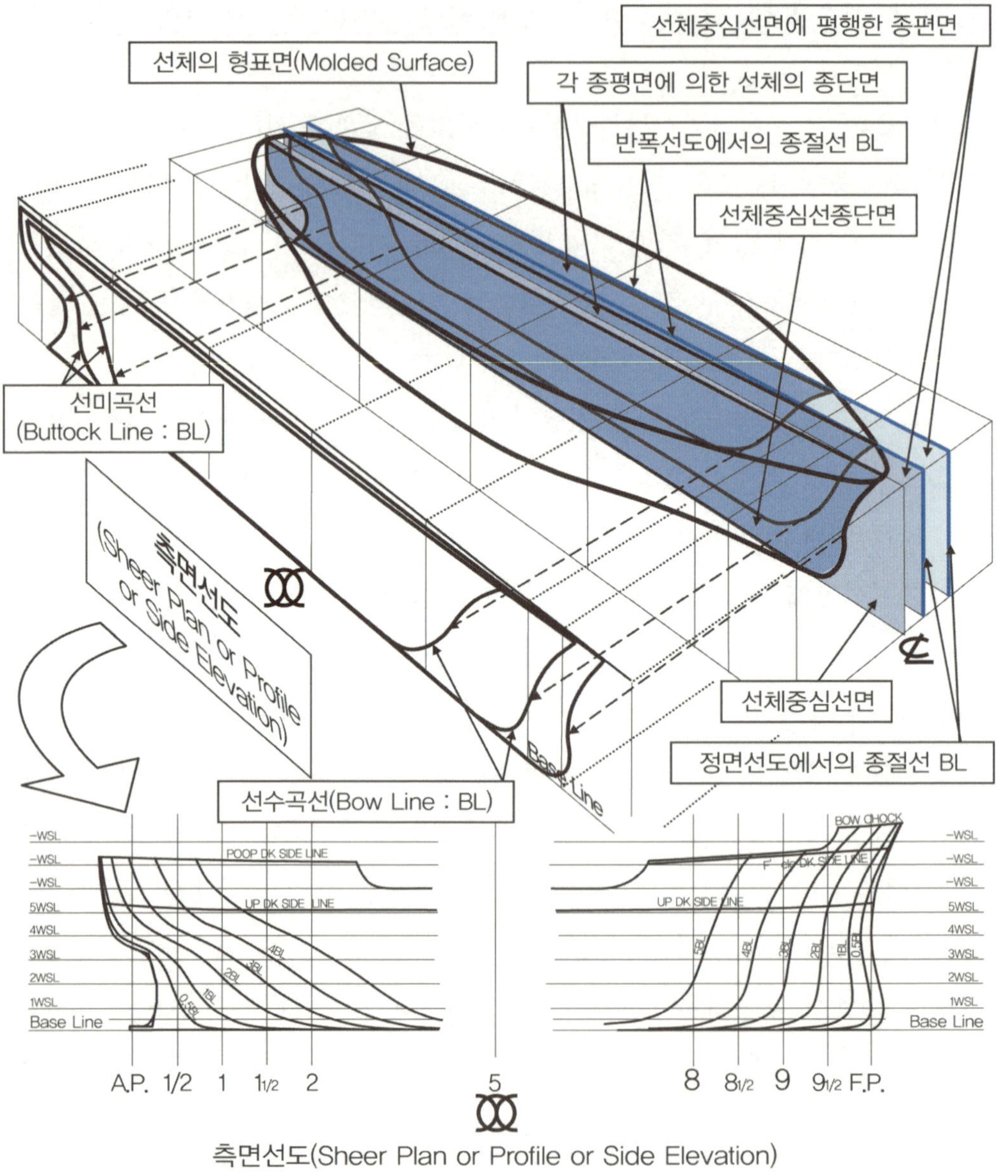

▶▶▶ 그림 1-34 측면선도의 개념도

이렇게 하여 얻을 수 있는 수면선 WSL과 종직선으로 구성된 직선군에, 우선, 선체중심선면에 의한 절단면 형상인 선체중심선종단면의 윤곽을 나타내는 곡선이 그려진다. 이것에 의하여 선수 및 선미형상, 상갑판중심선(Upper Deck Center Line) 및 선저부의 형상이 정해진다. 그 다음에, 선체중심선면에 평행한 각 종평면에 의한 절단면 형상을 나타내는 곡선인 선수곡선과 선미곡선을 그려 넣는다.

측면선도에 그려진 이 선수미곡선(Bow and Buttock Line)은 선체를 오른쪽에서 본 형상을 보여주고 있다. 선체는 일반적으로 좌우 대칭이기 때문에 선체중심선면에 대하여 좌우 어느 쪽의 절단면 형상이라도 같은 형상이지만, 그림 1-33에서 보는바와 같이 반폭선도가 선체중심선℄에 대하여 좌쪽 반의 수선 WL을 그려 넣은 것으로 보아, 제도상으로는 선체왼쪽의 종절단면에 의한 절단면 형상을 나타내는 곡선이라고 말할 수 있다.

각 종평면은 반폭선도에서는 선체중심선℄과 평행한 직선으로서 나타나고, 정면선도에서는 기선에 수직이고 선체중심선℄과 평행한 직선으로서 나타난다. 이 선수 및 선미곡선 또는 각 종평면의 간격은 대형선박의 경우는 일반적으로 1m를 취하고, 선체중심선부근에서는 0.5m를 취한다. 소형선박의 경우는 배의 크기에 따라 등간격이 0.5m 혹은 그 이하의 경우도 취할 수 있으며, 정면선도와 동일한 간격을 취한다(그림 1-2 참조).

1.10.4 기타 곡선들

그 외에도 정면선도, 반폭선도 및 측면선도에는 갑판선을 나타내는 선측에서의 상갑판선측선(Upper Deck Side Line), 선수루갑판선측선(Forecastle Deck Side Line), 선미루갑판선측선(Poop Deck Side Line) 및 불워크 톱 라인(Bulwark Top Line)과 필요에 따라 제2갑판선측선(Second Deck Side Line)이나 필요 사항 등을 그려 넣는다. 또한 선수루갑판의 맨 앞에 위치하는 선수초크라인(Bow Chock Line)도 그려 넣는다.

1.10.5 평면, 측면의 평행부곡선(Parallel Body Line)

그림 1-35의 정면선도에 있어서 스퀘어 스테이션 번호 1/2~F.P.까지의 횡단면곡선(Station Curve or Curve of Square Station)은 선저구배가 있기 때문에 경사 선저선과 접하고 있다. 선저구배가 없는 경우에는 횡단면곡선이 평평한 선저선과 접한다.

또한 그림 1-35의 정면선도에 있어서 스퀘어 스테이션 번호 $2_{1/2}$, 3, 4, 5, 6 및 7의 횡단면곡선은 반폭에 위치하는 종절선 BL의 연직선(선측면선)과 접하고 있다.

횡단면곡선과 선저선 또는 횡단면곡선과 선측면선이 접하는 접점위치(횡단면

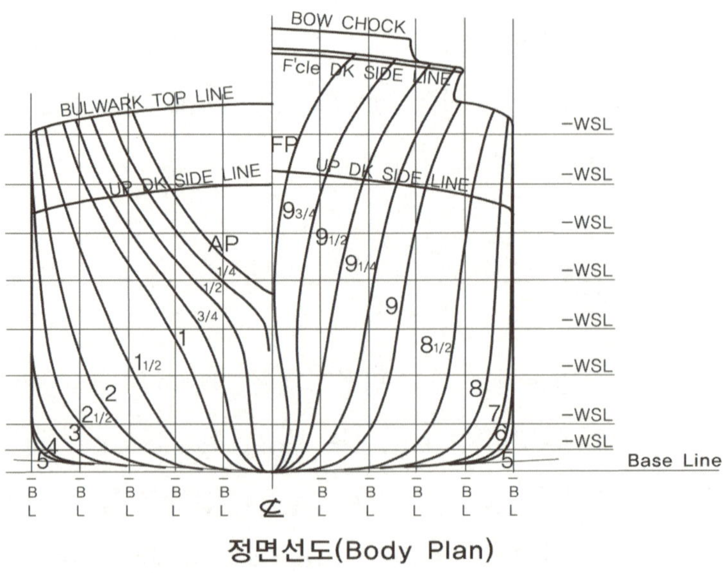

▶▶▶ 그림 1-35 일반적인 정면선도

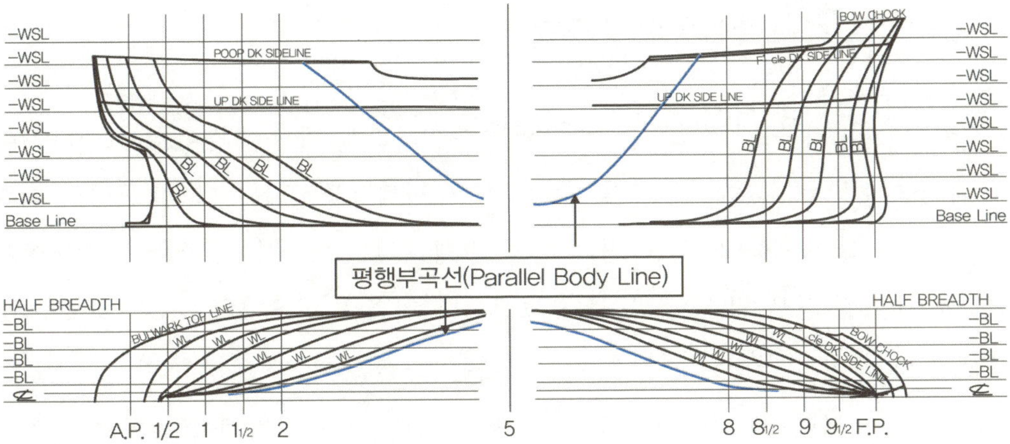

▶▶▶ **그림 1-36 평행부곡선**

곡선의 끝 점)를 각각 명확히 하여 두는 것은 선저부와 만곡부 또는 측면 평행부와 선수부 및 선미부가 접하는 곳이 선수미방향을 향하여 매끄럽게 연결되도록 하기 위해서이다.

다시 말하여 그림 1-36에서 보는바와 같이 반폭선도에 횡단면곡선과 선저선의 접점위치를 정하고 이 점을 곡선으로 이으면 반폭선도에서의 평행부곡선(Parallel Body Line)을 얻을 수 있다. 이 평행부곡선이 매끄러워지게 접점위치를 정하여 주면 선저부와 만곡부의 접부가 선수미방향을 향하여 매끄럽게 연결되게 된다.

또한 측면선도에 횡단면곡선과 선측면 선의 접점위치를 정하고 이 점을 곡선으로 이으면 측면선도에서의 평행부곡선을 얻을 수 있다. 이 평행부곡선이 매끄러워지게 접점위치를 정하여 주면 측면 평행부와 선수부 및 선미부가 접하는 곳이 선수미방향을 향해서 매끄럽게 연결되게 된다.

1.10.6 사절선(Diagonal Line)

일반적으로는 지금까지 설명 해온 바와 같이 선체 형상을 선체선도(Lines)라고 말하는 정면선도, 측면선도 및 반폭선도로 나타내면 충분하다. 더군다나 이 3평면의 선도를 이용하면 모든 점과 선의 관계를 알 수 있다. 실제로 이 3평면의 선도를 제도할 경우 많은 선과 선의 교점이나 면과 면의 교선은 선체 형상을 절단하는 면과 선체 곡면이 직각으로 교차하는 곳 일수록 가장 명확히 그려 질 수 있다. 그러나 선도의 절단면은 선체 곡면과 어떤 경사를 가져서 교차하고 있는 것이 대부분이기 때문에 교차하는 경사각이 작으면 작을수록 교점 혹은 교선을 정확하게 그려 넣기에는 적당하지 않다.

그래서 정면선도에 있어서 각 스퀘어 스테이션의 횡단면의 형상(횡단면곡선)을 순정(Fairing)하기 위하여 각 횡단면곡선에 대하여 될 수 있는 한 직각으로 교차하는 임의의 절단면으로서 그림 1-37에서 보는 것과 같은 사절면(Diagonal Plane)을 이용하는 경우가 있다.

사절면은 각 스퀘어 스테이션에서의 횡단면(Transverse Plane)에 대해서는 직각면이며, 수평면(Horizontal Plane)과 종평면(Longitudinal Plane)에 대해서는 경사면(傾斜面)이다. 이 사절면은 정면선도에는 대각선과 같이 경사한 직선으로서 나타난다. 또한 사절면은 선체중심선면과의 교선이 반폭선도에서의 중심선상에 일치하게, 측면선도에서는 기선에 평행한 직선으로서 투영된다.

따라서 이 사절면으로 선체의 형표면(Molded Surface)을 비스듬히 절단하면 사절면에 의한 절단면 형상은 사절선(Diagonal Line)으로 나타낼 수 있다. 또한 사절면과 선체중심선면과의 교선을 축으로 사절면을 수평면과 일치하게 회전시켜 표시하면 실제의 사절선을 구할 수 있다. 그림 1-37에서는 반폭선도 밑에 표시되고 있다.

사절선은 반폭선도와 측면선도에 투영된 선이거나 실제 곡선으로서 전개된 선이거나, 선수 및 선미방향으로 매끄러운 곡선으로 나타내어진다. 각 횡단면곡선 자체는 매끄러워도 사절선이 매끄러워지지 않고 있으면 횡단면곡선간의 정합성이 없다는 것을 보여 주고 있기 때문에 보정하는 작업(이 경우는 선체선도의 제도시의 순정 : Fairing)이 필요하다.

선체선도의 제도 때나 현척현도(現尺現図)로 전개했을 때 정면선도, 측면선도 및 반폭선도의 3평면간에 정합성이 있고, 그려지는 곡선에 큰 문제가 없으면 순

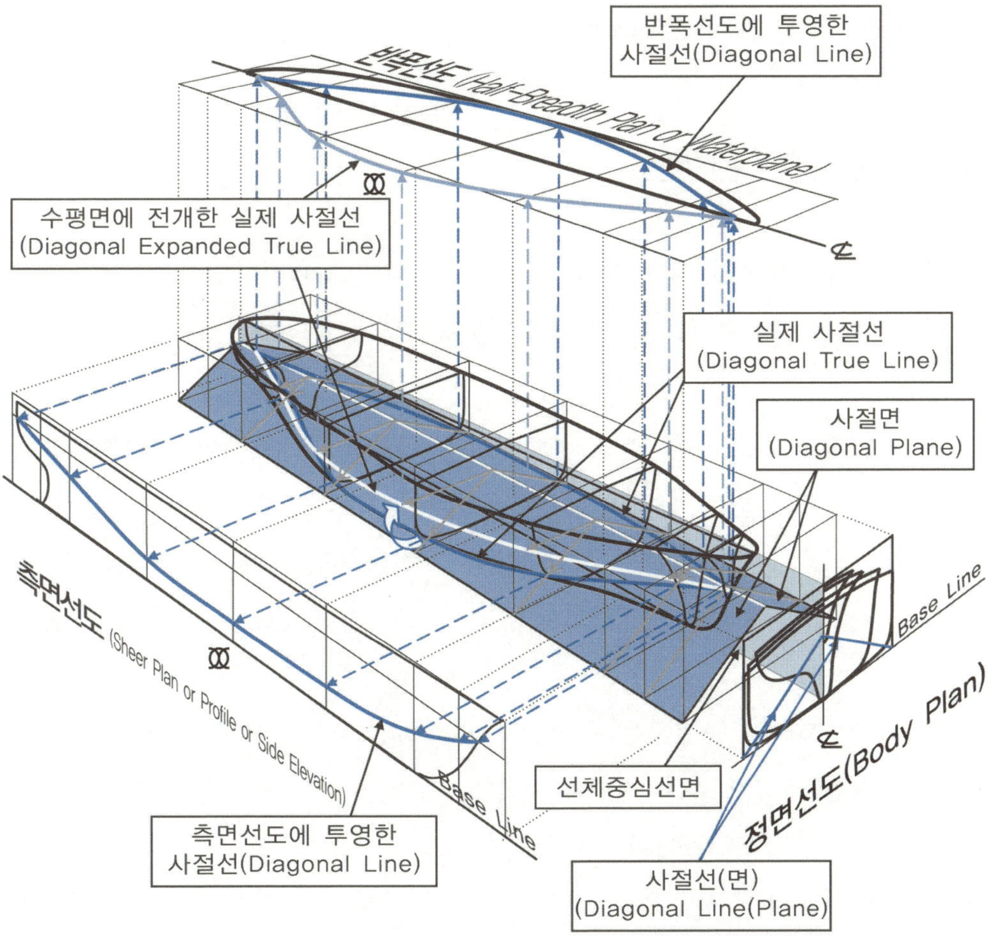

▶▶▶ 그림 1-37 사절선의 개념도

정은 순조롭게 처리하는 것이 가능하다. 그러나 정면선도에 있어서 횡단면곡선들 사이가 지나치게 넓을 경우나 3평면간에서 정합성이 매우 잡기 어려울 경우에는 그림 1-37에서 보여주는 사절선(Diagonal Line)이 순정 때에 도움이 되어 편리하다.

최근 선체선도의 순정을 컴퓨터 소프트에 의해 처리하고 있기 때문에, 위에서 언급한 사절선에 의한 순정은 대부분 채용하지 않고 있지만, 선체선도 제도의 초기 단계에서 정면선도을 그리기 시작할 때 이것을 대신하는 몇 개의 사절선을 이용하여 대체로운 순정을 하면 편리하다(「제3장 3.4.12 정면선도를 그리는 방법」 참조).

1.10.7 선체선도의 특징

선체선도는 일반적인 제도 때에 채용하는 제3각법이 기본임으로 그림 1-38에서 보는바와 같이 소위 정면도, 측면도 및 평면도에 상당하는 도면으로 이루어지고 있다.

다만 일반적인 제도와는 달리 선체선도는 곡률의 대소로 이루어진 매끄러운 곡면으로 구성되어 있는 선체의 표면을 정밀하게 나타내기 위하여, 같은 도면내에 그 면과 평행한 여러 절단면을 나타내는 곡선군으로서 나타내고 있는 것이 그 특징이다. 이것이 총칭해서 선체선도라고 부르는 정면선도, 측면선도 및 반폭선도이다.

정면선도에 그려진 곡선군은 측면선도와 반폭선도에 있어서 각 스퀘어 스테이션에서 종직선(Ordinate)로 나타내져 있는 횡평면에 의해 절단된 선체횡단면형상을 나타내는 곡선으로 이루어지고 있다.

또한 측면선도의 곡선군은 정면선도에서는 기선에 수직이고 선체중심선℄에 평행한 직선으로, 반폭선도에서는 선체중심선℄에 평행한 직선으로 나타내는 종

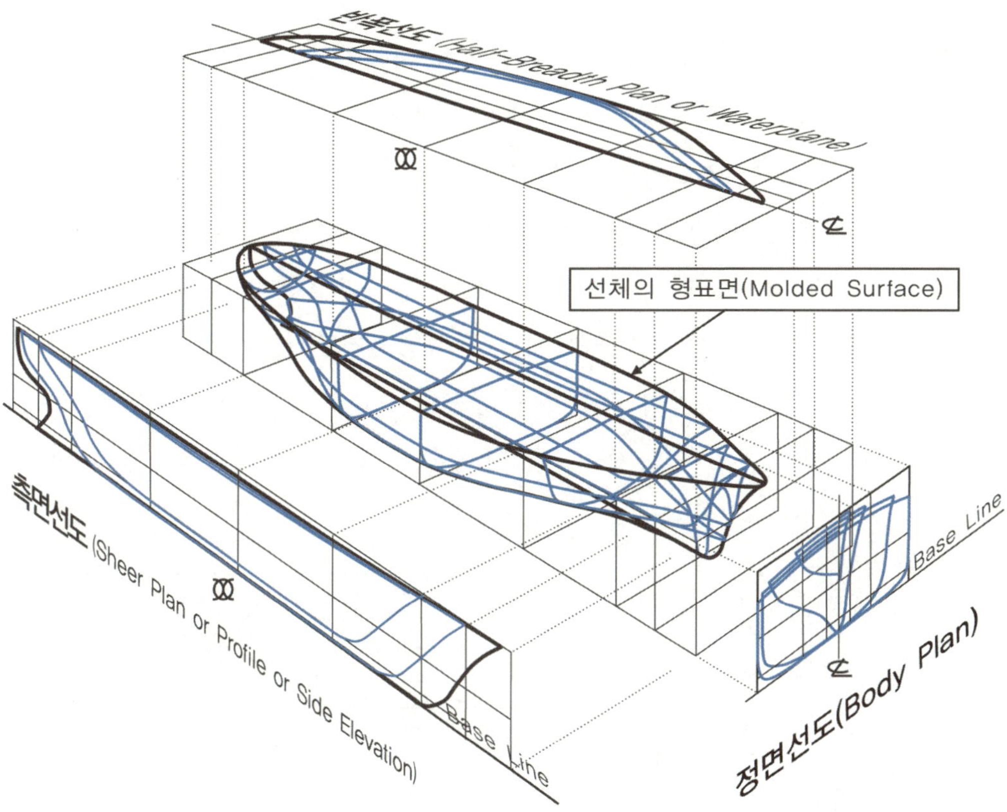

▶▶▶ 그림 1-38 절단면에 의한 곡선군과 선체선도의 구성

평면에 의한 절단면 형상을 나타내는 곡선으로 이루어지고 있다.

그리고 반폭선도의 곡선군은 정면선도와 측면선도 어느 쪽에서나 모두 계획만재흘수선(DLWL)에 평행한 수평면에 의한 절단면 형상을 나타내는 곡선으로 이루어지고 있다.

정면선도, 측면선도 및 반폭선도는 선체의 형표면(Molded Surface)을 각 스퀘어 스테이션에서의 횡편면, 선체중심선면에 평행한 등간격의 종평면 및 정수면에 평행한 등간격의 수평면에 의한 절단면을 나타내는 곡선군을 나타내고 있기 때문에, 각 선도간이나 곡선간의 상호 관계는 대단히 강한 정합성이 요구되고, 관련되는 선도간에서 직선이나 곡선이 조금이라도 틀리거나 겉으로 본 약간의 오차도 허용되지 않는다. 따라서 각 선도에 그려진 곡선군은 선도간에서 모든 정합성을 가진 매끄러운 곡선으로 그려지고 있다.

선체선도의 각 스퀘어 스테이션에 있어서 횡단면곡선, 선수미곡선 및 수선의 사이에는 각각 다음과 같은 관계로 맺어져 있다. 여기에서는 그림 1-39, 그림 1-40에서 보는 스퀘어 스테이션 번호 2와 8의 횡단면곡선과 선수미곡선, 수선의 각 1개에 대한 상호 관계를 하나의 예로서 설명하기로 한다.

① 그림 1-39에서 보는바와 같이 정면선도의 오른쪽에 그려지고 있는 스퀘어 스테이션 번호 8의 횡단면곡선은 기선에 수직이고 선체중심선℄에 평행한

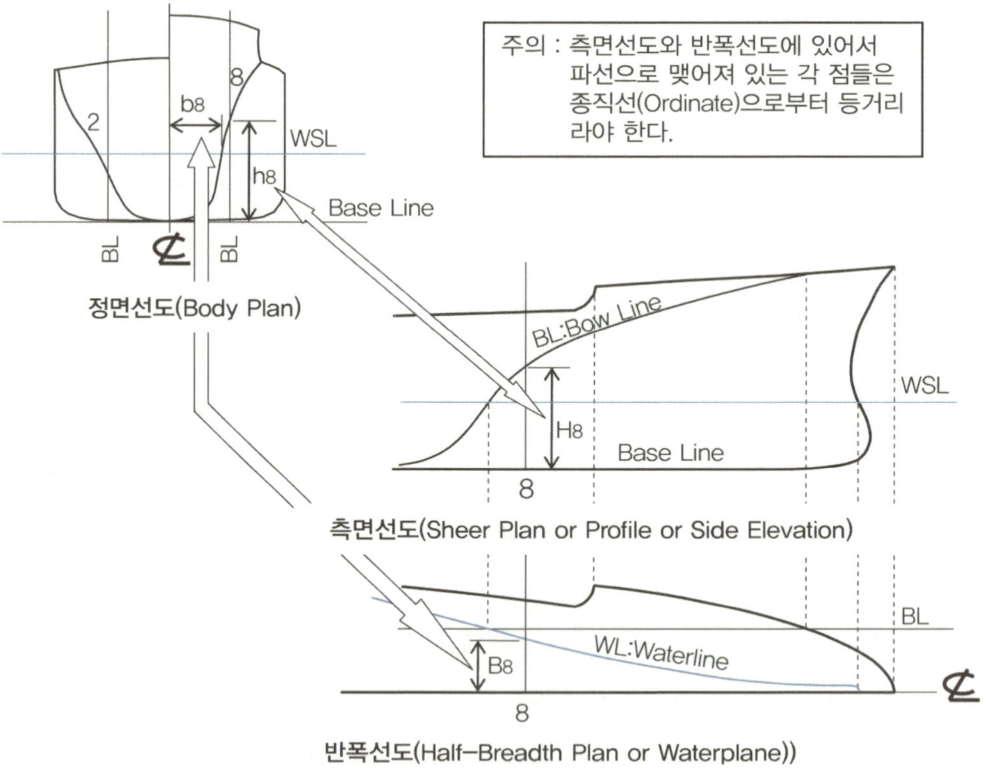

▶▶▶ 그림 1-39 선수부에서의 점과 선의 정합성

종평면을 나타내는 종절선 BL과 기선에 평행한 수면선 WSL과 교차하고 있다. 정면선도에서 기선으로부터 횡단면곡선과 종절선 BL과의 교점까지의 높이를 h_8이라 하고, 측면선도에서 기선으로부터 스퀘어 스테이션 번호 8의 종직선과 선수곡선(Bow Line)과의 교점까지의 높이를 H_8이라 하면, 정면선도에서의 h_8과 측면선도에서의 H_8과는 똑같아야 한다. 다시 말하여 $h_8=H_8$이 되어야 한다.

② 또한 정면선도에서 선체중심선℄으로부터 횡단면곡선과 수면선 WSL과의 교점까지의 수평거리를 b_8이라 하고, 반폭선도에서 선체중심선℄으로부터 스퀘어 스테이션 번호 8의 종직선과 수선 WL과의 교점까지의 거리를 B_8이라 하면, 정면선도에서의 b_8과 반폭선도에서의 B_8과는 똑같아야 한다. 다시 말하여 $b_8=B_8$이 되어야 한다.

③ 더구나 이 때, 측면선도에서 스퀘어 스테이션 번호 8의 종직선으로부터 선수곡선(Bow Line)과 수면선 WSL의 교점까지의 거리는, 반폭선도에서 스퀘어 스테이션 번호 8의 종직선으로부터 선체중심선℄에 평행한 종절선 BL과 수선 WL과의 교점까지의 거리와는 똑같아야 한다.

④ 그림 1-40에서 보는바와 같이 정면선도의 왼쪽에 그려지고 있는 스퀘어 스테이션 번호 2의 횡단면곡선은 기선에 수직이고 선체중심선℄에 평행한 종절선 BL과 기선에 평행한 수면선 WSL과 교차하고 있다. 정면선도에서 기선으로부터 횡단면곡선과 종절선 BL과의 교점까지의 높이를 h_2라 하고 측면선도에서 기선으로부터 스퀘어 스테이션 번호 2의 종직선과 선미곡선(Buttock Line)과의 교점까지의 높이를 H_2라 하면, 정면선도에서의 h_2와 측면선도에서의 H_2와는 똑같아야 한다. 다시 말하여 $h_2=H_2$가 되어야 한다.

⑤ 또한 정면선도에서 선체중심선℄으로부터 횡단면곡선과 수면선 WSL의 교점까지의 수평거리를 b_2라 하고 반폭선도에서 선체중심선℄으로부터 스퀘

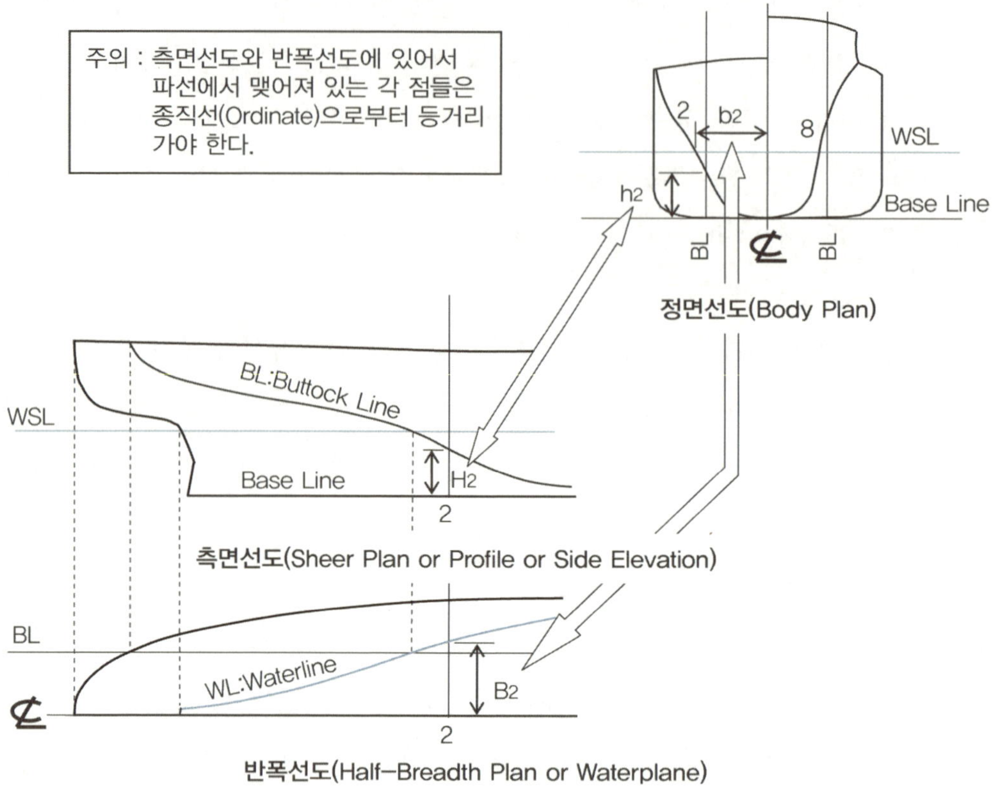

▶▶▶ 그림 1-40 선미부에서의 점과 선의 정합성

어 스테이션 번호 2의 종직선과 수선 WL과의 교점까지의 수평거리를 B_2라 하면, 정면선도에서의 b_2와 반폭선도에서의 B_2와는 똑같아야 한다. 다시 말하여 $b_2=B_2$가 되어야 한다.

⑥ 더구나 이 때, 측면선도에서 스퀘어 스테이션 번호 2의 종직선으로부터 선미곡선(Buttock Line)과 수면선 WSL의 교점까지의 거리는, 반폭선도에서 스퀘어 스테이션 번호 2의 종직선으로부터 선체중심선℄에 평행한 종절선 BL과 수선 WL과의 교점까지의 거리와 똑같아야 한다.

⑦ 또한 **그림 1-41**에서 보는바와 같이 선체의 측면의 윤곽을 나타내는 BOW

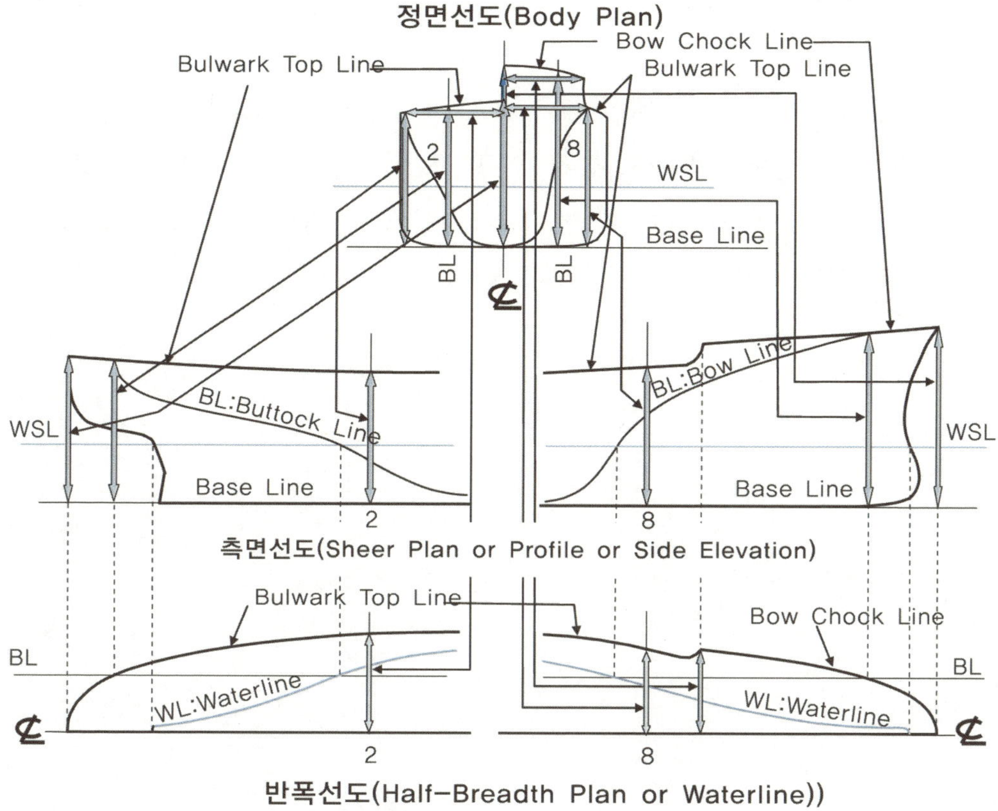

▶▶▶ 그림 1-41 선체의 윤곽을 나타내는 점과 선의 정합성

CHOCK LINE, BULWARK TOP LINE 등의 기선으로부터의 높이는, 정면선도 및 측면선도에 있어서 완전히 같은 높이(쌍방향화살표로 제시한 높이)인 정합성 있는 선이 되어야 한다. 그리고 선체의 평면의 윤곽을 나타내는 BOW CHOCK LINE, BULWARK TOP LINE 등의 선체중심선℄으로부터의 반폭은, 정면선도 및 반폭선도에 있어서 완전히 같은 반폭(쌍방향화살표로 제시한 반폭)을 가지는 정합성 있는 선이 되어야 한다.

따라서 선체의 형형상(Molded Form)을 나타내는 곡선군에서 하나의 점을 수정한다는 것은 그 점만 아니라 관련되는 점이나 선을 모두 수정하여야 한다는 것을 말한다.

이것은 선체선도에 있어서의 곡선군은 치수가 주어져서 그리는 것이 아니고, 상세한 형상치수가 미정인 채로 점과 선 및 각 선도간에 있어서 모든 것을 정합성 있게 그리면서, 더구나 선주가 제시한 모든 조건을 만족하게, 그리고 매끄러운 곡선으로 그려야 한다는 것을 의미한다.

제2장 배의 형상

(FINENESS OF SHIPS)

2.1 배의 형상과 비척(肥瘠)

2.2 방형계수

2.3 중앙횡단면적계수

2.4 주형계수

2.5 수선면적계수

2.6 연직주형계수

2.7 선형계수상호간의 관계

2.1 배의 형상과 비척(肥瘠)

배의 건조는 조선소와 선주와의 사이에서 교환된 계약 속에 있는 사양서(Specification)의 내용, 예를 들면 건조하는 배의 주요치수, 적재량 및 속력 등을 만족하도록 선체선도의 축척도를 제도하는 것부터 본격적으로 시작된다.

건조하는 배는 그 주요치수가 다른 배와 같아도, 배에 따라 선주의 요구인 적재량이나 속력 등을 포함한 제성능이 다르기 때문에, 선체선도는 선주의 요구를 모두 만족시켜야 한다. 따라서 계약시의 사양서에 기재된 여러 조건들을 만족하도록 선체선도를 마무리하는 것은 경험 많은 설계자라도 긴 시간이 필요하다.

주요치수가 같은 배 사이에서 적재량이나 속력 등을 포함한 제성능을 비교할 경우 배의 형상(Ship's Form)을 나타내는 치수를 비교하는 것은 대단히 유효하다.

또한 새로운 배를 설계할 경우에 주요치수가 서로 비슷하고 유사한 배를 기준선(基準船 : Reference Ship 또는 참고선)으로 삼고 기준선의 형상을 나타내는 치수를 참고로 하는 것은 대단히 효과적이다.

일반적으로 배는 부력(Buoyancy)의 작용에 의하여 물에 떠서 그 크기에 따라 일정한 적하물 등이나 사람을 싣고 수면(水面)을 이동하는 구조물이다.

배는 수면 위에 보이는 형상이나 크기가 어찌하였든, 수면 아래 있으면서 보통은 보이지 않는 부분의 형상이 배를 정의 하는 부양성(浮揚性), 적재성(積載性) 및 이동성(移動性)을 포함한 여러 성능을 결정짓기 때문에, 기본 설계시에는 이 수면 아래의 형상에 대한 상세한 검토가 필요하다.

부양성이나 적재성은 수면 아래 용적의 크기에 의하여 정해지고, 이것에 의하여 재화중량이나 이 무게를 포함한 배의 무게, 즉 배수량이 결정된다.

길이, 폭 및 흘수가 같은 배라도 그림 2-1에서 보는바와 같이 수면 아래 형상

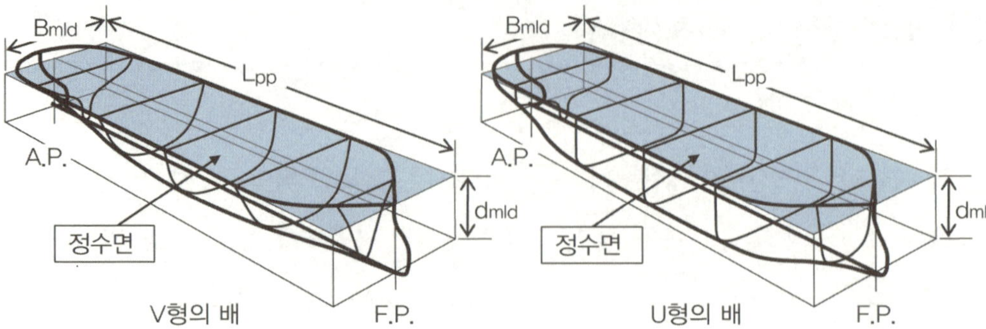

▶▶▶ **그림 2-1 선체의 수면 아래 형상**

이 수면보다 아래로 갈수록 좁아져 가는 V형보다도 좁아지지 않는 U형이 용적은 크고, 그 만큼 부력이 크기 때문에 보다 무거운 것을 적재할 수 있고 배수량도 커진다.

또한 길이, 폭 및 흘수가 같은 배라도 **그림 2-2**에서 보는바와 같이 수면 아래의 횡단면형상이 선체중앙부⊗에서 선수 및 선미방향을 향하여 좁아져 가는 배를 여윈 배(Fine Ship)라고 하고, 크게 변화하지 않는 배를 살찐 배(Full Ship)라고 한다.

V형이나 여윈 선형의 배는 U형이나 살찐 선형의 배에 비교해서 가늘고 그 위

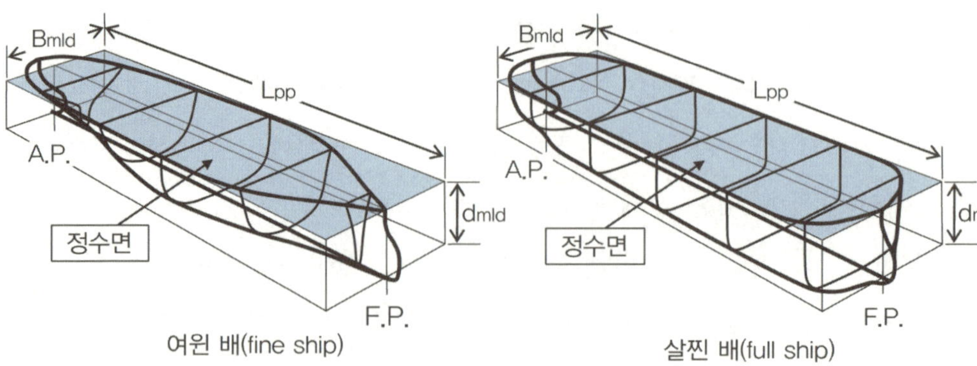

▶▶▶ **그림 2-2 배의 여윔과 살찜**

에 침수 면적이 작기 때문에 저항이 작고 속력을 높이는데 유효하다. 따라서 이동성, 다시 말하여 항행 성능이나 기관마력 등의 검토에는 수면 아래 형상의 검토가 불가피하다.

그림 2-1과 **그림 2-2**로도 명확하지만 V형 선형, U형 선형, 여윈 선형 혹은 살찐 선형이라고 한 분류는 수면 아래의 형상과 그 형상이 가지는 용적에 의하여 기본적으로 정해진다.

또한 용적의 크기를 결정짓는 횡단면형상이나 선수 및 선미방향에 대한 형상변화, 혹은 정수면에서의 수선면 형상이나 깊이 방향에 대한 형상변화는, 용적뿐만 아니라 부심의 위치를 결정하는데도 불가피한 요소이다.

따라서 배의 여윔과 살찜을 포함한 형상을 결정하기 위하여서는, 배의 수면 아래의 용적과 그 선수 및 선미방향의 분포 상태 그리고 깊이 방향의 분포 상태를 검토해야 한다.

각 스퀘어 스테이션에서의 횡단면적이나 각 수선면에서의 수선면적 등은 순정(Fairing) 후의 선체선도로부터 얻을 수 있었던 선체치수표(Table of Offsets)를 이용하여 구 할 수 있다. 또한 동시에 배의 수면 아래 용적을 구 할 수도 있다.

이러한 계산법에 대하여서는 제4장에서 설명하도록 하고 여기에서는 배의 수면 아래 형상을 나타내는 계수에 대하여 설명하기로 한다. 일반적으로 배의 수면 아래 형상을 나타내는 계수를 선형계수(Coefficients of Form or Form Coefficients)라하나 배의 살찜 또는 여윔을 나타내는 의미에서 비척계수(肥瘠係数 : Coefficients of Finess)라고도 말한다.

앞으로는 배의 수선간길이 L_{pp}를 L, 형폭 B_{mld}를 B, 형흘수 d_{mld}를 d로 표시하기로 한다.

2.2 방형계수

그림 2-3에서 보는바와 같이 선체의 수면 아래를 차지하는 부분의 살찜 또는 여윔을 알기 위하여 방형계수(方形係数 : Block Coefficient)를 이용한다. 따라서 방형계수는 주어진 흘수에 대한 선체의 수면 아래의 배수 용적(Displaced volume)V와 이때의 선체의 수선간길이 L, 형폭 B, 형흘수 d로 이루어진 직육면체의 용적과의 비로 나타낸다. 방형계수를 C_b라 하면 다음 식으로 나타 낼 수 있다.

$$C_b = \frac{V}{L \times B \times d} = \frac{W}{L \times B \times d \times \rho \times g} \tag{2.1}$$

여기서, W는 배의 배수량

ρ 는 물의 밀도

g는 중력가속도

여기에서 배수 용적 V와 배수량 W는 모두 선체의 형형상(Molded Form)에 대한 것이다. 따라서 외판을 포함한 실제의 배수량이 주어졌을 경우는 외판 두께에

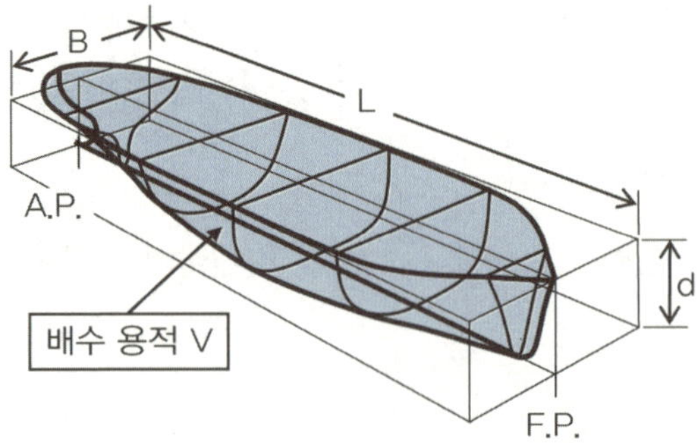

▶▶▶ 그림 2-3 방형계수의 개념도

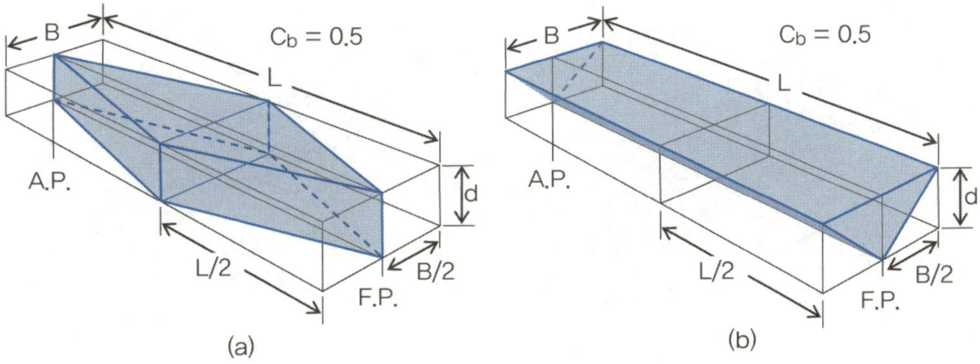

▶▶▶ **그림 2-4 방형계수 0.5인 U형과 V형의 선형**

대한 배수량의 수정이 필요하다(「제4장 4.3.8.3 외판을 포함한 배수량 계산」 참조).

또한 소형선박의 경우는 선체선도 바로 그것이 외판의 외측을 나타내고 있으므로 외판 두께를 생각할 필요가 없다.

그림 2-4에 방형계수 C_b가 0.5인 단순 U형 선형(a)과 단순 V형 선형(b)를 보여주고 있다. 여기에서 양쪽 배는 C_b가 서로 0.5로서 같지만, 단순 V형 배가 선체중앙부의 형상이 선수로부터 선미까지 같은 것에 비해서, 단순 U형 배는 선수 및 선미방향을 향해 좁아지고 있어, U형 선형중의 여윈선형이라고 말 할 수 있다.

이 단순 V형 선형과 단순 U형 선형의 양쪽의 특징을 가지는 선형을 생각해 보면 **그림 2-5**와 같은 선형이 된다.

그림 2-5의 (a)의 선형은 **그림 2-4**의 단순 V형 선형과 단순 U형 선형을 곱하여 나온 형상이라고 말 할 수 있는 선형이다. 다시 말하여 (a)선형의 각 스퀘어 스테이션에 있어서의 횡단면형상(직사각형)에 (b)선형의 해당부분의 횡단면적계수(이 경우는 모두 0.5)을 곱하여 얻을 수 있는 횡단면을 가진 선형으로, **그림 2-5**의 (a)의 선형은 각 스퀘어 스테이션에 있어서의 횡단면이 해당부분에서의

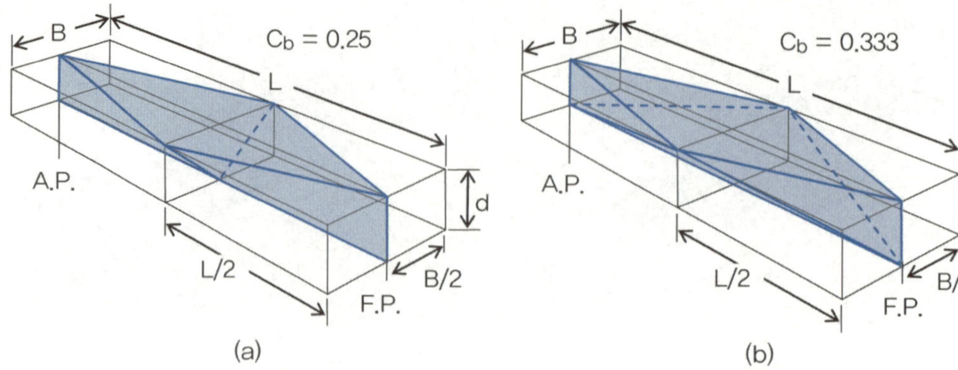

▶▶▶ 그림 2-5 방형계수 0.5인 V형과 U형을 곱한 선형과 포개인 선형

(a)선형의 폭을 밑변으로 하고 흘수 d를 높이로 하는 역삼각형인 형상을 하고 있다. (b)의 배형은 양쪽선형을 포개어 공통부분 이외를 제거한 형상의 선형이 되고 있다. 양쪽 배를 C_b에 대하여 비교하면 (b)의 선형이 (a)보다 조금 살찐 선형임을 확인할 수 있다.

그림 2-6은 C_b가 0.625인 U형 선형 (a)와 V형 선형 (b)를 보이고 있다. U형 선형 (a)는 선체중앙부에 배의 길이 L의 1/4인 중앙평행부를 가지고 있고, V형 선형 (b)는 선저부에 배의 폭 B의 1/4인 평면부를 가지고 있다.

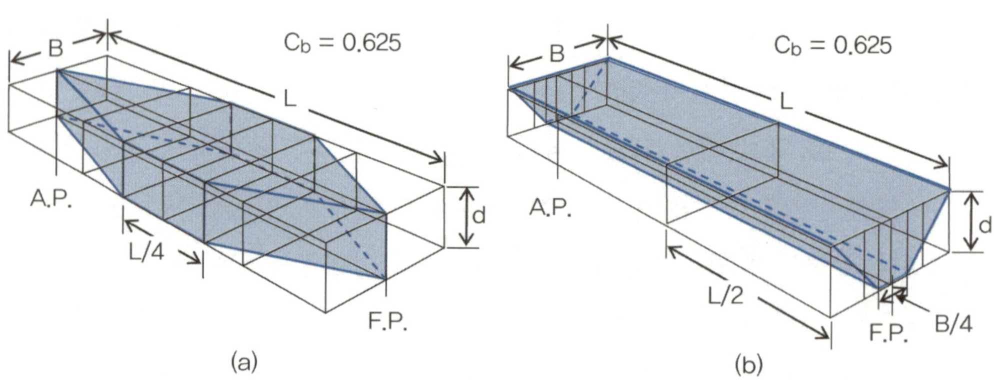

▶▶▶ 그림 2-6 방형계수 0.625인 U형과 V형의 선형

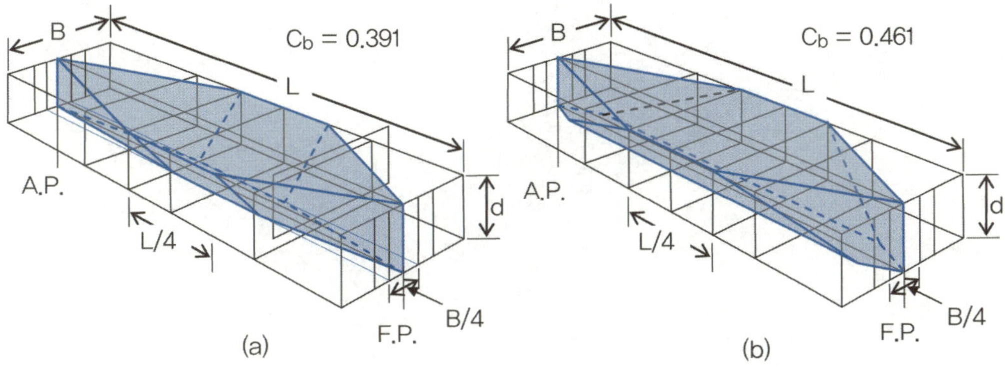

▶▶▶ 그림 2-7 방형계수 0.625인 V형과 U형을 곱한 선형과 포개인 선형

그림 2-7의 (a)의 선형은 그림 2-6의 V형 선형과 U형 선형을 곱하여 나온 선형이고, (b)의 선형은 양쪽 선형을 포개어 공통부분 이외를 제거한 형상의 선형이다. 양쪽 배를 C_b에 대하여 비교하면 (b)의 선형이 (a)보다 조금 살찐 선형임을 확인할 수 있다.

또한 C_b가 0.625인 다른 선형을 그림 2-8에 보인다. 이 선형은 그림 2-6에서 본 (b)의 V형 선형이 선저부에 평면부가 있는 것에 대하여, 선측부에 흘수의 1/4인 수직 선측을 가지고 있다.

이 수직 선측을 가진 선형과 그림 2-6의 (a)의 선형을 곱하여 나온 형상의 선형이 그림 2-9의 (a)의 선형이다. 이 경우 그림 2-7의 (a)의 선형과 같이 C_b가 0.391이다.

그림 2-5의 (a)의 결과와 지금까지의 결과로도 알아 볼 수 있었지만 V형 선형과 U형 선형을 곱하여 나온 선형의 C_b는 양쪽 선형의 C_b를 단순히 곱하여 얻을 수 있는 계수로 있다.

또한 그림 2-8의 수직 선측을 가진 선형을 그림 2-6의 (a)의 선형과 포개어 공통부분 이외를 제거한 형상이 그림 2-9의 (b)의 선형이다.

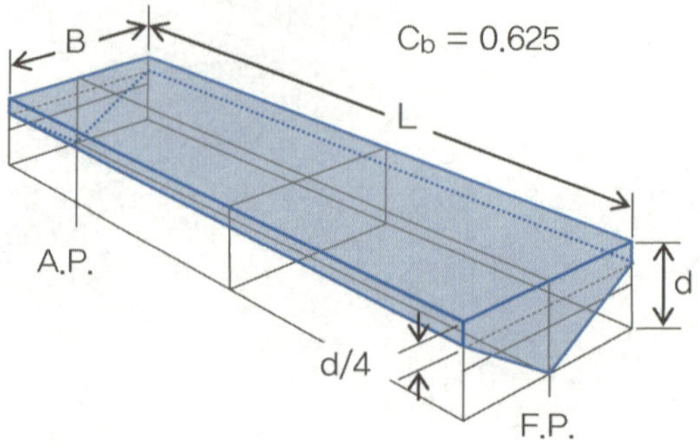

▶▶▶ 그림 2-8 방형계수 0.625인 수직 선측을 가진 V형의 선형

그림 2-7과 그림 2-9로부터도 명확히 된 바와 같이 전체적으로 V형 선형을 하고 있는 그림 2-7의 (a)와 그림 2-9의 (a)의 선형이 가장 C_b가 작은 여윈 선형이다. 반면에 부분적으로 수직 선측을 가지고 있지만 용골로부터 바로 선저구배를 가지는 선형(그림 2-9(b))의 C_b가 그 다음으로 작고, 전체적으로 V형 선형을 하고 있지만 선저부에 평행부를 가지고 있는 선형(그림 2-7(b))의 C_b가 가장 크다. 이 경향은 단순 V형 선형과 단순 U형 선형의 C_b를 크게 하여도 같다. 그 예를 그림 2-10로부터 그림 2-13에 보인다.

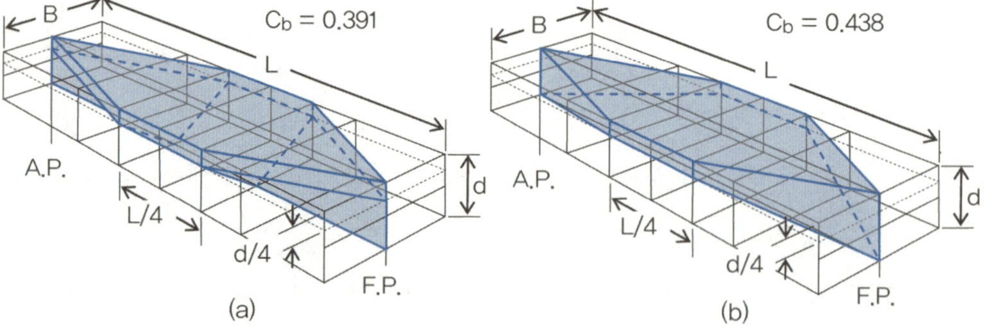

▶▶▶ 그림 2-9 방형계수 0.625인 V형과 수직 선측을 가진 V형을 곱한 선형과 포개인 선형

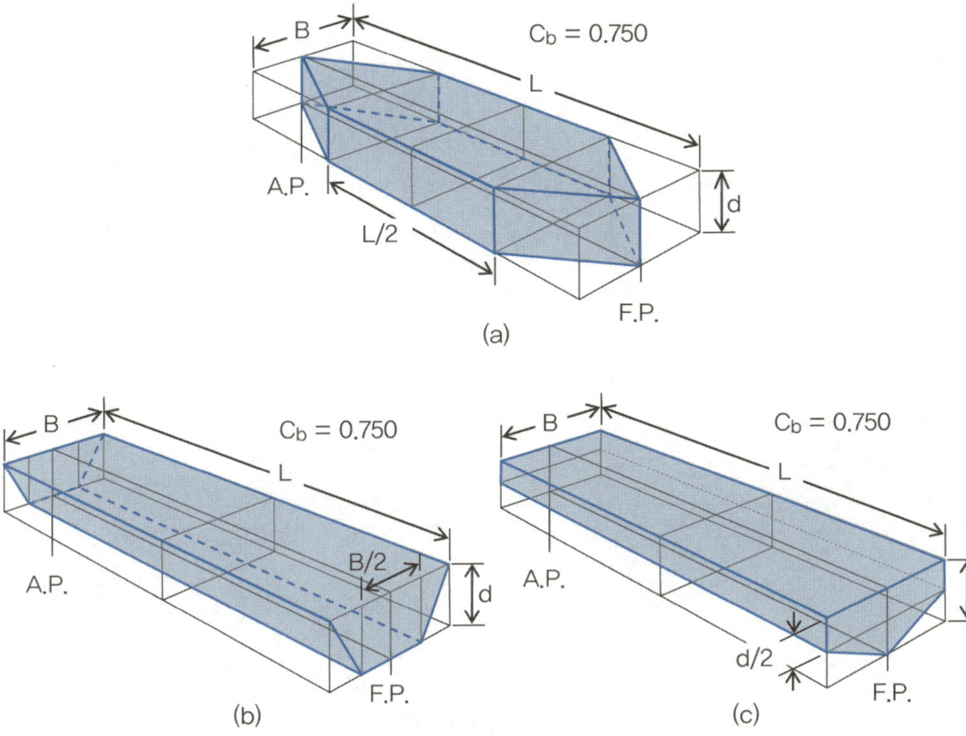

▶▶▶ **그림 2-10 방형계수 0.75인 U형, V형, 수직 선측을 가진 V형의 선형**

그림 2-10은 C_b가 0.750인 U형 선형 (a)와 V형 선형 (b), (c)를 보이고 있다. U형 선형 (a)는 선체중앙부에 배의 길이L의 1/2인 중앙평행부를 가지고 있다. V형 선형 (b)는 선저부에 배의 폭B의 1/2인 평면부를 가지고 있고, V형 선형 (c)는 선측부에 흘수의 1/2의 수직 선측을 가지고 있다.

그림 2-11의 (a)의 선형은 그림 2-10의 (a)와 (b)의 선형을 곱하여 나온 선형이며, 그림 2-11의 (b)의 선형은 그림 2-10의 (a)와 (c)의 선형을 곱하여 나온 선형이기 때문에 C_b는 어느 쪽의 경우도 0.563이다.

그림 2-11의 (c)의 선형은 그림 2-10의 (a)와 (b)의 선형을 포개어 공통부분 이외를 제거한 형상의 선형이며, 그림 2-11의 (d)의 선형은 그림 2-10의 (a)와 (c)의

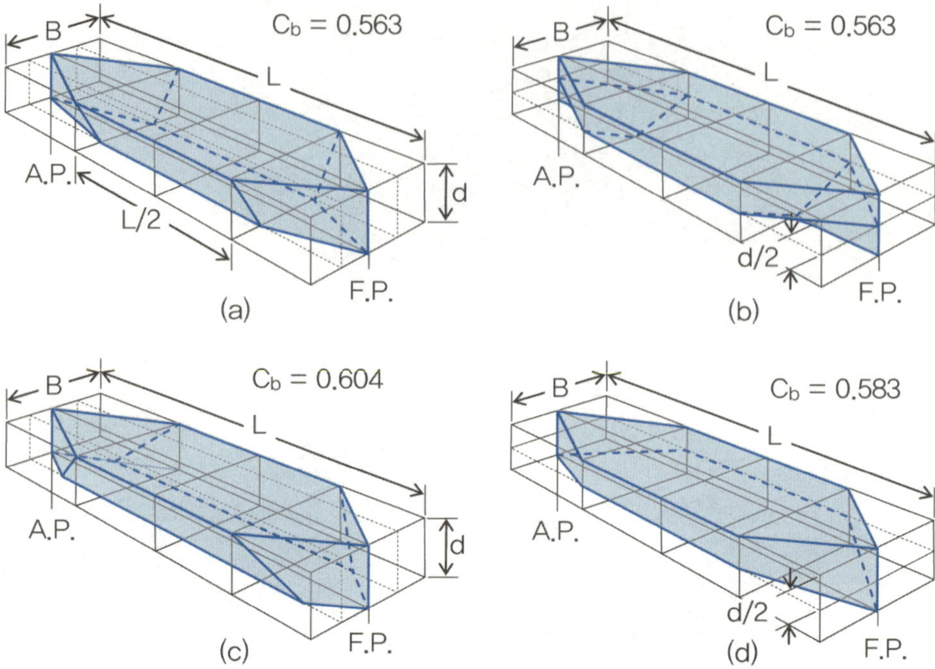

▶▶▶ 그림 2-11 방형계수 0.750인 각 선형을 곱한 선형과 포개인 선형

선형을 포개어 공통부분 이외를 제거한 형상을 하고 있다. (c)의 선형이 (d)의 선형보다 C_b가 크다는 것을 알 수 있다.

그림 2-12는 C_b가 0.875인 U형 선형 (a)와 선측 V형 선형 (b) 및 선저 V형 선형 (c)을 보여 준다. U형 선형 (a)는 선체중앙부에 배의 길이L의 3/4인 중앙평행부를 가지고 있다. V형 선형 (b)는 선저부에 배의 폭 B의 3/4인 평면부를 가지고 있고, V형 선형 (c)는 선측부에 흘수의 3/4인 수직 선측을 가지고 있다.

그림 2-13에 보이는 (a), (b), (c) 및 (d)의 선형의 C_b는 어느 쪽의 경우도, 그림 2-11과 같은 경향을 나타낸다.

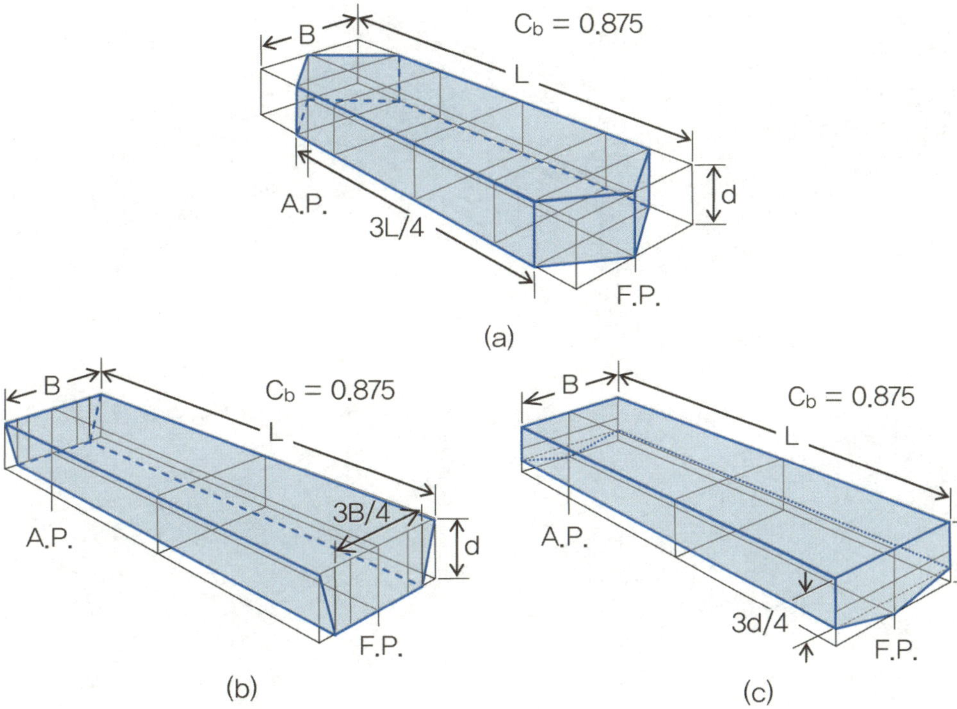

▶▶▶ 그림 2-12 방형계수 0.875인 U형, V형, 수직선측을 가진 V형의 선형

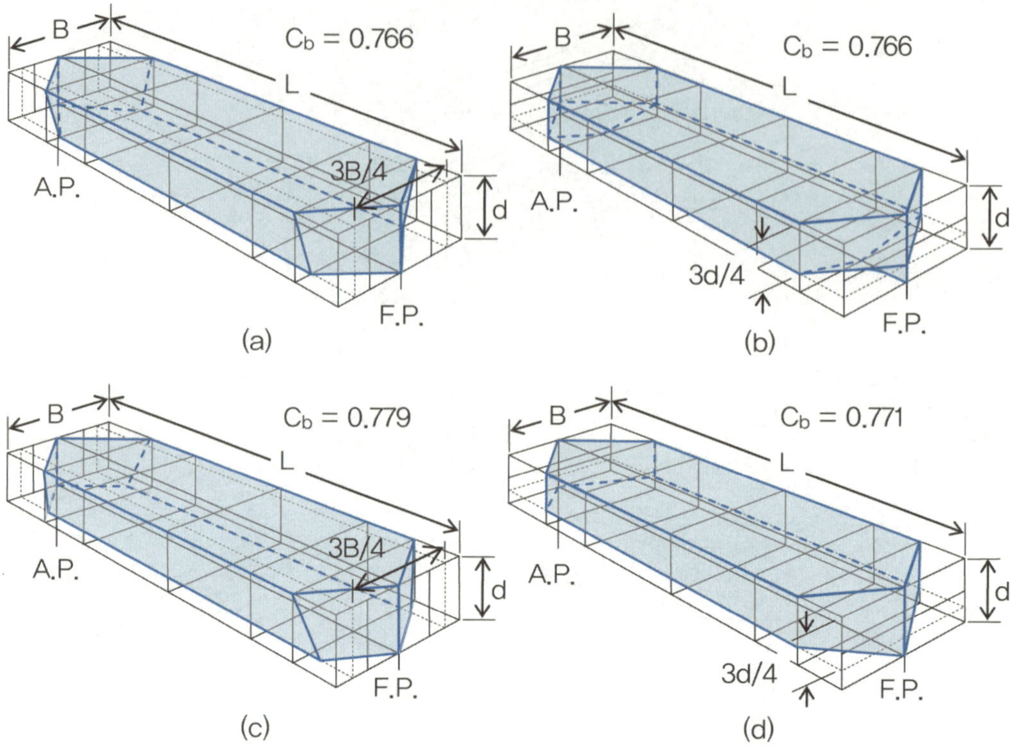

▶▶▶ 그림 2-13 방형계수 0.875인 각 선형을 곱한 선형과 포개인 선형

2.3 중앙횡단면적계수

선체중앙부⊗에 있어서 선체의 중앙횡단면 형상의 크기를 형폭과 형흘수에 의한 직사각형에 차지하는 비율로 나타내는 것을 중앙횡단면계수(Midship Section Coefficient)라고 말한다. 여기에서 중앙횡단면 형상의 크기는 중앙횡단면적$A_{\otimes}$으로 나타내고 있기 때문에, 따라서 이 계수는 중앙횡단면적$A_{\otimes}$와 그리고 형폭 B와 형흘수 d에 의한 직사각형과의 비율로 나타낸다. 이로 인하여 이

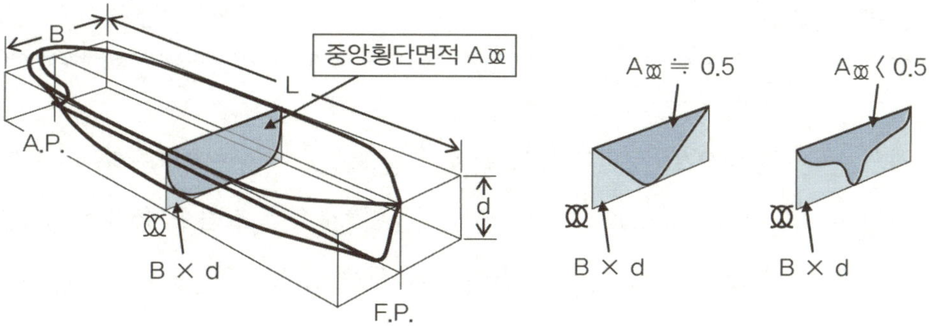

▶▶▶ 그림 2-14 중앙횡단면적계수의 개념그림

책에서는 중앙횡단면적계수(Midship Sectional Area Coefficient)로 통일하여 이용하기로 한다. 이 중앙횡단면적계수를 $C_{\otimes}$이라 하면, 다음 식으로 나타 낼 수 있다.

$$C_{\otimes} = \frac{A_{\otimes}}{B \times d} \tag{2.2}$$

그림 2-14로부터도 알아 볼 수 있으나, 형폭 B와 형흘수 d는 이미 정해져 있기 때문에 중앙횡단면적$A_{\otimes}$이 형폭 B와 형흘수 d에 의한 직사각형의 면적 크기에 가까워질수록 중앙횡단면적계수$C_{\otimes}$는 1.0으로 가까워진다. 이것은 선체중앙부가 U형 선형인 것을 의미한다. 한편 $C_{\otimes}$이 1.0으로부터 0.5로 작아져 갈수록 중앙횡단면은 직사각형의 단면형상으로부터 형폭 B를 저변, 형흘수 d를 높이로 하는 역삼각형의 횡단면형상으로 되어 간다. 이것은 선체중앙부가 V형 선형인 것을 의미한다. 또한 0.5보다도 작아지면 요트의 횡단면과 같이 T자형의 횡단면이 된다.

2.4 주형계수

선체의 길이 방향으로 횡단면적의 분포 상태를 보여 주는데 주형계수(柱形係數 : Prismatic Coefficient)를 이용한다. 이 주형계수는 그림 2-15에서 보는바와 같이 주어진 흘수에 대한 선체의 수면아래의 배수 용적 V와 이때의 선체의 중앙 횡단면적$A_{\otimes}$과 마찬가지인 단면적을 가지고 거기에 수선간길이 L과 마찬가지인 주형체(柱形体 : Prismatic Body)의 용적과의 비율로 나타낸다. 다시 말하여 주형계수를 C_p라 하면, 다음 식으로 나타낼 수 있다.

$$C_p = \frac{V}{A_{\otimes} \times L} = \frac{V}{C_{\otimes} \times B \times d \times L} = \frac{C_b}{C_{\otimes}} \tag{2.3}$$

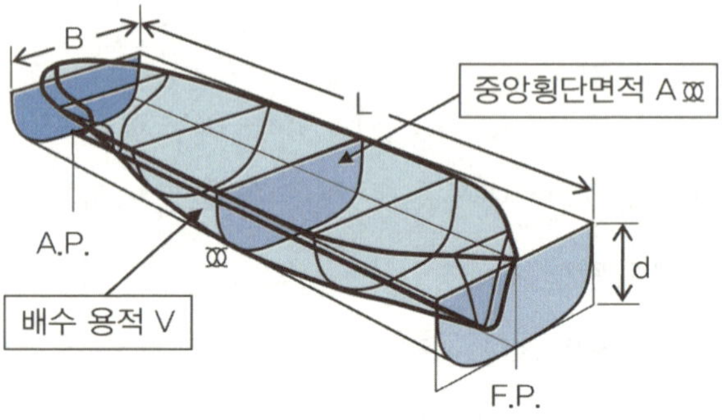

▶▶▶ 그림 2-15 주형계수의 개념도

그림 2-16은 중앙횡단면적$A_{\otimes}$이 같은 여윈 배와 살찐 배의 각 횡단면 크기가 선수 및 선미방향으로 형상 변화하고 있는 모습을 나타낸 그림이다.

그림 2-16으로부터도 알아 볼 수 있지만 C_p가 1.0으로 가까워지면 배는 주형체

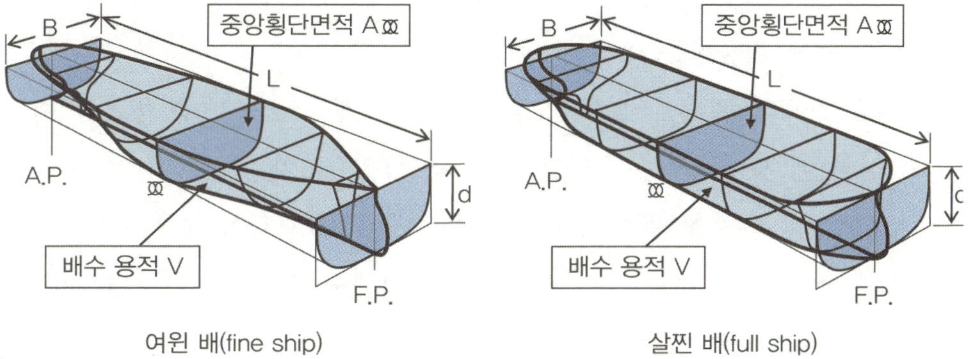

▶▶▶ 그림 2-16 배의 여윔과 살찜 그리고 단면형상의 변화

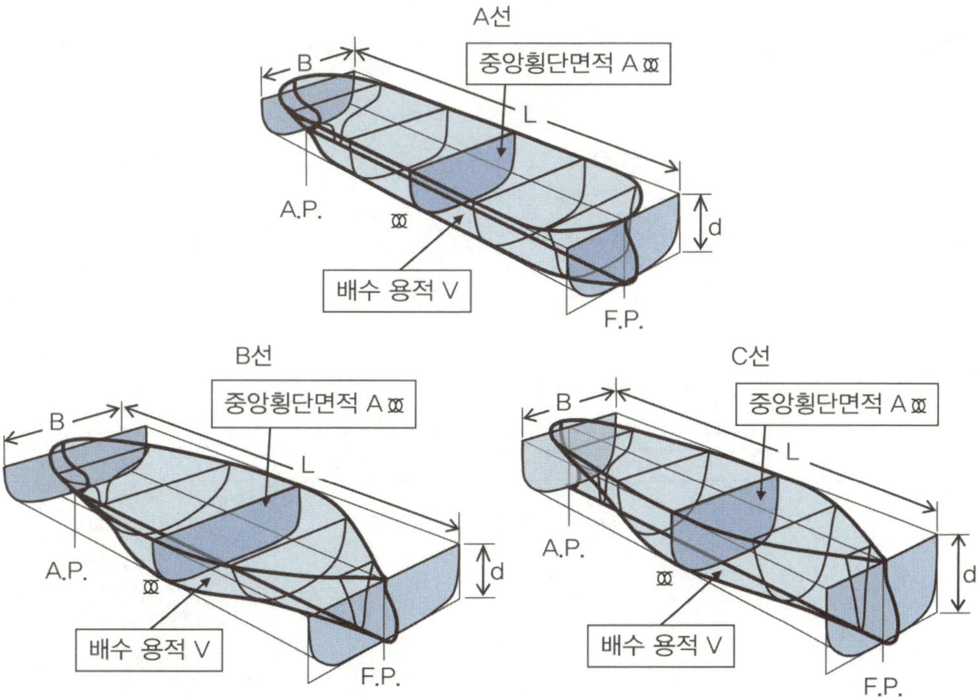

▶▶▶ 그림 2-17 $C_{⊗}$과 배수량은 같으나 C_p가 서로 다른 배

와 같이 선수 및 선미방향이 불룩 해진 형상이 되고, 작아져 가면 용적의 대부분이 선체중앙부에 집중하는 형상이 된다.

또한 그림 2-17의 예시에 있어서, 중앙횡단면적계수$C_{\otimes}$과 배수 용적 V는 같지만 C_p가 다른 배 사이에서는 수선간길이 L과 형흘수 d가 마찬가지일 경우 (2.3)식으로부터 C_p가 작은 배 쪽이 중앙횡단면적$A_{\otimes}$이 크고 폭이 넓으며, 한편 수선간길이 L과 형폭 B가 마찬가지일 경우 C_p가 작은 배 쪽이 중앙횡단면적$A_{\otimes}$이 크고 흘수가 깊어지고 있는 것을 확인 할 수 있다. 어느 쪽의 경우도 용적이 선체중앙부에 집중하는 선형이 된다.

그림 2-18은, 그림 2-17에 예시한 배에 대하여, 세로축에 횡단면적 가로축에 수선간길이를 표시하고, 선체의 수면 밑부분의 각 스퀘어 스테이션에 있어서의 횡단면적의 분포를 나타낸 프리스마틱 곡선(Prismatic Curve)이다. 횡단면적곡선(Curve of Sectional Areas)이라고도 한다.

그림 2-18은 세로축에 횡단면적을 표시하고 있으므로, 3종류의 배의 각 스퀘어 스테이션에 있어서의 횡단면적의 차이를 명확히 알 수 있다. 이것은 A선, C선,

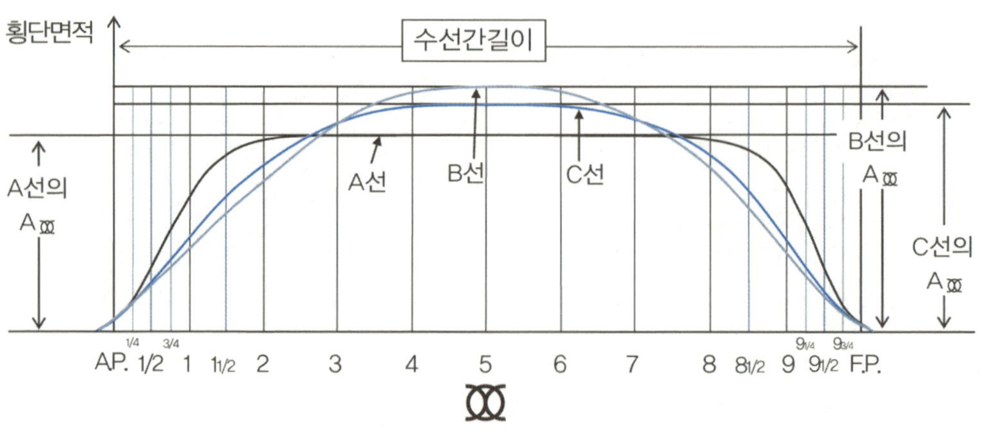

▶▶▶ 그림 2-18 $C_{\otimes}$과 배수량은 같으나 C_p가 서로 다른 배의 프리스마틱 곡선

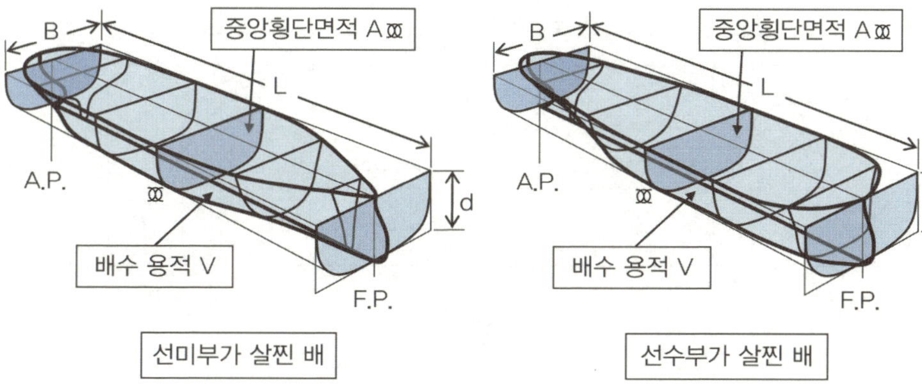

▶▶▶ **그림 2-19 C_p는 같지만 여윔부와 살찜부가 다른 배**

B선의 순서에 따라 중앙횡단면적$A_{⊗}$이 커지고, 따라서, C_p가 작아지고 있는 것을 나타내고 있다.

프리스마틱 곡선에 대하여서는 「제3장 3.2 프리스마틱 곡선의 특징」에서 상세하게 설명하지만, 이 곡선을 선체의 길이 방향으로 적분하면 배수 용적과 일치한다. 따라서 **그림 2-17**에 나타낸 배의 프리스마틱 곡선은 **그림 2-18**에 표시한 3곡선이 되고, 이 곡선을 각각 적분하면 다 같은 배수 용적이 된다.

또한 **그림 2-19**에서 보는바와 같이 배의 수선간길이 L, 형폭 B 및 형흘수 d가 완전히 같고, C_p가 같아도 선형이 다른 경우도 있다. 예를 들면, 선체중앙부⊗로부터 선수부 쪽이 여위고 선미부로 갈수록 용적이 불룩하여 살찐 선형과 반대로, 선체중앙부⊗로부터 선미부 쪽이 여위고 선수부로 갈수록 살찐 선형을 생각 할 수 있다. 이것은 배의 주요치수가 같고 C_p가 같아도, 전자의 경우는 배의 부심위치가 선체중앙부⊗로부터 뒤 부분에 있고, 후자의 경우는 앞부분에 있다는 것을 의미한다. 이 양쪽 배의 프리스마틱 곡선을 그려 보면, **그림 2-20**과 같이 된다.

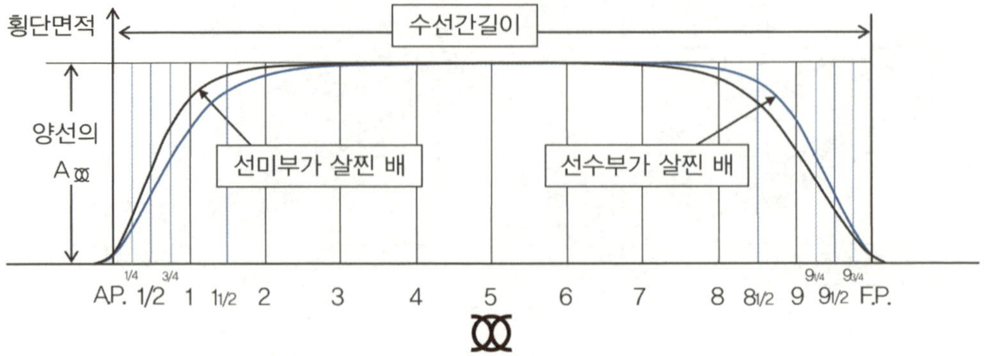

▶▶▶ 그림 2-20 C_p는 같지만 여윔부와 살찜부가 다른 배의 프리스마틱 곡선

2.5 수선면적계수

계획만재흘수선(DLWL)으로 뜨고 있는 선체를 정수면으로 절단 했을 경우, 선체의 수선면의 크기가 수선간길이와 형폭에 의한 직사각형에서 차지하는 비율을 아는 것은 배의 추진 저항이나 하역 등을 검토 할 때 중요한 사항이다. 일반적으로 수선면의 크기를 취급하기 때문에 수선면 계수(Waterplane Coefficient)라고도 말하지만, 그림 2-21에서 보는바와 같이 수선면적 A_w를 수선간길이 L과 형폭 B에 의한 직사각형과의 비로 나타내기 때문에 이 책에서는 수선면적계수(Waterplane Area Coefficient)라고 칭하고 이용하기로 한다. 따라서 이것을 C_w라 하면, 다음 식으로 나타낼 수 있다.

$$C_w = \frac{A_w}{L \times B} \tag{2.4}$$

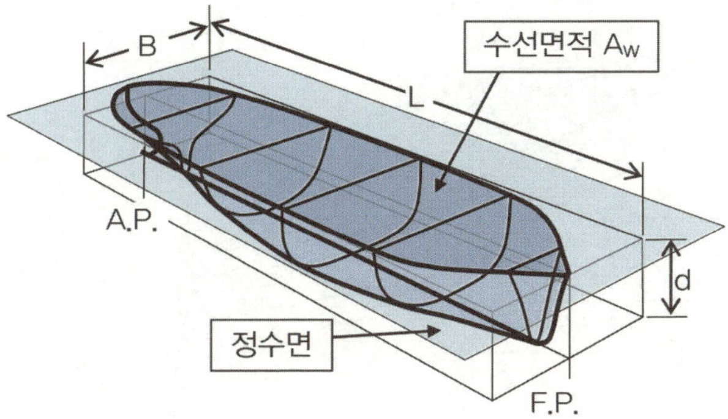

▶▶▶ 그림 2-21 수선면적계수의 개념도

수선면적계수 C_w가 커지면 다시 말하여 1.0에 가까워지면 수선면의 형상은 직사각형에 비슷해지고, 작아질수록 수선면의 형상은 선수 및 선미방향으로 좁아지고 선체중앙부⊗에 집중하는 마름모(Lozenge) 형상이 된다.

배는 하역에 의하여 가라앉거나 혹은 떠오르지만 이때의 침하 혹은 부상의 양은 수선면적의 크기에 역 비례한다. 따라서 하역 하는 화물의 무게에 의한 배의 침하 혹은 부상의 양을 구하는 TPC(Tons per cm immersion: 단위(cm)침하당 배수톤)에 이용 된다(「제4장 4.3.1.5 단위(cm)침하당 배수톤」 참조).

2.6 연직주형계수

정수면으로부터 깊이 방향을 향한 선체의 형상을 보이는 것이 연직주형계수(Vertical Prismatic Coefficient)이다. 이 연직주형계수는 그림 2-22에서 보는 바와 같이 주어진 흘수에 대한 선체의 수면아래의 배수 용적V와 이 때 선체의 정수면에 대한 수선면적 A_w를 단면적으로 하고 형흘수 d를 깊이로 한 종방향인

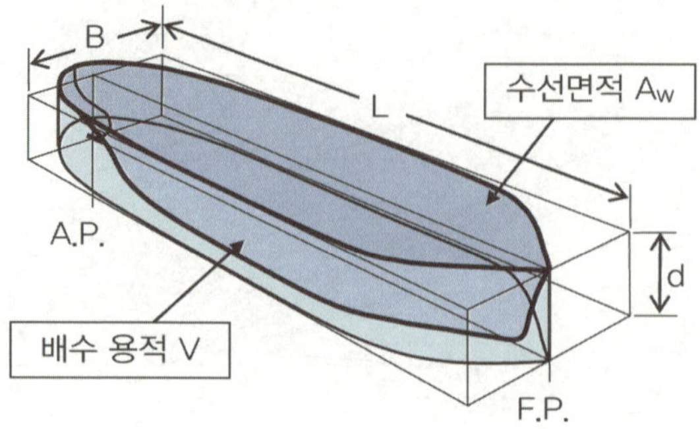

▶▶▶ **그림 2-22 연직주형계수의 개념도**

주상체의 용적과의 비로 나타낸다. 연직주형계수를 C_{vp}라 하면, 다음 식으로 나타낼 수 있다.

$$C_{vp} = \frac{V}{A_w \times d} = \frac{V}{C_w \times L \times B \times d} = \frac{C_b}{C_w} \qquad (2.5)$$

이 연직주형계수는 선체의 정수면에서의 수선면적에 대하여 흘수의 깊이 방향을 향한 선체의 형상 변화를 보이고 있기 때문에 그림 2-23에서 보는바와 같이 1.0으로 가까워지면 U형 선형으로, 0.5로 작아져 가면 V형 선형이 된다.

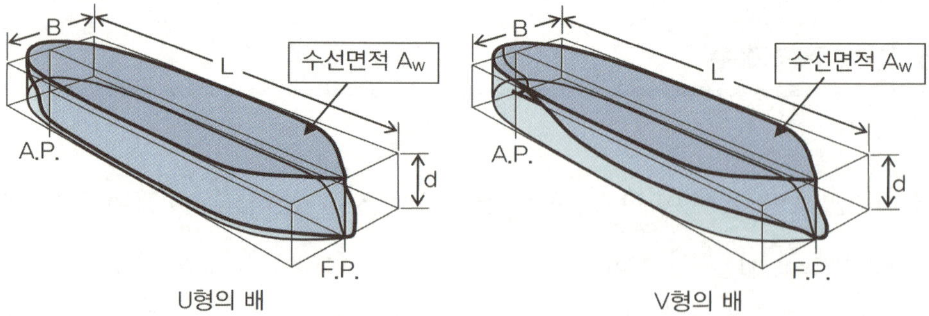

▶▶▶ **그림 2-23 연직방향의 배의 여윔과 살찜**

2.7 선형계수상호간의 관계

선형계수(Coefficients of Form or Form Coefficients)의 상호간에는 서로 밀접한 관계가 있다.

주형계수에서 본 바와 같이 C_p는 다음 식으로 나타낸다.

$$C_p = \frac{C_b}{C_{\otimes}}$$

또한 연직주형계수에서 본 바와 같이 C_{vp}는 다음 식으로 나타낸다.

$$C_{vp} = \frac{C_b}{C_w}$$

위에서 본 두 식으로부터 방형계수 C_b는 다음식과 같이 나타낼 수 있다.

$$C_b = C_p \times C_{\otimes} = C_{vp} \times C_w$$

이상과 같이 보인 성형계수의 상호관계를 그림 2-10의 선형에 대하여 구하여 나타내면 그림 2-24 및 그림 2-25처럼 된다.

그림 2-24의 (a)의 선형, (b)의 선형 및 (c)의 선형에 대한 성형계수를 구하여 보면 위 식에서 나타낸 계수 상호간의 관계가 명확하다.

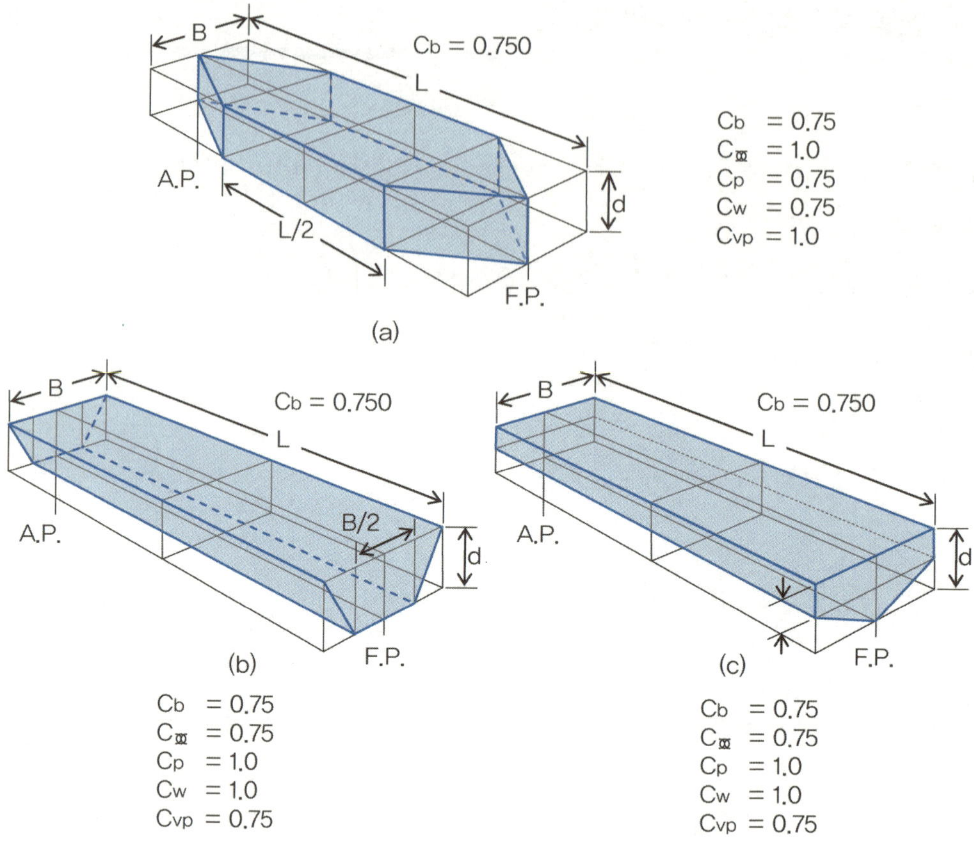

▶▶▶ 그림 2-24 방형계수 0.750의 선형과 선형계수의 상호관계

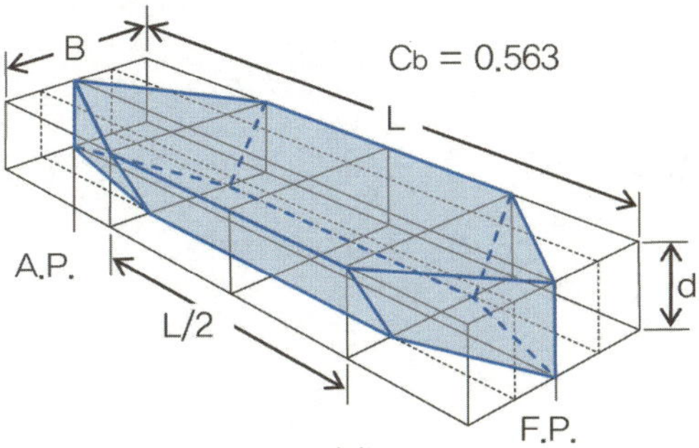

(a)

C_b = 0.563
$C_{\boxtimes}$ = 0.75
C_p = 0.75
C_w = 0.75
C_{vp} = 0.75

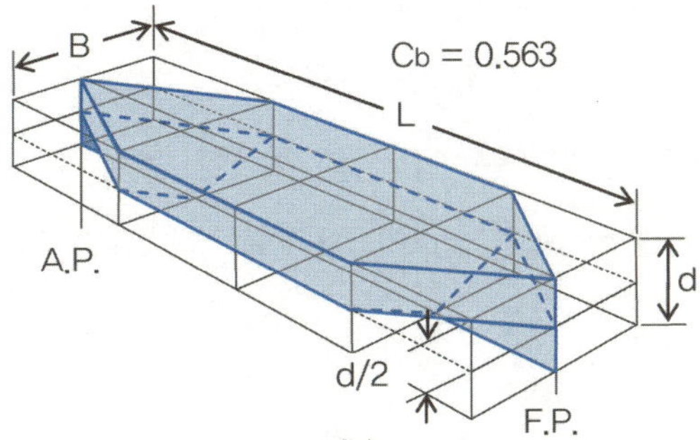

(b)

C_b = 0.563
$C_{\boxtimes}$ = 0.75
C_p = 0.75
C_w = 0.75
C_{vp} = 0.75

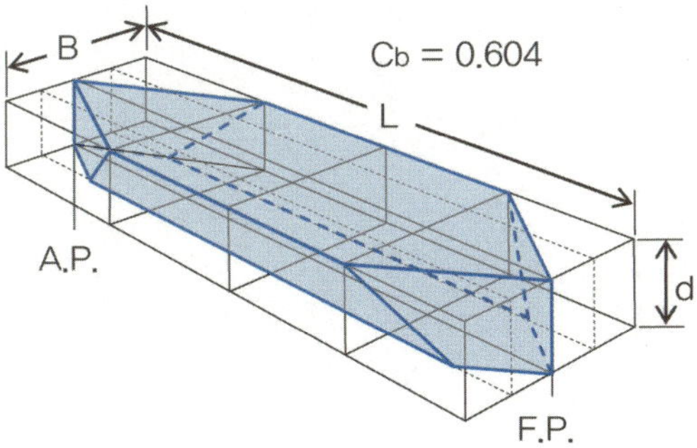

(c)

C_b = 0.604
$C_{\boxtimes}$ = 0.75
C_p = 0.805
C_w = 0.75
C_{vp} = 0.805

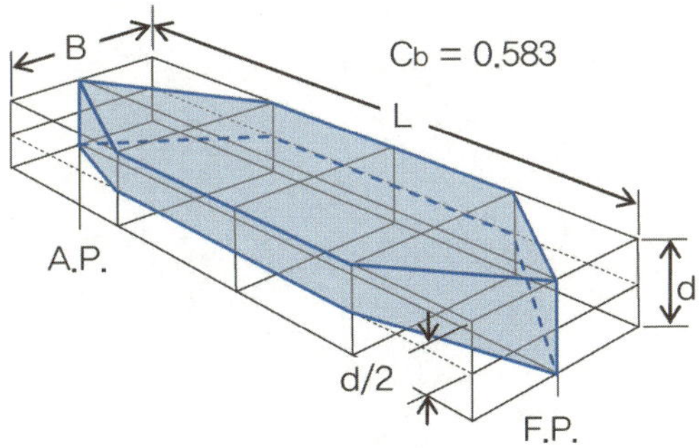

(d)

C_b = 0.583
$C_{\boxtimes}$ = 0.75
C_p = 0.777
C_w = 0.75
C_{vp} = 0.777

▶▶▶ **그림 2-25 선형계수의 상호관계**

그림 2-25의 (a)의 선형은 그림 2-24의 (a)의 선형과 (b)의 선형을, 그리고 그림 2-25의 (b)의 선형은 그림 2-24의 (a)의 선형과 (c)의 선형을 곱하여 얻을 수 있는 형상이라고 불러야 할 선형이지만, 선형계수를 구하여 보면 (a)의 선형과 (b) 혹은 (c)의 선형의 같은 계수끼리를 곱하여 얻은 계수로 되어 있다는 것을 알

수 있다. 또한 **그림 2-25**의 (c)의 선형은 **그림 2-24**의 (a)의 선형과 (b)의 선형을, 그리고 **그림 2-25**의 (d)의 선형은 **그림 2-24**의 (a)의 선형과 (c)의 선형을 포개어 공통부분 이외를 제거한 형상의 선형으로 보이고 있지만, **그림 2-25**의 (a)의 선형 혹은 (b)의 선형과 비교하면 C_b, C_p 및 C_{vp}가 커지고 있다.

제3장
선체선도(Lines)를 그리는 방법
(DESIGN OF SHIPS)

3.1 계획선(박)(New Ship)과 기준선(박)(Reference Ship)

3.2 프리스마틱 곡선(Prismatic Curve)의 특징

3.3 프리스마틱 곡선을 그리는 방법

3.4 선체선도(Lines)를 그리는 방법

3.1 계획선(박)(New Ship)과 기준선(박)(Reference Ship)

배가 조선소와 선주와의 사이에서 주고받아진 계약 사양서의 내용을 만족하도록 건조 되는 것은 당연하다.

건조하는 배(이후, 계획선(New Ship)이라고 부른다)의 사양서에 기재되는 주요 요목 등의 선정 작업은 대단히 중요하고, 선체선도(Lines)는 이 주요 요목 속에서 주요치수 등의 모든 관계 항목을 만족하여야 한다.

일반적으로 주요 요목 속에서 주된 항목은 아래와 같다.

① 선형(船型 : Type of Ship, Ship Type)

사람만을 승선시킨다, 화물만을 적재한다, 혹은 손님과 화물 양쪽을 태운다 등, 배는 그 용도에 의해 수면아래의 형상이나 수면상 혹은 갑판상의 형상이 다르다. 이렇게 용도에 적합한 배의 형상을 일반적으로 「선형」이라고 말한다.

② 선급(船級 : Classification, Class)

배에 대하여 가장 큰 이해관계가 있는 것이, 선주(船主), 하주(荷主), 해상보험업자이며, 조선소는 선주와의 사이에서 기술적인 이해관계에 있다.

선급협회는 이 어느 곳에도 속하지 않고 공평한 제삼자의 입장에서 스스로 제정한 기술적인 규칙에 따라 건조하는 배를 검사하고, 이것에 합격한 배를 선급원부에 등록 · 공표한다. 이 선급협회가 선급원부에 등록한 자격을 「선급」이라고 말한다.

③ 전길이(Length Overall)

④ 수선간길이(Length between Perpendiculars)

⑤ 형폭(Molded Breadth, Breadth Molded)

⑥ 형깊이(Molded Depth, Depth Molded)

⑦ 형흘수(Molded Draft), 계획흘수(Design Draft), 구조흘수(Scantling Draft)

⑧ 방형계수(Block Coefficient)

⑨ 총톤수(Gross Tonnage), 순톤수(Net Tonnage)

총톤수 및 순톤수(Net Tonnage)는 해사에 관한 여러 법규를 적용할 때나 또는 선박의 운용에 관한 여러 수수료나 세금의 부과에 있어서도, 그 기준이 되기 때문에 선박의 건조시에 정확하게 추정해 두어야 할 중요한 사항이다.

종래의 톤수규칙은 각 국가 간에서 해석이 다르거나, 추정 방법의 차이 등이 있었기 때문에 정부간해사자문기구(현재의 국제해사기구 : International Maritime Organization(IMO))에 있어서, 1969년에 국제선박톤수측정협정(International Convention on tonnage Measurement of Ship, 1969)을 채택하여 톤수에 대한 국제적인 통일을 보았다.

즉 국제 총톤수(GT)는 다음 식으로 결정된다.

$$GT = K_1V$$

이 식에서 V는 선박의 모든 폐위 장소의 합계 용적(m^2), 계수 K_1은 다음 식으로 얻을 수 있는 수치이다.

$$K_1 = 0.2 + 0.02\log_{10}V$$

순톤수(NT)는 다음 식으로 결정된다.

$$NT = K_2V_C(4d/3D)^2 + K_3(N_1 + N_2/10)$$

다만 $(4d/3D)^2 \leqq 1$, $K_2V_C(4d/3D)^2 \geqq 0.25GT$, $NT \geqq 0.30GT$이라야 한다.

여기서, V_C = 화물적재 장소의 합계 용적(m^2),

$K_2=0.2+0.02\log_{10}V$

$K_3=1.25\times(GT+10,000)/10,000$

D=배의 길이의 중앙에서의 형깊이

d=배의 길이의 중앙에서의 형흘수

N_1=침대수 8이하의 선실의 여객수

N_2=그 외의 여객수

N_1+N_2=선박의 검사 증서에 표시된 여객의 최대 승선 인원수

$(N_1+N_2)<13$인 경우에는 $N_1=0$, $N_2=0$

상기의 V를 구하기 위한 폐위 장소 혹은 제외 장소 등 및 V_C를 구하기 위한 화물적재장소의 정의에 대해서는 International Convention on tonnage Measurement of Ship, 1969를 참조 할 것.

⑩ 만재배수량(滿載排水量 : Full Load Displacement)

일반적으로는 배가 계획만재흘수로 수면에 뜨고 있을 때 선체가 밀어낸 물(해수)의 중량을 만재배수량이라고 한다.

한편 배에는 계절이나 항행하는 해역에 따라 배에 적재할 수 있는 한도를 나타내는 최대흘수선이 만재흘수선표시(Load Line Mark)로 표시되고 있다. 이것은 배가 마주치는 기상 속에서 안전하게 항행할 수 있는 재화한도는 만재흘수선표시에 적응한 최대흘수까지라는 것을 정하고 있다. 따라서 운행 중의 배의 만재배수량은 재화한도의 최대흘수상태에서의 배의 전중량이라 말할 수 있다.

⑪ 경하중량(軽荷重量 : Light Weight)

배의 자체 중량을 말하지만 선주나 조선소에 따라 정의가 좀 다르다. 「1974년의 국제해상인명안전협약(SOLAS)」 및 이 조약의 「1988의정서」에는 다음과 같이 정의되고 있다. 「경하중량」이란 화물, 연료유, 윤활유, 밸러스트수(ballast water), 탱크내의 청수 및 보일러 급수(Feedwater), 소모 저장물 그리고 여객 및 승무원과 그 소지품을 제외한 톤으로 나타낸 선박의 배수량을 말한다.

⑫ 재화중량(載貨重量 : Deadweight)

만재 배수량으로부터 경하중량을 뺀 중량으로서, 만재 배수량까지 화물 등을 적재할 수 있는 최대중량을 말한다.

⑬ 주기(主機 : Main Engine)

배의 추진기를 돌리는 원동기를 말한다.

⑭ 항해속력(航海速力 : Sea Speed, Service Speed)

계획만재흘수상태로 주기를 상용출력으로 운전했을 때에 낼 수 있는 배의 속력을 말한다. 여기에서 상용출력이란 항해속력을 얻기 위해서 상용하는 출력으로서, 주기 연비(연료 소비율)상 가장 효율이 높다고 여겨지는 연속최대출력의 85%로부터 90% 사이의 출력을 말한다. 또한 이것을 가장 경제적으로 항행할 수 있는 경제출력이라고도 하고, 15%의 해상여유(씨마진 : Sea Margin)를 포함한 출력을 말한다.

⑮ 시운전 속력(試運転速力 : Trial Speed)

조선소에서 건조된 배는 배를 선주에게 인도하기 전에 해상에서 공적인 시운전을 한다. 여기서 주기를 최대출력으로 하여 운전했을 때에 낼 수 있는 배의 최고속력을 말한다.

계획선(New Ship)의 설계는 배의 종류, 재화중량 및 속력 등을 고려하고, 최종적으로는 선주요구를 만족시키는 배의 주요치수(배의 길이 L, 폭 B, 깊이 D) 및 방형계수 C_b 등을 결정한 후 실시한다.

일반적으로 계획선을 설계할 때는 주요치수를 비롯하여 선주의 요구 · 요건에 가장 비슷한 유사선을 기준선(Reference Ship)으로 삼고 주요치수, 프리스마틱 곡선이나 선체선도 등을 참고로 하는 것이 대단히 효과적이다.

3.2 프리스마틱 곡선(Prismatic Curve)의 특징

새로운 배의 선체선도를 제도할 경우 프리스마틱 곡선(Prismatic Curve)은 큰 역할을 하기 때문에 여기에서는 이 곡선이 가지고 있는 특징에 대하여 정리해 두기로 한다.

그림 2-18에서 보인 프리스마틱 곡선은 세로축에 횡단면적을 나타내고, 중앙횡단면적계수$C_{⊗}$와 배수량은 같고 C_p가 다른 3종류의 배들에 대하여 표시 했지만, 요구에 따라 그 표시 방법이 다르다.

그림 3-1은 왼쪽의 세로축에 그림 2-18과 같이 횡단면적을 나타내고 있으므로 선체중앙부⊗에서 B×d로 얻을 수 있는 직사각형의 면적을 최대값으로 하여 각 스퀘어 스테이션 번호가 표시 된 곳에 거기에서의 횡단면적A_m(아래첨자m은 각 스퀘어 스테이션의 위치를 가리키고 있음)의 크기를 나타낸 프리스마틱 곡선이다. 따라서 선체의 중앙부는 중앙횡단면적$A_{⊗}$을 표시하고 있다.

그림 3-1의 왼쪽의 세로축은 횡단면적을 나타내고 있기 때문에 표시되고 있는 프리스마틱 곡선을 선체의 길이 방향에 대해 적분하면 배수 용적 V를 얻을 수 있다.

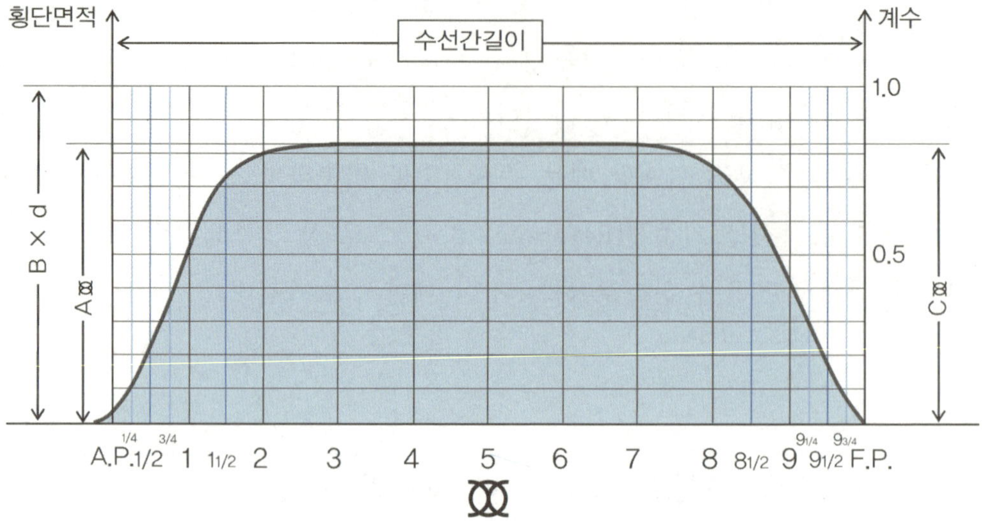

▶▶▶ 그림 3-1 $C_{\otimes}$ 표시인 프리스마틱 곡선

또한 왼쪽 세로축에 나타낸 B×d와 $A_{\otimes}$를 각각 B×d로 나누고 그 값을 그림의 오른쪽 세로축에 표시해 보면, 1.0을 그림의 왼쪽 세로축의 B×d와 같은 높이로 잡을 때 왼쪽 세로축의 $A_{\otimes}$에 상당하는 값이 오른쪽 세로축의 $C_{\otimes}$이 된다.

$$\frac{A_{\otimes}}{B \times d} = C_{\otimes}$$

따라서 이 경우 오른쪽의 세로축은 다음식과 같이 C_m을 나타내는 축으로 되어 있다.

$$\frac{A_m}{B \times d} = C_m$$

여기서, C_m은 각 스퀘어 스테이션의 위치 m에서의 횡단면적계수

그림 3-1에서 선체의 배수 용적 V와 마찬가지의 용적이 되도록 직사각형 abcd

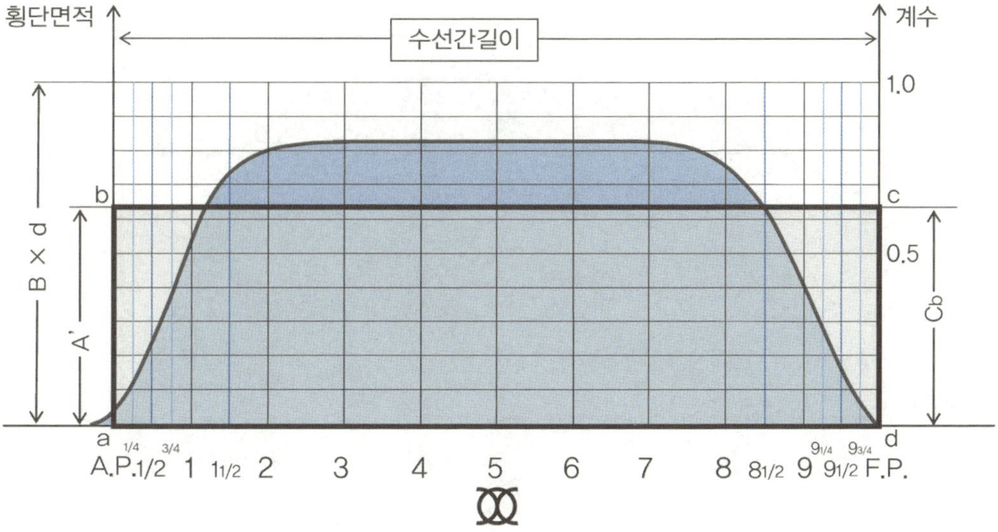

▶▶▶ **그림 3-2 C_b표시인 프리스마틱 곡선**

를 생각하고 그림의 왼쪽 세로축에 직사각형의 짧은 변, 다시 말하여 L × A′= 배수 용적 V가 되도록 평균 면적 A′을 얻고 표시하면 **그림 3-2**와 같이 된다.

그림 3-2의 왼쪽 세로축의 B × d 및 A′를 각각 B × d로 나누고 그 값을 그림의 오른쪽 세로축에 표시해 보면, 1.0을 그림의 왼쪽 세로축의 B × d와 같은 높이로 잡을 때 왼쪽 세로축의 A′에 상당하는 값이 오른쪽 세로축의 C_b가 된다.

$$\frac{A'}{B \times d} = \frac{A' \times L}{L \times B \times d} = \frac{V}{L \times B \times d} = C_b$$

이 경우는 왼쪽 세로축의 A′의 크기에 의하여 배수 용적 V가 변화하기 때문에 오른쪽 세로축은 그 변화에 따른 C_b를 나타내는 축이 된다.

따라서 **그림 3-2**의 왼쪽 세로축의 평균 면적A′ 는 C_b × B × d와 다름이 없다.

그림 3-3은 선체의 중앙횡단면적A⊗을 세로축의 최대값으로서 표시한 프리스마틱 곡선을 나타내고 있다. **그림 3-1**로부터 **그림 3-3**의 왼쪽 세로축은 횡단면적

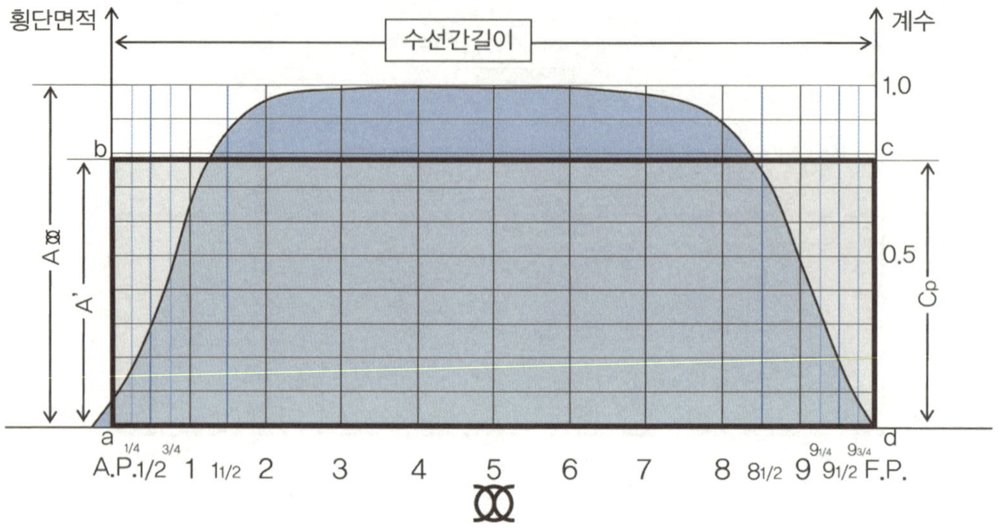

▶▶▶ 그림 3-3 C_P표시인 프리스마틱 곡선

을 나타내고 있기 때문에 각 스퀘어 스테이션에서의 프리스마틱 곡선의 값은 각 스퀘어 스테이션에 있어서의 선체의 횡단면적A_m을 나타내고 있다. 따라서 이 곡선을 선체의 길이 방향으로 적분하면 배수 용적 V를 얻을 수 있다.

또한 그림 3-3에서 그림 3-2와 같이 선체의 배수 용적 V와 마찬가지인 용적이 되도록 직사각형 abcd를 생각해 본다. 이 때 그림의 왼쪽 세로축에 표시한 직사각형 abcd의 짧은 변, 다시 말하여 평균 면적 A′은 L×A′=배수 용적 V의 관계에 있다.

그림 3-3의 왼쪽 세로축의 A⊠ 및 A′의 값을 A⊠로 나누고 그 값을 그림의 오른쪽 세로축에 표시해 보면, 1.0을 그림의 왼쪽 세로축의 A⊠과 같은 높이로 잡을 때 왼쪽 세로축의 A′에 상당하는 값이 오른쪽 세로축의 C_p가 된다.

이 경우 왼쪽 세로축의 A′의 값에 의하여 배수 용적 V가 변화하기 때문에 오른쪽 세로축은 그 변화에 따른 C_p를 나타내는 축이 된다.

$$\frac{A'}{A_{\otimes}}=\frac{A'\times L}{A_{\otimes}\times L}=\frac{V}{A_{\otimes}\times L}=C_p$$

따라서 그림 3-3의 왼쪽 평균 면적 A′는 $C_p \times A_{\otimes}$과 다름이 없다.

그 외에 또 하나 중요한 특징은 그림 3-1로부터 그림 3-3에서 프리스마틱 곡선으로 둘러 싸여진 면적의 중심이 선체의 종방향부력중심(Longitudinal Center of Buoyancy)을 나타내고 있다는 것이다. 또한 이 종방향부력중심의 위치는 선체중앙부⊗에서 앞 또는 뒤 방향의 거리로서 l_{cb}(배수량등의 계산에서는 ⊗B로 표시)로 나타낸다. 일반적으로는 종방향부력중심의 위치가 선체중앙부에서 선체 뒷부분에 있을 경우 l_{cb}는 +(플러스), 선체 앞부분에 있을 경우 l_{cb}는 −(마이너스)로 취급한다.

3.3 프리스마틱 곡선을 그리는 방법

프리스마틱 곡선은 그 특징에 대하여서는 이미 설명한 그대로 이지만, 바꿔 말하면, 선체의 길이 방향으로 횡단면의 크기를 나타낸 횡단면적곡선(Curve of Sectional Areas)이기도 한 곡선이다. 또한 곡선의 특징으로부터 선체의 여윔과 살찜의 정도를 나타내고 있는 것도 명확하다.

선체가 정수면에 뜨고 있을 때 선체에는 중력과 부력이 작용한다. 이 부력의 작용점을 부심(Center of Buoyancy)이라고 하지만, 일반적으로 선체저항의 견지로부터 보면 속도가 늦은 배의 경우는 선체중앙부⊗ 보다 앞부분에, 고속선의 경우는 뒷부분에 위치하는 것이 좋다고 여겨지고 있다.

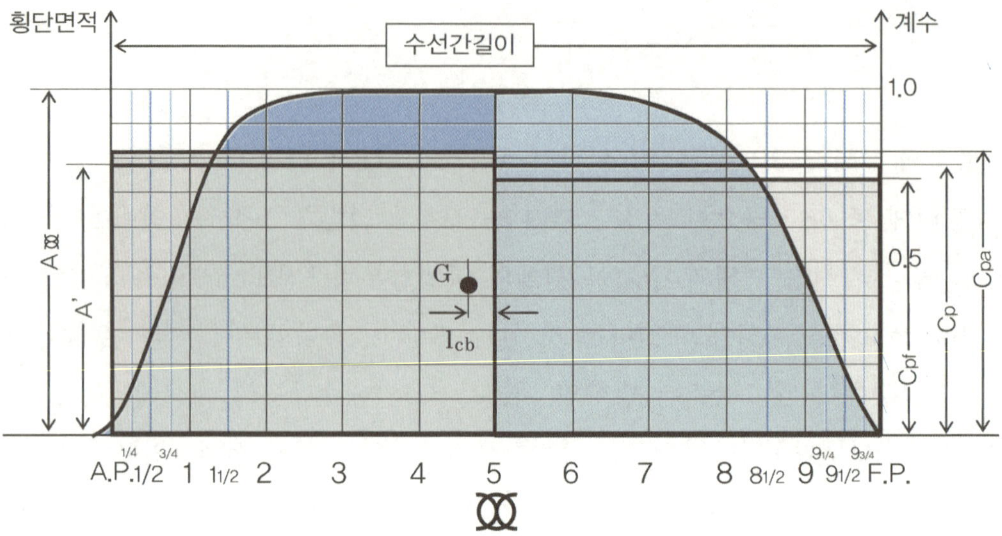

▶▶▶ 그림 3-4 선수부와 선미부를 분할 표시한 프리스마틱 곡선

따라서 프리스마틱 곡선은 새롭게 건조하는 선체의 여윔과 살찜의 정도나 부심의 선체중앙부⊗으로부터의 전후 위치인 종방향부력중심(l_{cb})을 정하는데도 큰 역할을 한다.

그림 3-3에서 본 프리스마틱 곡선을 선체중앙부⊗에서 선체 앞의 전반부와 뒤의 후반부로 나누어서 표시하면 그림 3-4와 같이 된다.

선체중앙부⊗로부터 선체 전반부의 주형계수를 C_{pf}, 선체 후반부의 주형계수를 C_{pa}와 같이 표시하면 주형계수 C_p는 그림 3-4로부터도 알아볼 수 있지만 다음 식과 같이 나타낼 수 있다.

$$C_p = \frac{C_{pf} + C_{pa}}{2}$$

또는 다음식과 같이 나타낼 수도 있다.

$$C_p = C_{pf} - \frac{C_{pf} - C_{pa}}{2} = C_{pa} + \frac{C_{pf} - C_{pa}}{2}$$

예시하고 있는 **그림 3-4**의 경우 선체중앙부⊗로부터 선체 후반부의 면적이 전반부의 면적보다 큰 것으로 보아, 종방향부력중심(l_{cb})은 선체중앙부⊗ 보다 선체 후반부에 있다는 것을 추측할 수 있다.

3.3.1 関西造船協会(간사이조선협회)의 방법

일본 간사이(關西)조선협회는 프리스마틱 곡선을 그리는데 필요한 자료로서 C_{pf}, C_{pa}, l_{cb} 및 각 스퀘어 스테이션에 있어서의 횡단면적 A_m 간의 상호 관계도를 제시하고 있다. 여기에서는 이 상호 관계도를 채용하여 프리스마틱 곡선을 그리는 방법에 대하여 설명한다.

그림 3-5는 l_{cb}와 $C_{pf} - C_{pa}$와의 관계를 나타낸 그림이다. 가로축에 선체중앙부

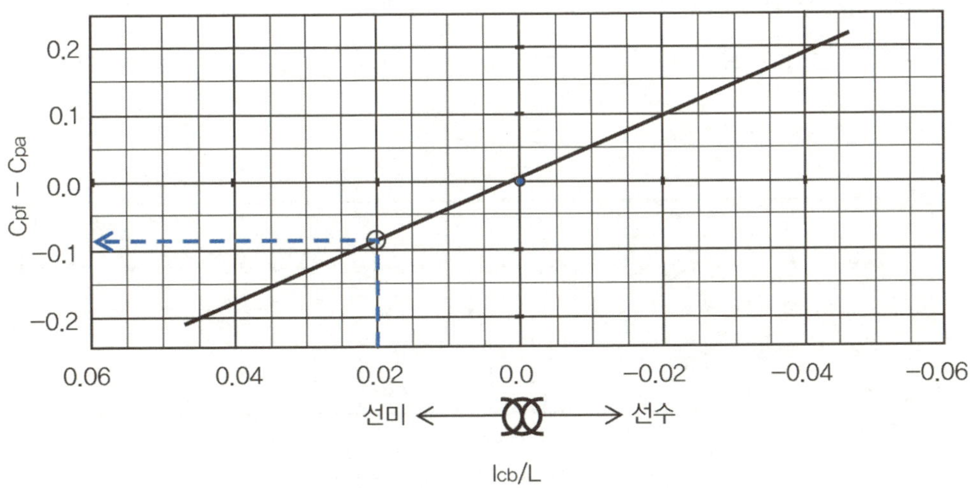

▶▶▶ **그림 3-5 l_{cb}와 $C_{pf} - C_{pa}$의 관계**

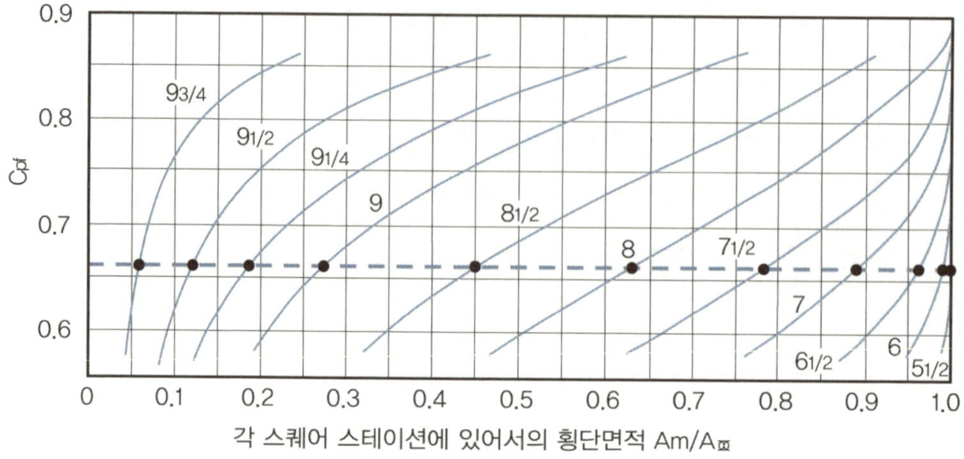

▶▶▶ 그림 3-6 각 스퀘어 스테이션에 있어서의 횡단면적 A_m과 C_{pf}의 관계

⊗에서 종방향부력중심까지의 거리 l_{cb}와 배의 길이 L과의 비를 잡고, 세로축에 선체 전반부의 주형계수 C_{pf}와 선체 후반부의 주형계수 C_{pa}의 차를 잡고 있다.

또한 C_{pf} 및 C_{pa}와 각 스퀘어 스테이션에 있어서의 횡단면적 A_m과의 관계를 그림 3-6 및 그림 3-7에 보인다. 어느 쪽의 그림도 가로축을 각 스퀘어 스테이션에 있어서의 횡단면적 A_m과 선체중앙횡단면적 $A_{⊗}$의 비로 나타내고 있다. 다만 C_{pf}를 나타내는 그림 3-6은 정면선도의 선수부 횡단면곡선과 마찬가지로 작은 단면

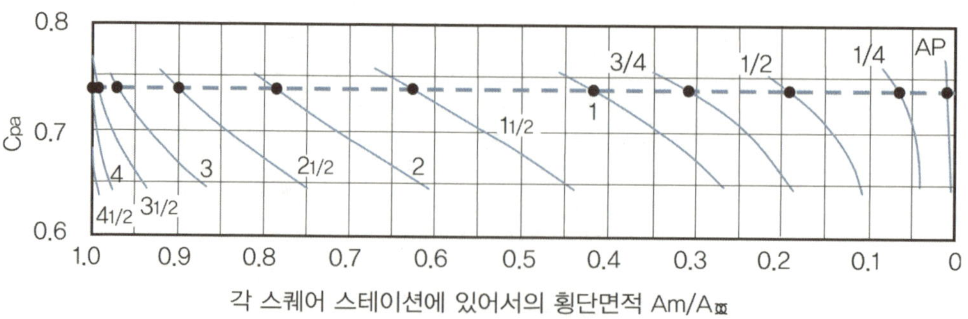

▶▶▶ 그림 3-7 각 스퀘어 스테이션에 있어서의 횡단면적 A_m과 C_{pa}의 관계

적으로부터 큰 단면적으로 변화하는 상황을 왼쪽에서 오른쪽으로 표시하고 있다. 한편 C_{pa}을 나타내는 **그림 3-7**은 정면선도의 선미부 횡단면곡선과 마찬가지로 작은 단면적으로부터 큰 단면적으로 변화하는 상황을 오른쪽에서 왼쪽으로 표시하고 있다.

예를 들면 지금, $C_p=0.7$, $l_{cb}/L=0.02$의 계획선에 대하여 생각해 보기로 하자. 이 경우 $l_{cb}/L=0.02$ 이므로 **그림 3-5**에서 $C_{pf}-C_{pa}=-0.08$ 이라고 알아 볼 수 있다. 따라서 $C_p=0.7$과 $C_{pf}-C_{pa}=-0.08$을 앞 식에 대입하면 C_{pf}와 C_{pa}는 다음과 같이 구할 수 있다.

$$C_{pf}=0.7-0.04=0.66,\ C_{pa}=0.7+0.04=0.74$$

그림 3-6에는 $C_{pf}=0.66$의 값을 가진 가로선(그림에서는 파선)을 긋고, **그림 3-7**에는 $C_{pa}=0.74$의 값을 가진 가로선(그림에서는 파선)을 그어, 도면에 그려져 있는 각 곡선과의 교점(**그림 3-6**과 **그림 3-7**에서는 ●표시)을 구한다. 구해진 각 값에 $A_{\otimes}$을 곱함으로서 각 스퀘어 스테이션에 있어서의 횡단면적 A_m을 구할 수 있다. 이 각 스퀘어 스테이션에 있어서의 횡단면적 A_m을 이용할 경우는 프리스마틱 곡선의 왼쪽 횡단면적을 나타내는 세로축에 따라서, 또는 교점이 나타내는 횡단 면적 A_m과 선체중앙횡단면적 $A_{\otimes}$의 비를 이용할 경우에는 프리스마틱 곡선의 오른쪽의 계수를 나타내는 세로축에 따라서 각 스퀘어 스테이션의 종직선에 각 점을 표시(**그림 3-8**에서는 ●표시)하고, 이 점을 통과하는 곡선을 그려서 계획선의 프리스마틱 곡선을 구하면 **그림 3-8**과 같이 된다.

얻어진 **그림 3-8**에 있어서 선체중앙부⊗보다 선수부에 있어서는 면적 A_f와 A_f'가 또한 선미부에 있어서는 면적 A_a와 A_a'가 같은 값을 가지고 있으면, 얻으려고 하는 $C_p=0.7$, $l_{cb}/L=0.02$의 프리스마틱 곡선이다.

따라서 당연하지만, 이 프리스마틱 곡선은 **그림 3-9**에서 보는바와 같이, 면적

A′와 면적 A″를 더한 것이 면적 A와 똑같아야 한다.

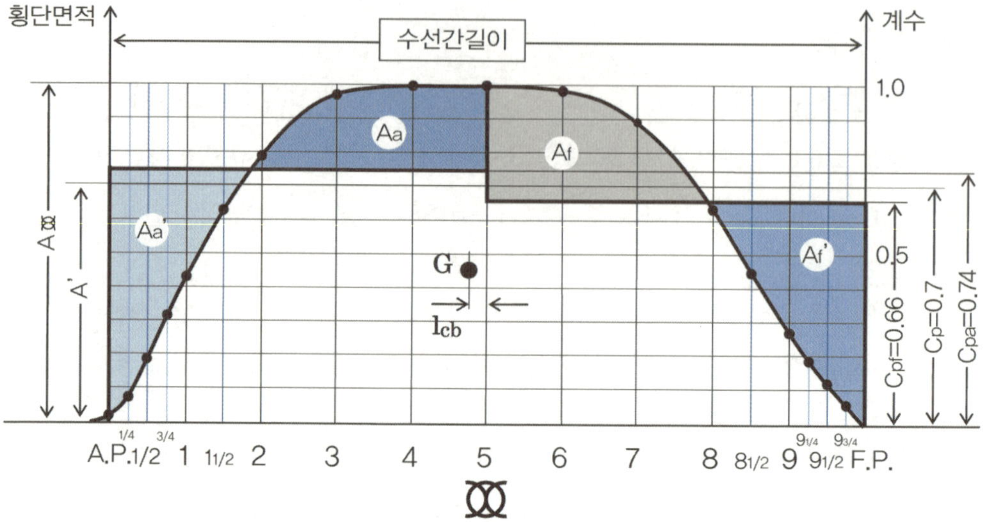

▶▶▶ 그림 3-8 간사이조선협회의 방법으로 얻어지는 프리스마틱 곡선

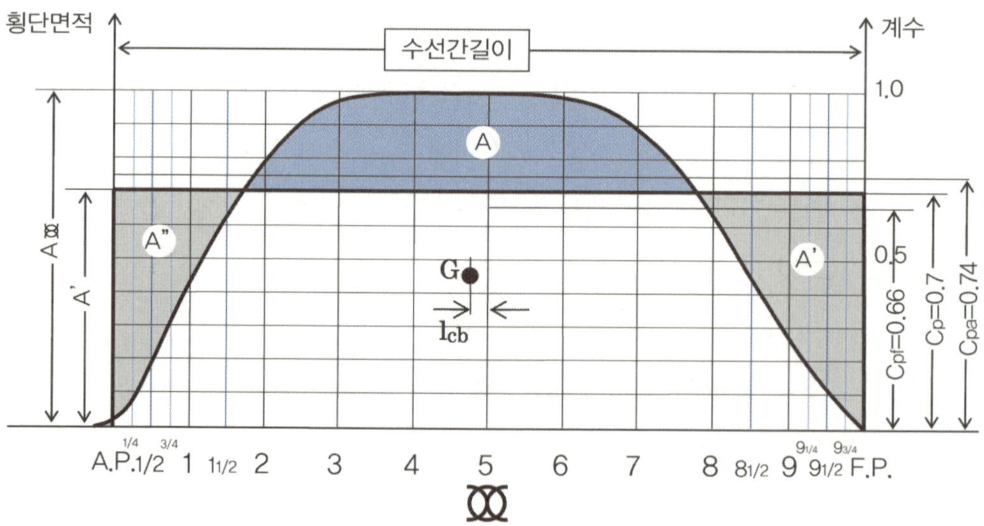

▶▶▶ 그림 3-9 얻어진 프리스마틱 곡선의 체크(A=A'+A")

3.3.2 기준선의 프리스마틱 곡선을 이용하는 방법

그림 3-10에 기준선(Reference Ship)의 프리스마틱 곡선을 이용하여 새롭게 건조하는 계획선(New Ship)의 프리스마틱 곡선을 구하는 개념도를 보인다.

지금 수선간길이를 배의 길이 L로 나누면 **그림 3-10**에 있어서 F.P.로부터 A.P.까지를 1.0으로 나타낼 수 있다. 그렇다면 각 스퀘어 스테이션간은 0.1이 된다. 이때의 C_p는 프리스마틱 곡선으로 둘러싸여진 부분의 면적을 나타내고 있으며, l_{cb}는 l_{cb}/L을 나타내고 있다.

예를 들면 기준선이 $C_p = 0.7$에 대하여 계획선이 $C_p = 0.8$의 경우인 프리스마틱 곡선을 구하는 순서는 다음과 같다. 다만 l_{cb}의 위치는 변함이 없다는 경우이다. **그림 3-10**에 있어서 G_R는 기준선(Reference Ship)의 중심위치를 나타내고 G는 계획선의 중심위치를 나타내고 있다.

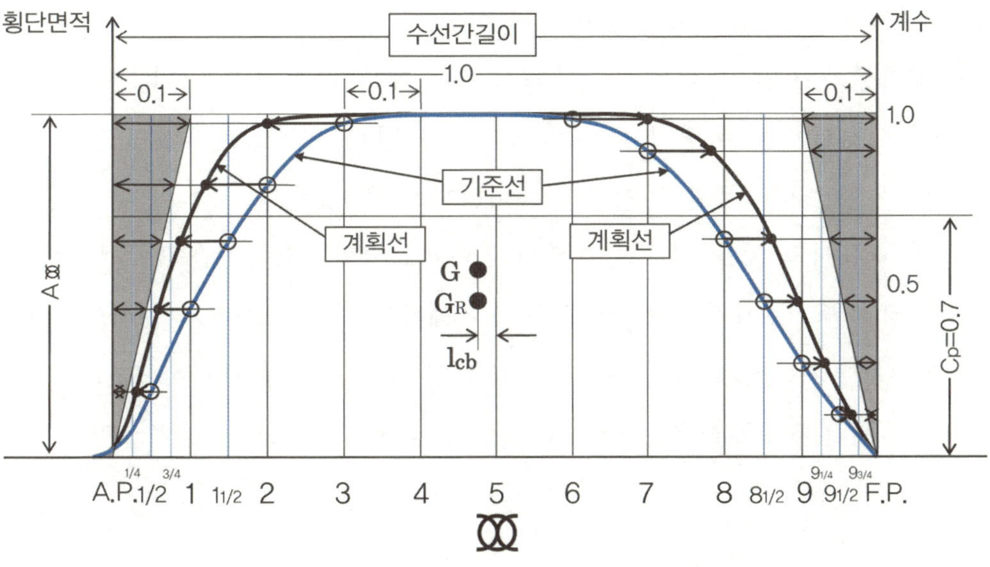

▶▶▶ 그림 3-10 기준선(Reference Ship)의 프리스마틱 곡선으로부터 계획선 (New Ship)의 프리스마틱 곡선을 구하는 개념도

① 계획선의 C_p와 기준선의 C_p의 차를 구한다.

계획선의 C_p − 기준선의 C_p=0.8−0.7=0.1

② F.P.와 A.P.를 정점, F.P.와 A.P.에 세운 종직선의 일부를 세로변으로 하고, 계획선의 C_p와 기준선의 C_p의 차(이 경우 0.1)를 아랫변으로 하는 역직각삼각형을 그림 3-10과 같이 그려 넣는다.

③ 각 스퀘어 스테이션에 세운 종직선과 기준선의 프리스마틱 곡선과의 교점(그림 3-10의 ○ 표시)을 통하는 수평선을 F.P.와 A.P.의 종직선까지 그어 넣는다.

④ 각 수평선이 역직각삼각형과 접하는 폭을 그림 3-10의 역직각삼각형내의 화살표(⟷)와 같이 구한다.

⑤ 계획선의 C_p가 기준선의 C_p보다 클 경우(계획선의 C_p > 기준선의 C_p)는 그림 3-10과 같이 각 수평선에 있어서 기준선의 프리스마틱 곡선(그림 3-10의 ○표시)으로부터 역직각삼각형 내의 화살표의 폭만큼 바깥쪽으로 이동한 점(그림 3-10의 ●표시)을 구한다.

⑥ 계획선의 C_p가 기준선의 C_p보다 작을 경우(계획선의 C_p< 기준선의 C_p)는 각 수평선이 있는 곳에서 기준선의 프리스마틱 곡선으로부터 역직각삼각형 내의 화살표의 폭만큼 안쪽으로 이동한 점을 구한다.

⑦ 이 ●표시의 점을 이으면 계획선의 프리스마틱 곡선을 얻을 수 있다.

그리고 또, 여기에서는 개념도로서 이해하기 쉽게 표시하기 위하여 계획선의 C_p와 기준선의 C_p의 차를 0.1과 같이 크게 잡아서 표시하고 있지만, 실제로는 될 수 있는 한 작게 잡는 것이 좋다.

3.3.3 종방향부력중심 위치(lcb)의 변화에 의한 프리스마틱 곡선의 수정 방법

주형계수 C_p가 똑 같아도 선체중앙부⊗보다 선미부가 여위고 선수부를 향해서 용적이 부풀어 살찐 배가 있다면, 반대로 선체중앙부⊗ 보다 선수부가 여위고 선미부로 갈수록 살찐 배도 있을 수 있다. 이것은, 앞에서도 말 한바와 같이 선체저항의 견지로 본다면 종방향부력중심의 위치(l_{cb})가 저속선인 경우는 선체중앙부⊗보다 앞쪽에, 고속선인 경우는 뒤쪽에 있는 것이 유리하다고 여기고 있기 때문이다. 그 때문에 같은 C_p의 배들끼리라도 종방향부력중심의 위치(l_{cb})에 의하여 그림 2-17에서 본바와 같이 프리스마틱 곡선이 다르다.

여기에서는 기준선과 계획선이 주형계수 C_p는 같아도 종방향부력중심의 위치(l_{cb})가 다를 경우에 프리스마틱 곡선을 수정하는 방법에 대하여 설명한다.

그림 3-11에 그 수정 방법의 개념도를 보인다.

그림 3-11에 있어서 G_R는 기준선(Reference Ship)의 중심위치를 보이고 있고,

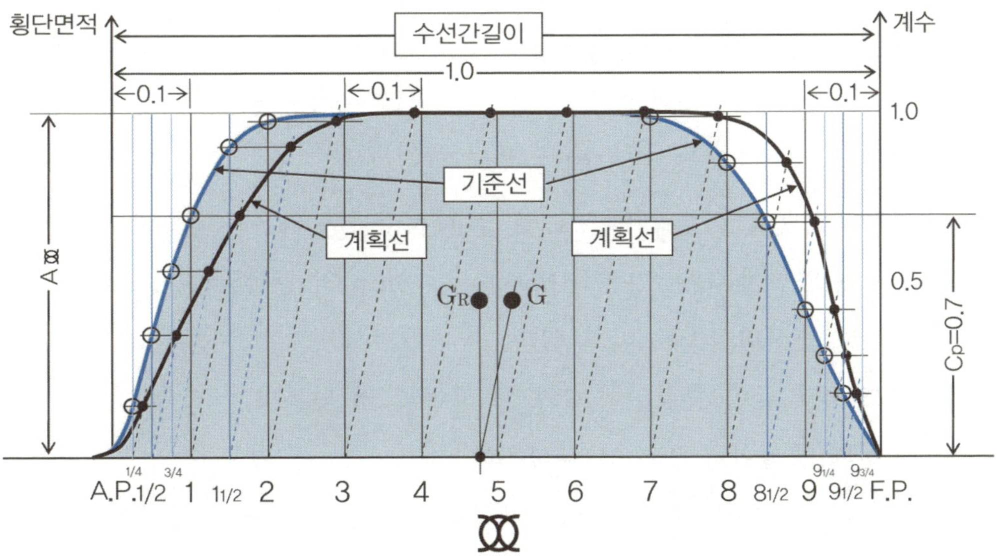

▶▶▶ 그림 3-11 l_{cb}의 변화에 의한 프리스마틱 곡선의 수정 방법

G는 계획선의 중심위치를 보이고 있다.

프리스마틱 곡선의 수정은 다음과 같은 순서로 한다.

① 기준선의 프리스마틱 곡선이 나타내는 범위내(그림 3-11의 색 칠한 부분)의 중심위치(가로축에 대한 높이와 선체중앙부⊗에서의 전후 위치) G_R를 구하고 그림 3-11과 같이 그려 넣는다.

② 계획선의 중심위치 G도 그려 넣는다.

③ 기준선의 중심위치 G_R를 통과하는 수직선을 긋고, 가로축과의 교점을 구한 후 이 점에서 계획선의 중심위치 G를 통과하는 사선을 긋는다.

④ 각 스퀘어 스테이션의 위치에 있어서 종직선의 원점으로부터 이 사선에 평행한 선(그림 3-11에서는 파선)을 긋는다.

⑤ 각 스퀘어 스테이션의 종직선과 기준선의 프리스마틱 곡선이 교차하는 점(그림 3-11의 ○표시)을 구한다.

⑥ 그 점을 통과하는 평행선을 긋고, 종직선의 원점으로부터 그은 사선과의 교점(그림 3-11의 ●표시)을 구한다.

⑦ 이들의 ●표시 점을 이으면 계획선의 프리스마틱 곡선을 얻을 수 있다.

다른 수정 방법의 개념도를 그림 3-12에 보인다.

프리스마틱 곡선을 다른 방법으로 수정하는 순서는 다음과 같다.

그림 3-12에 있어서 G_R는 기준선(Reference Ship)의 중심위치를 보이고 있고, G는 계획선의 중심위치를 보이고 있다.

① 그림 3-11과 같이 중심위치 G_R를 구하여 그려 넣는다.

② 계획선의 중심위치 G도 그려 넣는다.

③ 가로축과 선체중앙부⊗에서의 종직선과의 교점으로부터 기준선의 중심위치 G_R를 통과하는 사선(그림 3-12에서는 일점쇄선)과 계획선의 중심위치 G를

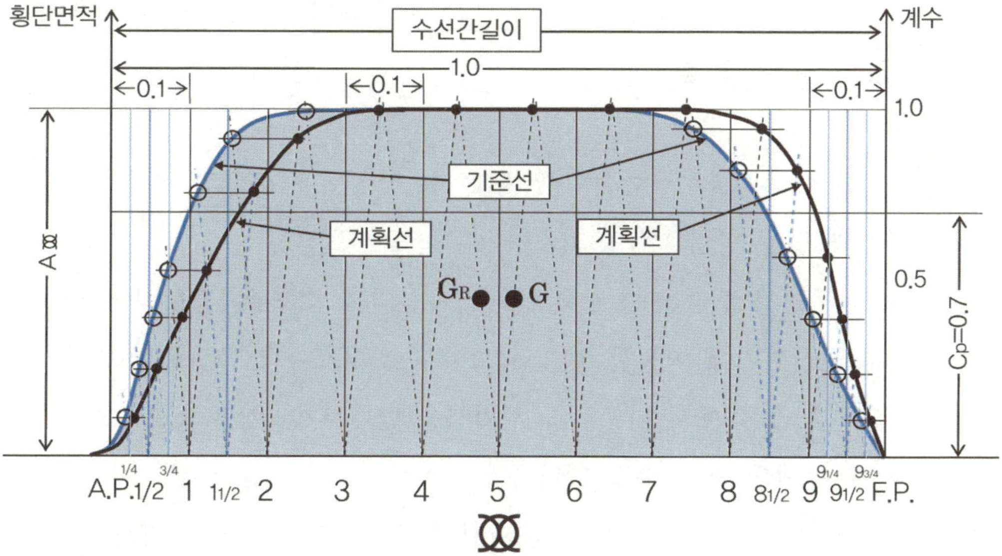

▶▶▶ 그림 3-12 l_{cb}의 변화에 의한 프리스마틱 곡선의 다른 수정 방법

통과하는 사선(그림 3-12에서는 파선)을 긋는다.

④ 각 스퀘어 스테이션의 위치에 있어서 종직선의 원점으로부터 이 사선에 평행한 선(그림 3-12에서는 일점쇄선과 파선)을 긋는다.

⑤ 각 스퀘어 스테이션에 있어서 종직선의 원점으로부터 그은 일점쇄선과 기준선의 프리스마틱 곡선이 교차하는 점(그림 3-12의 ○표시)을 구한다.

⑥ 그 점을 통과하는 평행선을 긋고, 종직선의 원점으로부터 그은 파선인 사선과의 교점(그림 3-12의 ●표시)을 구한다.

⑦ 이들의 ●표시 점을 이으면 계획선의 프리스마틱 곡선을 얻을 수 있다.

3.3.4 C_P와 종방향부력중심 위치(l_{cb})의 변화에 의한 프리스마틱 곡선의 수정 방법

계획선의 C_p와 종방향부력중심의 위치(l_{cb})의 양쪽이 기준선의 그것과 다른 경우에는 다음과 같은 방법으로 프리스마틱 곡선을 구한다.

① 우선, 전절에서 보인 방법에 의하여 기준선의 종방향부력중심의 위치(l_{cb})가 새로운 중심위치에 이동한 것으로 보아서 프리스마틱 곡선을 구한다. 그림 3-13은 그림 3-12에서 기준선과 계획선을 반대로 한 경우의 프리스마틱 곡선의 수정 예를 보여 주고 있다.

② 그림 3-13에서 얻을 수 있었던 계획선의 프리스마틱 곡선을 기준선의 프리스마틱 곡선으로 가정하고, 「3.3.2 기준선의 프리스마틱 곡선을 이용하는 방법」으로 계획선의 프리스마틱 곡선을 구하면 그림 3-14와 같게 된다. 그

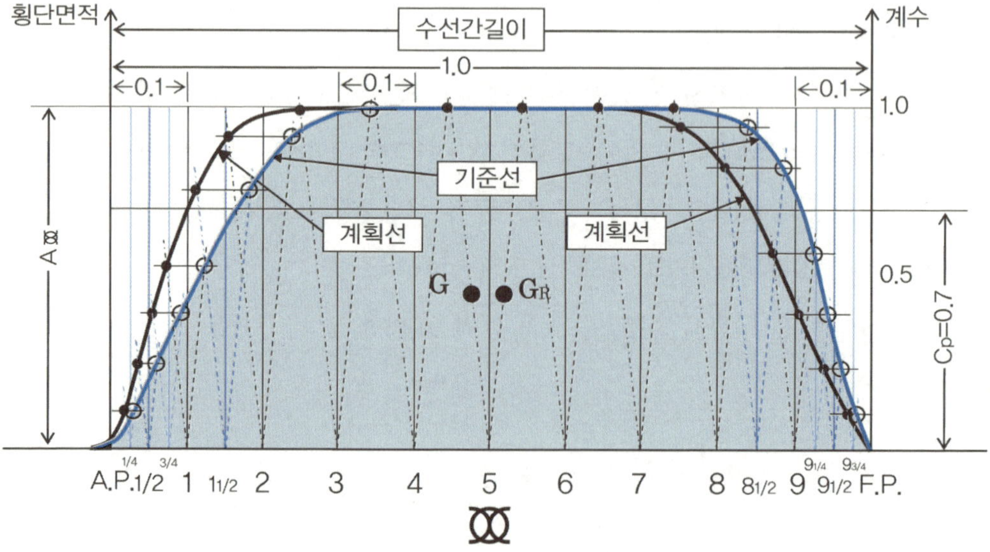

▶▶▶ 그림 3-13 l_{cb}의 변화에 의한 프리스마틱 곡선의 수정

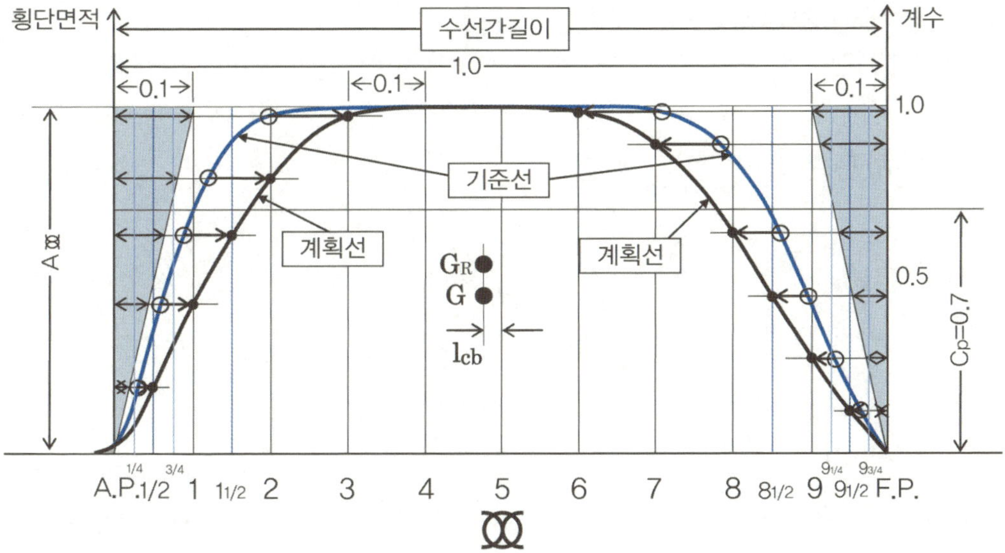

▶▶▶ 그림 3-14 l_{cb}는 변함없이 C_p의 변화에 의한 프리스마틱 곡선의 수정

림 3-14는 기준선이 $C_p = 0.8$에 대하여 계획선이 $C_p = 0.7$인 경우의 프리스마틱 곡선을 보여주고 있다.

당연하지만, 그림 3-14에 있어서 기준선(Reference Ship)의 중심위치 G_R는 계획선의 중심위치 G로 이동하지만, l_{cb}의 위치는 변함이 없다

3.3.5 프리스마틱 곡선과 구상선수부와의 관계

프리스마틱 곡선은 선체의 각 스퀘어 스테이션에서의 횡단면적을 선체 길이 방향으로 분포한 상태를 보이고 있다. 따라서 선수부가 구상선수(Bulbous Bow)로 되고 있는 배는 선수수선(F.P.)의 위치에서도 일정한 횡단면적을 가지고 있기 때문에 프리스마틱 곡선은 그 위치에서 그 크기를 나타내고 있고, 벌브(Bulb)의 맨 앞에 이르기까지 벌브의 횡단 면적을 표시하고 있다(그림 2-18, 그림 2-20 참조).

3.4 선체선도(Lines)를 그리는 방법

3.4.1 사전준비의 검토 사항

선체선도를 그리기 시작하기 전의 준비로서 다음과 같은 필요 사항에 대하여 검토하여 미리 결정해 두어야 한다.

필요 사항

① 주요치수(L_{pp}, B_{mld}, D_{mld}, d_{mld})

여기에서도 L_{pp}를 L, 형폭 B_{mld}를 B, 형깊이 D_{mld}를 D, 형흘수 d_{mld}를 d로 표시한다. : 제1장 참조

② 종방향부력중심의 위치(l_{cb}) : 전절참조

③ 선형계수 : 제2장 참조

④ 선수형상과 선미골재(Stern Frame)의 형상을 포함한 선미형상

⑤ 프로펠러축(Propeller Shaft)의 중심선높이

⑥ 계획만재흘수선(DLWL)이하의 중앙횡단면형상

⑦ 캠버(Camber)와 현호(Sheer)

⑧ 상갑판선측선과 상갑판중심선의 기선(Base Line)으로부터의 높이

⑨ 불워크(舷墻 : Bulwark)와 선수초크(Bow Chock)높이

⑩ 이븐 키일(Even Keel)또는 설계 트림(Designed Trim)

⑪ 기타, 타(Rudder : 「키」라고도 함)나 프로펠러(Propeller) 형상

⑫ 개략적인 일반배치도

등

새로 건조하는 배는 그 선형에 의하여 추진 성능, 조종 성능 또는 파랑중 운동 성능 등이 정해지기 때문에 선체선도를 그리기 시작하기 전에 이 성능들에 대하여 검토 해 놓아야 한다. 바꿔 말하면, 선체선도의 제도는 선체의 여러 성능을 확정하는 작업이며, 따라서, 완성된 선체선도로서 건조하는 배의 여러 성능을 추정할 수 있도록 해 두는 것은 가장 중요한 일이다.

구체적으로는, 건조하는 배는 선주요구인 재화중량이나 선속 등을 만족하여야 하고, 선체선도는 속력 · 마력계산, 프로펠러(Propeller) 형상이나 키의 면적 · 형상을 포함한 선미형상, 선체주변의 유장(Flow Filed) 현상 또는 파랑 중 저항 증가 등을 고려하면서 제도하게 된다.

여기에서는 이러한 여러 성능에 관한 검토 결과 후에 선체선도를 그리는 방법에 대하여 이하 순서에 따라 설명한다.

3.4.2 계획만재흘수선이하의 중앙횡단면형상

선체선도는 계획만재흘수선(DLWL)이하의 중앙횡단면형상을 결정하고 그 형상을 그리는 것으로부터 시작한다.

중앙횡단면형상은 계획선의 선속 등의 관계로 선형계수인 중앙횡단면적계수 $C_{\otimes}$의 결정에 근거하여 그려지지만 선체중앙부$\otimes$에 있어서의 강도부품(Structual Member)인 늑골(Frame)의 형상도 결정짓는 것이다.

또한 중앙횡단면형상의 결정은 선저구배(Bottom Gradient)의 유무나 만곡부(Bilge Part) 형상을 결정짓고, 선체의 앞뒤(전후) 형상에도 영향을 주기 때문에 신중한 검토가 요구 된다.

3.4.2.1 선저구배가 작거나 없는 경우(빌지 서클을 1/4 원호로 근사할 수 있는 경우)

여기에서는, 선체중앙부⊗에서 선저선(Floor Line)과 선측선을 연결하는 빌지 서클(Bilge Circle)이 1/4 원호로 근사할 수 있을 경우 계획만재흘수선(DLWL)이하의 중앙횡단면형상을 구하는 방법에 대하여 설명한다. 이 경우는 경사를 가진 선저선과 1/4 원호의 빌지 서클이 거의 매끄럽게 맺어지는 것이 조건이기 때문에 따라서 선저구배가 작은 경우에만 적용 할 수 있다.

주요치수인 B, d와 중앙횡단면적계수 $C_{⊗}$이 주어져 있기 때문에 중앙횡단면적 $A_{⊗}$은 다음 식으로 구할 수 있다.

$$A_{⊗} = C_{⊗} \times B \times d$$

그림 3-15에 있어서 만곡부 반경(Bilge Radius) R과 선저외판(Bottom Plating)의 수평길이 b가 이미 주어진 것으로서 선저구배높이(Rise of floor or Dead Rise)를 구하고, 흘수 이하의 중앙횡단면형상의 윤곽을 표시할 경우는 다음과 같은 계산 방법에 따른다.

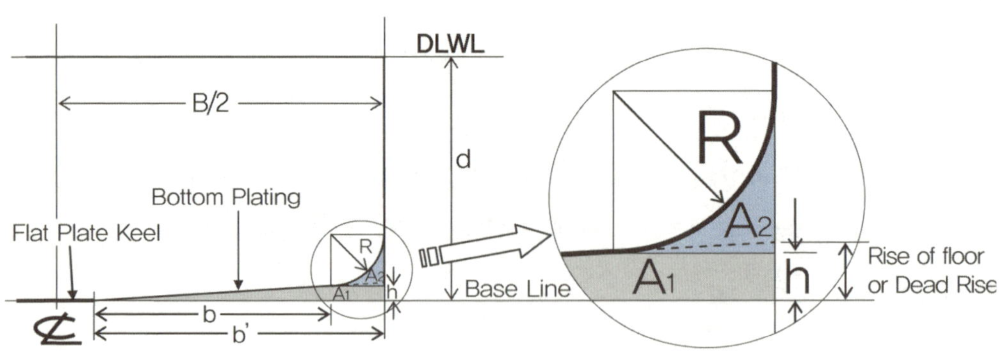

▶▶▶ 그림 3-15 빌지 서클이 1/4 원호로 근사할 수 있는 경우의 선저부 중앙횡단면형상

기선(Base Line)으로부터 선저외판과 만곡부와의 접점까지의 높이를 h라 하면 선저부의 면적 A_1과 만곡부의 면적 A_2는 다음 식으로 구할 수 있다.

$$A_1 = b \times h/2 + R \times h$$

$$A_2 = R^2 - \pi R^2/4$$

이 결과를 이용하면 그림 3-15로부터 중앙횡단면적 $A_{\otimes}$은 다음 식으로도 구할 수 있다.

$$A_{\otimes} = B \times d - 2(A_1 + A_2)$$

따라서 중앙횡단면적 $A_{\otimes}$을 구하는 2개의 식으로부터 다음 식을 얻을 수 있다.

$$B \times d - 2(A_1 + A_2) = C_{\otimes} \times B \times d$$

이 식으로부터 h를 구하면 다음식과 같이 된다.

$$h = \frac{(1 - C_{\otimes}) \times B \times D - 2R^2 \times (1 - \pi/4)}{b + 2R}$$

이 h를 이용하면 선저구배높이(Rise of floor or Dead Rise : 여기에서는 Rf로 표시 한다)는 다음 식으로 부터 간단히 구할 수 있다.

$$\text{(Rise of floor) } Rf = \frac{h \times (b + R)}{b}$$

한편 평판용골(Flat Plate Keel)의 옆(선저경사의 출발점 : Starting Point of

Inclined Bottom)으로부터 선측까지의 길이 b′와 선저구배높이 Rf가 주어져서 만곡부반경 R을 구하고, 흘수이하의 중앙횡단면형상의 윤곽을 표시할 경우는 다음과 같이 계산한다.

상기의 A_1의 식에 있어서 $b+R=b'$, $h=Rf\times(b'-R)/b'$로 바꿔 놓아서 만곡부반경 R을 구한다.

$$R^2=\frac{(1-C_{\otimes})\times B\times d-Rf\times b'}{2(2-\pi/4)-Rf/b'}$$

만곡부 반경 R은 제곱근으로서 플러스 또는 마이너스의 값으로 구할 수 있으나 이 경우는 플러스의 값만을 구하면 된다.

또한 선저구배가 없는 경우는 $h=0$ 또는 $Rf=0$이기 때문에 위식으로부터 간단히 만곡부 반경 R을 구할 수 있다.

3.4.2.2 선저구배가 큰 경우(빌지 서클을 1/4 원호로 근사할 수 없는 경우)

선저구배를 크게 하면 선저선과 매끄럽게 맺어지는 빌지 서클은 1/4 원호보다도 작아진다. 이 경우는 이하와 같은 방법으로 계획만재흘수선(DLWL)이하의 중앙횡단면형상을 구하여야 한다.

그림 3-16에서 보는바와 같이 선저구배가 비교적으로 커지면 선저선과 빌지 서클이 매끄럽게 접촉(직선과 원호의 접점. 그림 3-16의 a점) 하기 위하여서는 빌지 서클이 1/4 원호보다도 작아진다. 그 때의 빌지 서클의 길이는 그림 3-16의 원호 ab와 다름없다. 여기서 θ는 빌지 서클이 선저선 및 선측선과 접할 때의 그림 3-16의 점c를 중심으로 하는 빌지 서클 원호의 중심각이다. 또한 이 θ는 선저선과 선측선과의 사이의 내각이기도 하다.

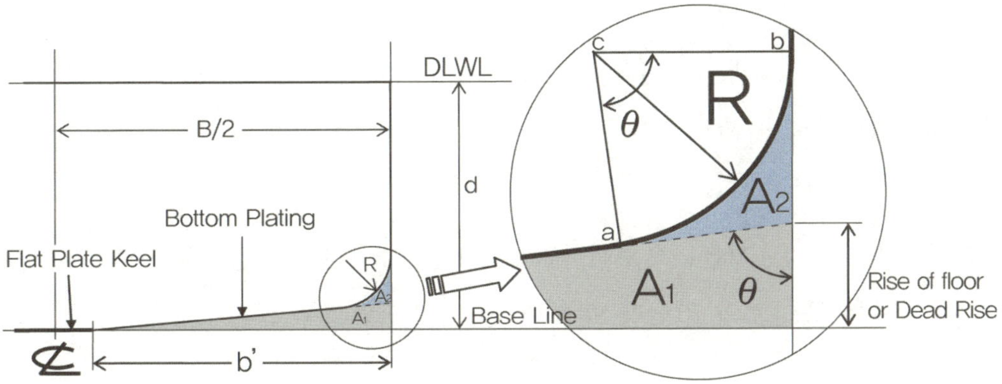

▶▶▶ 그림 3-16 빌지 서클이 1/4 원호로 근사할 수 없는 경우의 선저부 중앙횡단면형상

선저구배높이 Rf와 평판용골의 옆(선저경사의 출발점)에서 선측까지의 길이 b′가 이미 주어진 것으로서 만곡부반경 R을 구하고, 흘수 이하의 중앙횡단면형상의 윤곽을 표시할 경우는 다음과 같은 계산 방법에 따른다.

그림 3-16에서 선저부의 면적 A_1과 만곡부의 면적 A_2는 다음 식으로 구할 수 있다.

$$A_1 = Rf \times b'/2$$

$$A_2 = R^2 \tan\frac{\theta}{2} - \pi\frac{\theta}{360}R^2$$

$$= R^2(\tan\frac{\theta}{2} - \pi\frac{\theta}{360}) \ (\theta\text{가 각도인 경우})$$

$$= R^2(\tan\frac{\theta}{2} - \frac{\theta}{2}) \ (\theta\text{가 라디안인 경우})$$

또한 $B \times d - 2(A_1 + A_2) = C_{\otimes} \times B \times d$이기 때문에 이 관계식을 이용하면 만곡부 반경 R은 다음 식으로 구할 수 있다.

$$R^2 = \frac{(1 - C_{\otimes}) \times B \times d - Rf \times b'}{2(\tan\frac{\theta}{2} - \frac{\theta}{2})}$$

여기서, θ는 라디안

만곡부 반경 R은 제곱근으로서 플러스 또는 마이너스의 값으로 구할 수 있으나 이 경우는 플러스의 값만을 구하면 된다.

3.4.3 캠버형상을 그리는 방법

선체중앙부⊗에 있어서 상갑판은 선측보다 선체중심선℄쪽을 높게 하여 구부러지게 하고 있지만 이 구부러짐을 캠버(Camber)라 하고, 구부러진 형상을 캠버 형상(Camber Curve or Curve of Deck Beam) 이라고 말한다. 상갑판에 캠버를 붙이는 것은 갑판상의 배수가 잘 되도록 하는데 목적이 있다.

또한 캠버의 구부러짐의 크기는 캠버 높이에 의하여 결정되지만, 캠버 높이(Height of Camber)는 선체의 최대폭 양선측(일반적으로는 선체중앙부⊗)에 있어서 상갑판보(Upper Deck Beam)표면을 나타내는 선(Molded Deck Line)과 늑골(Frame)외면을 나타내는 선(Molded Frame Line)과의 양쪽교점을 통하는 선(「제1장 1.5 갑판선」 참조) 다시 말하여 형깊이 선(Molded Depth Line)으로부터 선체중심선℄ 위의 상갑판보 표면까지를 말한다. 여기에서는 캠버 높이를 $h_{\otimes}$로 표시한다.

캠버 형상은 일반적으로는 원호 또는 유사원호의 형상을 하고 있고, 배에 따라서는 이것에 가까운 직선을 연속한 형상인 것도 있다.

선체중앙부⊗에서 폭로 갑판(Exposed Deck)의 캠버 높이는 선체중심선℄이 통하는 곳을 취하고 배 폭의 약 1/50을 표준으로 하고 있다. 또한 제2갑판 (Second Deck)이나 그 이하의 갑판은 표준 이하나 객선과 같이 거주 구가 있는 곳은 캠버를 붙이지 않을 수도 있다.

캠버 형상은 일반적으로는 선체 선도에 그려 나타내고 있지는 않지만 선체 선도에 상갑판 중심선을 그려 나타내기 위하여서는 각 스퀘어 스테이션에서 캠버 형상과의 정합성이 필요하기 때문에 그 그리는 방법에 대하여 설명하기로 한다. 또한 그리는 방법에는 여러 가지 있지만 대부분은 현도장에서 이용하는 것이 많다. 여기에서는 대표적인 것에 대하여 설명하기로 한다.

설계실 등에서 계산으로 캠버 형상이나 또는 각 스퀘어 스테이션에 있어서의 캠버 형상과 그 높이를 구하려면 2차원곡선을 이용하는 것이 편리하다.

3.4.3.1 2차 곡선을 이용한 캠버 형상을 그리는 방법

그림 3-17에서 보는바와 같이 형깊이 선(Molded Depth Line)을 나타내는 수평선을 y축으로 잡고 선체중심선℄과의 교점을 원점 0으로 하여 위쪽으로 z축

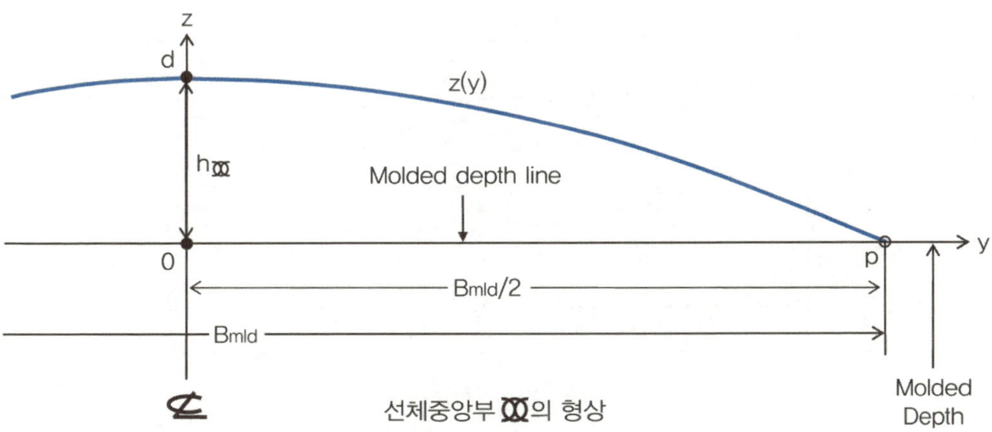

▶▶▶ 그림 3-17 2차 곡선을 이용한 캠버 형상

을 잡는다. 캠버 높이 $h_{\otimes}$를 z축으로 잡으면 원점 0으로부터 점 d까지의 높이가 캠버 높이가 된다.

2차 곡선을 이용한 캠버 형상은 다음식과 같이 된다.

$$z(y) = h_{\otimes}\left\{1-\left(\frac{y}{B_{mld}/2}\right)^2\right\}$$

여기서, z(y)는 캠버 형상

y는 원점 0으로부터 반형폭($B_{mld}/2$)까지의 임의의 길이

3.4.3.2 정원호 캠버 형상을 그리는 방법(그 1)

정원호의 캠버 형상은 그림 3-18과 같이 캠버 높이를 $h_{\otimes}$로 하면 그 형상은 다음과 같은 순서로 구할 수 있다.

① 형깊이 선(Molded Depth Line) 을 나타내는 수평선 ab를 긋는다.

② 선체중심선℄ 위에 수평선 ab와의 교점 c로부터 캠버 높이 $h_{\otimes}$를 표시하는 점 d를 정한다.

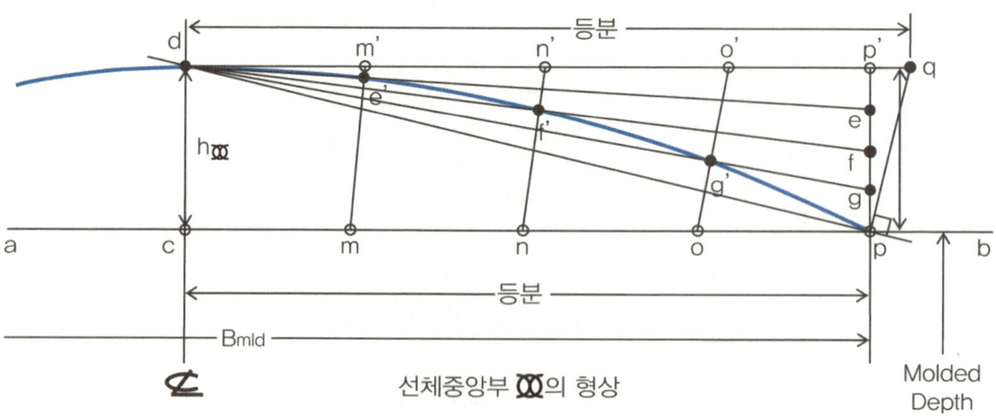

▶▶▶ 그림 3-18 정원호 캠버 형상(그1)

③ 수평선 ab상에 선체중심선℄으로부터 반형폭(B_{mld}/2)인 곳에 점 p를 정한다.

④ 점 d와 점 p를 잇는 직선 dp를 긋는다.

⑤ 점 p로부터 직선 dp에 수직선을 세우고, 점 d를 통과하고 수평선 ab에 평행한 직선과의 교점 q를 구한다.

⑥ 선체중심선℄ 위의 점 c로부터 반형폭(B_{mld}/2)인 점 p까지 등분(그림 3-18은 4등분)한 점 m, n 및 o를 구한다.

⑦ 또한 선체중심선℄ 위의 점 d로부터 점 q까지 등분(그림 3-18은 4등분)한 점 m′, n′ 및 o′를 구한다.

⑧ 점 m과 점 m′를 잇는 직선, 점 n과 n′를 잇는 직선 그리고 점 o와 o′를 잇는 직선을 긋는다.

⑨ 점 p로부터 수평선 ab에 수직선을 세우고, 직선 dq과의 교점 p′을 정하고, 점 p로부터 점 p′까지 등분(그림 3-18은 4등분)한 점 e, f 및 g를 구한다.

⑩ 점 d와 점 e, f 및 g를 잇는 직선을 각각 긋는다.

⑪ 직선 mm′와 직선 de와의 교점 e′, 직선 nn′와 직선 df와의 교점 f′ 및 직선 oo′와 직선 dg와의 교점 g′를 각각 구한다.

⑫ 점 d, e′, f′, g′ 및 p를 곡선으로 이으면 정원호인 캠버 형상이 얻어 진다.

3.4.3.3 정원호 캠버 형상을 그리는 방법(그 2)

그림 3-19에 보이는 방법으로도 정원호의 캠버 형상을 구할 수 있다. 캠버 높이를 h℄라 하면 그 순서는 다음과 같다.

① 형깊이 선(Molded Depth Line) 을 나타내는 수평선 ab를 긋는다.

② 선체중심선℄ 위에 수평선 ab와의 교점 c로부터 캠버 높이 h℄을 나타내는 점 d를 정한다.

③ 수평선 ab 상에 선체중심선℄으로부터 반형폭(B_{mld}/2)인 곳에 점 p를 정한다.

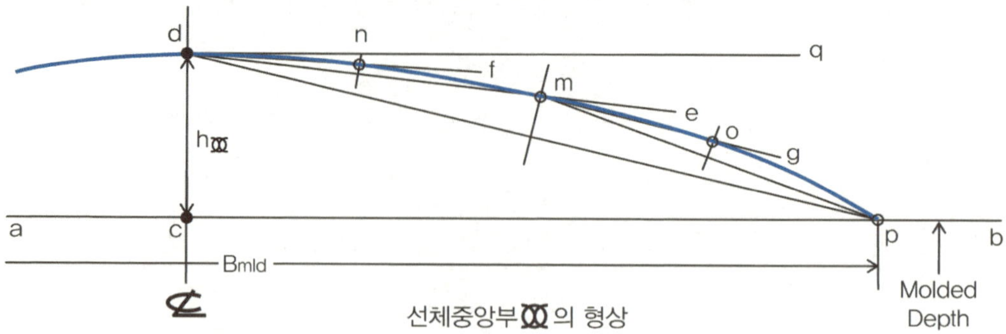

▶▶▶ 그림 3-19 정원호 캠버 형상(그2)

④ 점 d와 점 p를 잇는 직선 dp를 긋는다.

⑤ 점 d를 통과하고 수평선 ab에 평행한 직선 dq를 구한다.

⑥ ∠qdp의 2등분선 e와 직선 dp의 수직2등분선의 교점 m을 구한다.

⑦ ∠qde의 2등분선 f와 직선 dm의 수직2등분선의 교점 n을 구한다.

⑧ ∠emp의 2등분선 g와 직선 mp의 수직2등분선의 교점 o를 구한다.

⑨ 점 d, n, m, o 및 p를 곡선으로 이으면 정원호인 캠버 형상이 얻어 진다.

3.4.3.4 의사원호 캠버 형상을 그리는 방법(그 1)

그림 3-20에서 보는바와 같이 캠버 높이 h⊗와 그것을 반경으로 하는 원호를 각각 등분해서 얻을 수 있는 점을 이용하면 캠버의 형상은 다음과 같은 순서로 구할 수 있다.

① 형깊이 선(Molded Depth Line) 을 나타내는 수평선 ab를 긋는다.

② 선체중심선℄과 수평선 ab와의 교점 c를 중심으로 하여 캠버 높이 h⊗(cd)를 반경으로 하는 반원 또는 1/4원을 그린다.

③ 수평선 ab상에 캠버 높이 h⊗(cd)인 반경을 등분(그림 3-20은 4등분)한 점 e, f, g를 구한다.

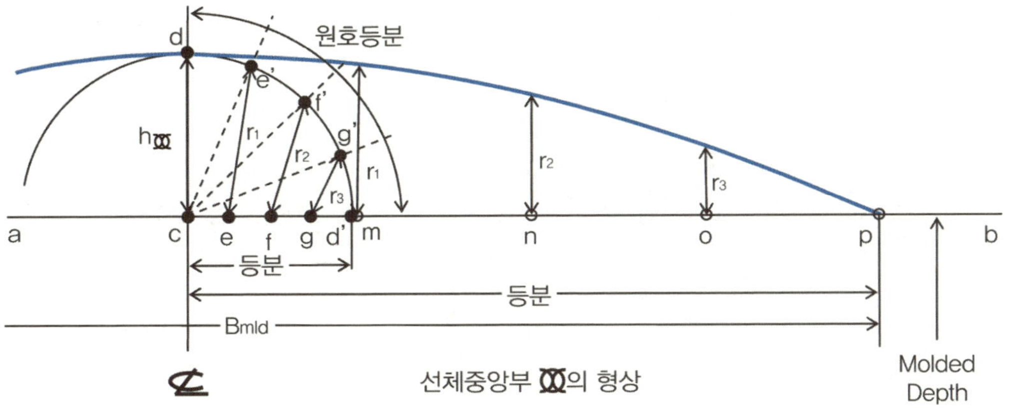

▶▶▶ 그림 3-20 의사원호 캠버 형상(그1)

④ 원호 dd′를 등분(그림 3-20은 4등분)한 점 e′, f′, g′를 구한다. 그림 3-20은 4등분하고 있으므로 원호를 4등분하는 각도는 22.5°이다.

⑤ 점 e와 e′를 잇는 r_1, 점 f와 f′를 잇는 r_2 또한 점 g와 g′를 잇는 r_3을 구한다.

⑥ 선체중심선℄ 위의 점 c로부터 반형폭($B_{mld}/2$)의 곳인 점 p까지 등분(그림 3-20은 4등분)한 점 m, n 및 o를 구한다.

⑦ 점 m, n, o에 원호에서 구한 r_1, r_2 및 r_3을 수직방향으로 세운다.

⑧ 선체중심선℄ 위의 점 d 로부터 r_1, r_2 및 r_3의 정점(頂点)을 통과하고 점 p까지를 이으면 캠버 형상을 얻을 수 있다.

3.4.3.5 의사원호 캠버 형상을 그리는 방법(그 2)

그림 3-21에서 보는바와 같이 여기에서는 캠버 높이 h⊗(cd)를 반경으로 하는 반원 또는 1/4 원의 원호를 등분하여 얻을 수 있는 점을 이용하여 캠버의 형상을 구하는 순서에 대하여 설명한다.

① 형깊이 선(Molded Depth Line) 을 나타내는 수평선 ab를 긋는다.

② 선체중심선℄과 수평선 ab와의 교점 c를 중심으로 하여 캠버 높이 h⊗(cd)

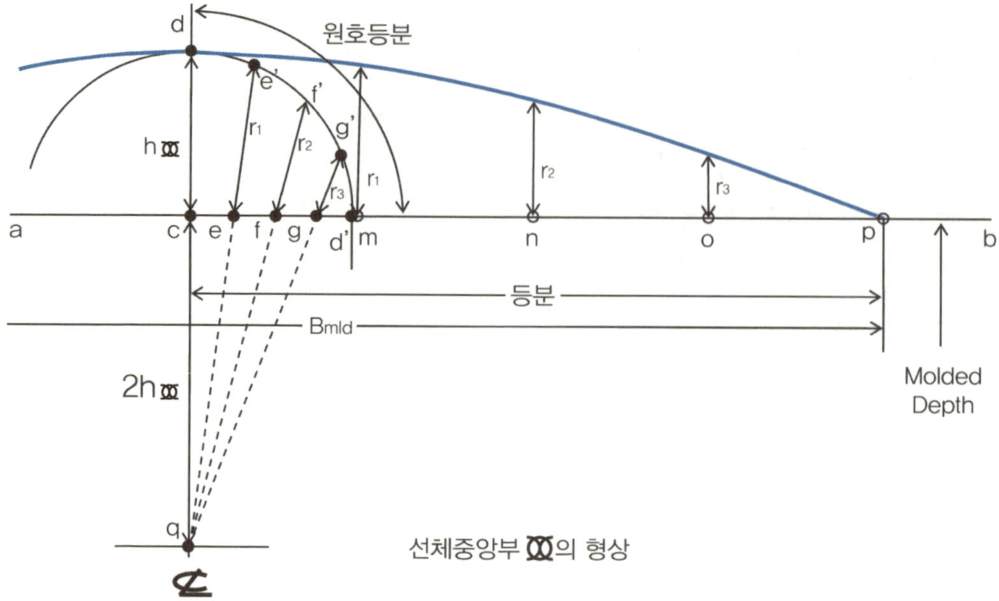

▶▶▶ 그림 3-21 의사원호 캠버 형상(그2)

를 반경으로 하는 반원 또는 1/4원을 그린다.

③ 선체중심선℄ 위의 교점 c로부터 2h⊠만 아래쪽으로 점 q를 정한다.

④ 원호 dd′를 등분(그림 3-21은 4등분)한 점 e′, f′, g′ 를 구한다. 그림 3-21은 4등분하고 있으므로 원호를 4등분하는 각도는 22.5°이다.

⑤ 점 q로부터 점 e′, f′, g′를 통하는 직선을 긋고 수평선 ab와의 교점 e, f 및 g를 구한다.

⑥ 그리고 점 e와 e′를 잇는 직선 r_1, 점 f와 f′을 잇는 직선 r_2 및 점 g와 g′를 잇는 직선 r_3를 구한다.

⑦ 선체중심선℄ 위의 교점 c로부터 반형폭($B_{mld}/2$)인 곳의 점 p까지 등분(그림 3-21은 4등분)한 점 m, n 및 o를 구한다.

⑧ 점 m, n, o에 원호에서 구한 r_1, r_2 및 r_3을 수직방향으로 세운다.

⑨ 선체중심선℄ 위의 점 d로부터 r_1, r_2 및 r_3의 정점을 통과하고 점 p까지를

이으면 캠버의 형상을 얻을 수 있다.

그림 3-21은 위③에서 보는바와 같이 선체중심선℄ 위의 교점 c로부터 2h⊗만큼 아래쪽인 점 q를 정했을 경우를 나타내고 있지만, 교점 c로부터 1.3h⊗나 또는 1.5h⊗만큼 아래쪽으로 점 q를 정하여 같은 방법으로 캠버 형상을 구할 수도 있다.

또한 점 d′로부터 2h⊗인 길이로 선체중심선 위에서 교차하는 점 q를 정하고, 이 점에서 반경cd′(=h⊗)을 등분(그림 3-21은 4등분)한 점 e, f, g를 통과하고 원호와 교차하는 점 e′, f′, g′를 구한다. 그리고 지금까지와 같이 점 e와 e′를 잇는 직선 r_1, 점 f와 f′를 잇는 직선 r_2 및 점 g와 g′를 잇는 직선 r_3을 구하여 등분 점 m, n, o에 세워 그 정점을 이으면 캠버 형상을 얻을 수 있다.

3.4.3.6 직선 캠버 형상을 그리는 방법

탱커(tanker)와 같은 대형선박인 경우는 그림 3-22에서 보는바와 같은 직선적인 캠버를 일반적으로 붙인다.

선체중앙부⊗에서의 캠버 높이를 h⊗로 잡으면 캠버 형상을 그리는 순서는 다음과 같다.

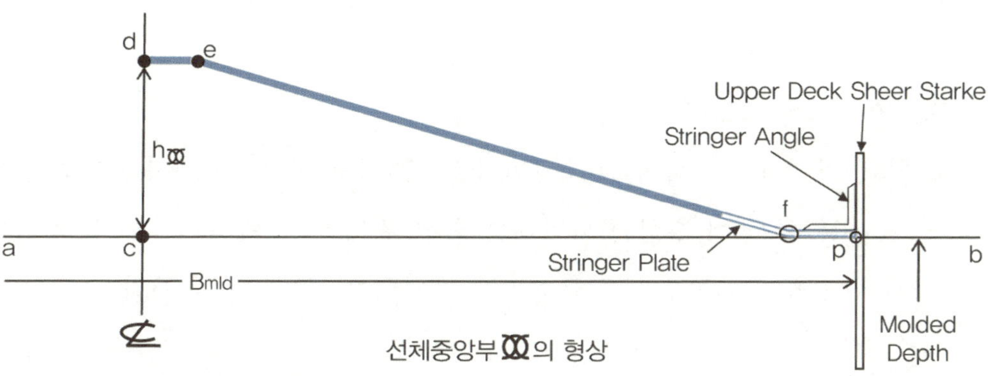

▶▶▶ 그림 3-22 직선 캠버 형상

① 형깊이 선(Molded Depth Line)을 나타내는 수평선 ab를 긋는다.

② 선체중심선℄ 위에 수평선 ab와의 교점 c로부터 캠버 높이 $h_{\otimes}$을 나타내는 점 d를 정한다.

③ 수평선 ab 위에 선체중심선℄에서 반형폭(B_{mld}/2)인 곳의 점 p를 정한다.

④ 점 d로부터 갑판 심(seam : 종이음)의 용접 개소에서 너클(knuckle) 같이 꺾인 점 e를 정한다.

⑤ 상갑판 선측외판(Upper Deck Sheer Strake)과 스트링거판(Stringer Plate)의 연결을 쉽게 하고 스트링거 L-형재(Stringer Angle)의 꺾어진 각도를 예각으로 하지 않기 위해서 스트링거판의 점 f에 너클(knuckle)을 넣는다.

⑥ 점 d, e, f 및 p의 사이를 직선으로 연결하면 직선 캠버 형상을 얻을 수 있다.

3.4.3.7 각 스퀘어 스테이션에서의 캠버 형상을 그리는 방법

지금까지는 선체중앙부⊗에서 캠버 높이를 $h_{\otimes}$로 했을 때의 캠버 형상을 그리는 방법에 대하여 설명 해 왔다. 여기에서는 얻어진 선체중앙부⊗의 캠버 형상을 이용하여 각 스퀘어 스테이션에 있어서의 캠버 형상을 구하는 방법에 대하여 설명한다. 다만 반폭선도에 있어서 상갑판 선측선이 정해지고 각 스퀘어 스테이션에 있어서의 반형폭(B_{mld}(No. of S.S.)/2)이 주어졌을 경우를 다룬다.

1) 도식(図式)에 의하여 구하는 방법

① 그림 3-23에서 보는바와 같이 선체중앙부⊗에서 캠버 높이를 $h_{\otimes}$로 하여 얻을 수 있었던 캠버 형상을 나타내는 곡선 위에 각 스퀘어 스테이션에 있어서의 반형폭(B_{mld}(No. of S.S.)/2)에 해당하는 j점(그림 3-23의 ○표시)을 구한다.

② 이 점에서 형깊이 선에 평행선 ij를 긋는다.

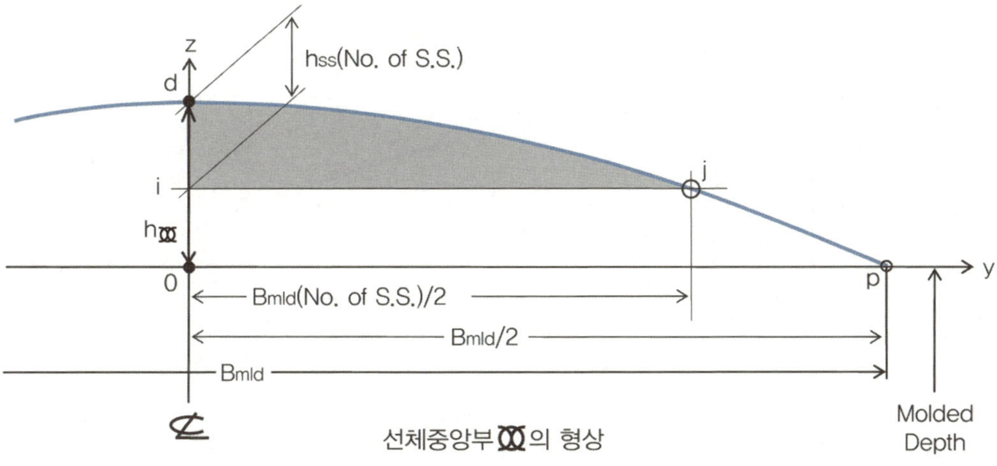

▶▶▶ 그림 3-23 도식에 의한 각 스퀘어 스테이션에서의 캠버 형상

③ 그림 3-23에서 평행선 ij 보다 상부가 해당하는 스퀘어 스테이션에서의 캠버 형상을 나타내고 있어, 그 캠버 높이는 id 즉 그림중의 h_{SS}(No. of S.S.)로 된다.

2) 2차 곡선을 이용하여 구하는 방법

「3.4.3.1 2차 곡선을 이용한 캠버 형상을 그리는 방법」에서는 선체중앙부⊗의 원점 0(선체중심선℄)으로부터 반형폭(B_{mld}/2)까지의 캠버 형상을 계산식으로 구했다.

여기에서는 이 계산식을 이용하여 그림 3-24에서 보는바와 같이 선체중앙부⊗의 캠버 형상으로부터 각 스퀘어 스테이션의 선체중심선℄에서 반형폭(B_{mld}(No. of S.S.)/2)의 p점(그림 3-24의 ○표시)까지의 캠버 형상을 구하는 방법에 대하여 설명한다.

① 각 스퀘어 스테이션에서 반형폭(B_{mld}(No. of S.S.)/2)의 위치에서의 현호(「제1장 1.5 갑판선」 및 다음절 참조) 높이z(B_{mld}(No. of S.S.)/2)를 다음 식으로 구한다.

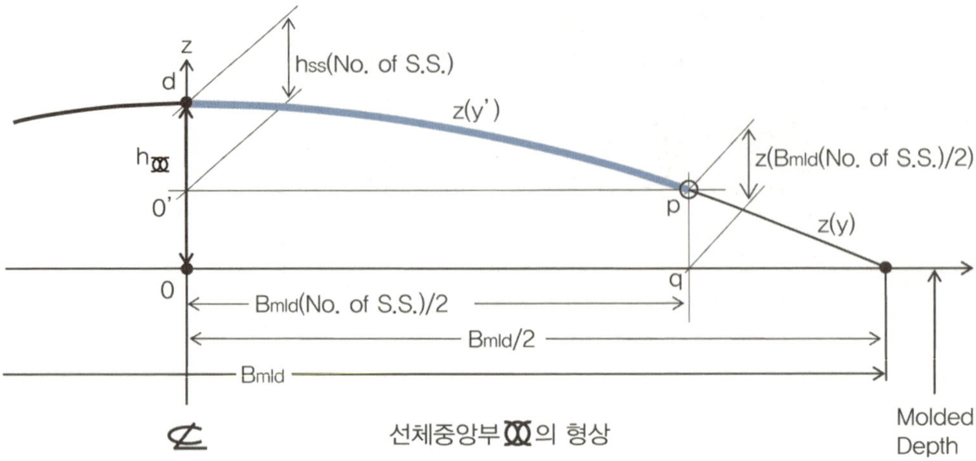

▶▶▶ 그림 3-24 2차 곡선에 의한 각 스퀘어 스테이션의 캠버 형상

$$z(B_{mld}(\text{No. of S.S.})/2) = h_{\boxtimes}\left\{1-\left(\frac{B_{mld}(\text{No. of S.S})/2}{B_{mld}/2}\right)^2\right\}$$

② 그리고 「3.4.3.1 2차 곡선을 이용한 캠버 형상을 그리는 방법」에서 나온 선체중앙부⊠의 원점 0(선체중심선℄)으로부터 반형폭($B_{mld}/2$)까지의 캠버 형상을 구하는 계산식으로부터 ①에서 구한 값을 감하면 즉 다음 식으로 각 스퀘어 스테이션에 있어서의 캠버 형상을 구할 수 있다.

$$z(y') = h_{\boxtimes}\left\{\left(\frac{B_{mld}(\text{No. of S.S})/2}{B_{mld}/2}\right)^2 - \left(\frac{y'}{B_{mld}/2}\right)^2\right\}$$

여기서, z(y′)는 각 스퀘어 스테이션에 있어서의 캠버 형상

y′는 새로운 원점 0′로부터 반형폭방향으로 그은 좌표의 값

따라서 원점 0(선체중심선℄)에서의 캠버 높이 $h_{\boxtimes}$로부터 각 스퀘어 스테이션에서 반형폭(B_{mld}(No. of S.S.)/2)의 위치에서의 현호 높이 z(B_{mld}(No. of S.S.)/2)를

감하면 각 스퀘어 스테이션에 대한 선체중심선℄에서의 캠버 높이 h_{SS}(No. of S.S.)를 구할 수 있다.

또는 $y'=0$인 때의$z(y')$, 다시 말하여 $0'd$가 각 스퀘어 스테이션에 있어서의 캠버 높이 h_{SS}(No.of S.S.)가 된다.

3.4.4 현호와 상갑판 선측선을 그리는 방법

현호(Sheer)는 배가 풍파도중에서도 안전하게 항행할 수 있는 능파성(凌波性 : Sea Kindliness)을 유지하기 위하여 마련되어져 있고, 상갑판이 선체 길이방향에 대하여 선체중앙부⊗로부터 선수부 및 선미부쪽으로 갈수록 높이가 커지게 구부러지고 있는 것을 말한다. 따라서 현호는 선측에 있어서는 상갑판 선측선의 구부러짐을, 선체중심선면에 있어서는 상갑판중심선의 구부러짐을 보여 주고 있다.

3.4.4.1 선박만재흘수선기준에 의한 현호를 그리는 방법

현호에 대하여서는 선박만재흘수선기준의 제2조28, 29에 다음과 같이 정의되어 있다.

제2조28 "표준현호"라 함은 분장점의 위치에 따라 다음 표에 의한 높이를 가지는 현호를 말한다.

분장점의 위치	높이(밀리미터)
L의 후단점	25(L/3+10)
L의 후단으로부터 L의 6분의1의 점	11.1(L/3+10)
L의 후단으로부터 L의 3분의1의 점	2.8(L/3+10)
L의 중앙점	0
L의 전단으로부터 L의 3분의1의 점	5.6(L/3+10)
L의 전단으로부터 L의 6분의1의 점	22.2(L/3+10)
L의 전단점	50(L/3+10)

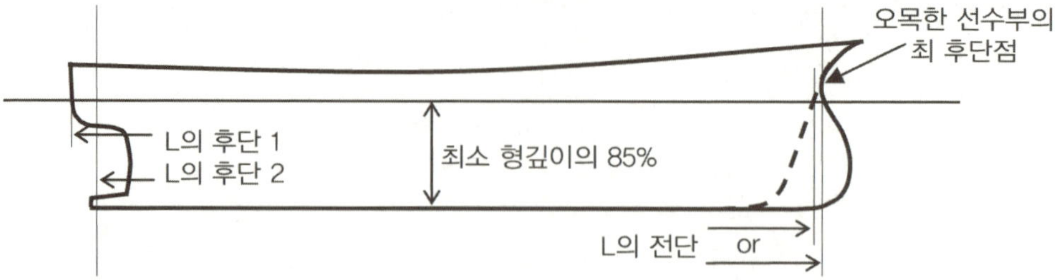

건형용 길이L : L의 전단으로부터 후단 1까지의 96%의 거리와 후단2까지의 거리 중 긴쪽

▶▶▶ **그림 3-25 선박만재흘수선기준에 의한 건형용 길이**

여기에서 나타내고 있는 L는「제1장 1.3.7 선박만재흘수선기준에 의한 길이, 건형용 길이」에서 언급한 배의 건형용 길이이다. 다시 말하여 그림 3-25에서 보는바와 같이 최소 형깊이의 85%의 위치에서 계획흘수선에 평행한 흘수선에 있어서 L의 전단(그림 1-13 참조)으로부터 L의 후단 1까지의 96%의 거리, 또는 L의 전단에서L의 후단 2까지의 거리 중에 긴 쪽을 L로 잡고 있다.

표준현호를 그리는 방법은 선박만재흘수선기준에 의하면 다음과 같다.

① 선박만재흘수선기준에 의한 건형용 길이 L를 정한다.

② L를 6등분 한다.

③ 분장점의 위치로서 L의 최후부에 후단점, 후단점에서 L/6인 점, 후단점에서 L/3인 점, 한복판에 중앙점, 전단점에서 L/3인 점, 전단점에서 L/6인 점, 최전부에 전단점을 잡는다(그림 3-26의 ●표시인 각 점).

④ 각 분장점의 위치에 있어서 현호의 높이를 선박만재흘수선기준의 제2조28의 표에 따라 구한다.

⑤ 구한 현호의 높이를 각 분장점의 위치에 세운다.

⑥ 각 분장점의 위치에서 현호의 높이의 정점(그림 3-26의 ○표시인 각 점)을

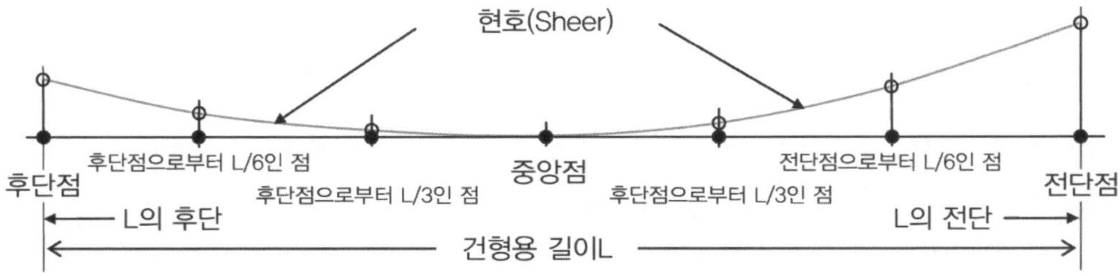

▶▶▶ 그림 3-26 표준현호

이으면 현호를 나타내는 곡선이 된다.

제2조29 "현호의 평균높이"라 함은 현호의 높이에 다음 표에 의한 계수를 곱한 값의 합계를 8로 나눈 값을 말한다.

분장점의 위치	현호의 전반부의 평균높이를 정하는 계수	현호의 후반부의 평균높이를 정하는 계수
L의 후단점		1
L의 후단으로부터 L의 6분의1의 점		3
L의 후단으로부터 L의 3분의1의 점		3
L의 중앙점	1	1
L의 전단으로부터 L의 3분의1의 점	3	
L의 전단으로부터 L의 6분의1의 점	3	
L의 전단점	1	

3.4.4.2 2차 곡선을 이용한 현호를 그리는 방법

그림 3-27에서 보는바와 같이 형깊이 선(Molded Depth Line)을 나타내는 수평선을 x축, 선박만재흘수선기준이 정하는 「건형용 길이 L」의 중앙점을 원점 0으로 하여, 위쪽으로 z축을 잡는다.

이 좌표축을 이용하고 선박만재흘수선기준의 제2조 28의 표에 정해져 있는 각 분장점에서 표준현호의 높이를 이용하면 다음 식을 얻을 수 있다.

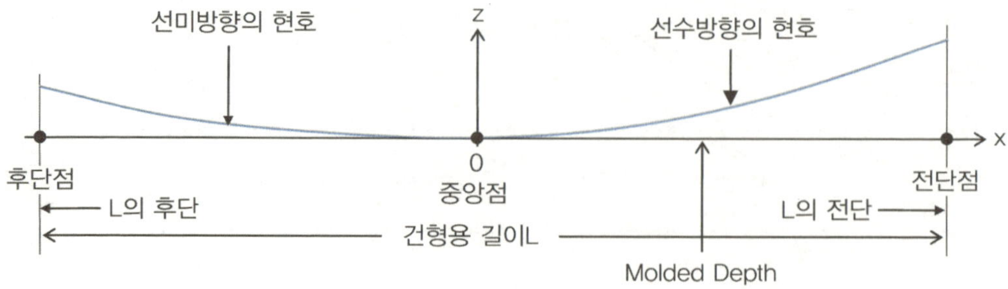

▶▶▶ 그림 3-27 2차 곡선을 이용한 현호

단 중앙점에서 선수방향의 현호를 z_f라 하고, 선미방향의 현호를 z_a라 하면, z_f와 z_a는 다음 식과 같이 된다.

$$z_f = 50 \times (\frac{L}{3} + 10) \times (\frac{2x}{L})^2$$

$$z_a = 25 \times (\frac{L}{3} + 10) \times (\frac{2x}{L})^2$$

여기서 L은 선박만재흘수선기준이 정하는 「건형용 길이 L」

x는 중앙점(원점)0으로부터 선수 및 선미 방향으로 L/2까지의 임의의 길이

여기에서 L과 x의 단위는 m(미터), 계산 결과로 나오는 z_f와 z_a의 단위는 mm(밀리미터)인 것에 주의 하여야 한다.

3.4.4.3 포물선현호를 그리는 방법

선수현호높이(F.P.에서의 현호높이 FS_f) 및 선미현호높이(A.P.에서의 현호높이 AS_a)가 주어져 있을 때는 그림 3-28에서 보는 바와 같이 다음과 같은 순서로 현호를 구할 수 있다.

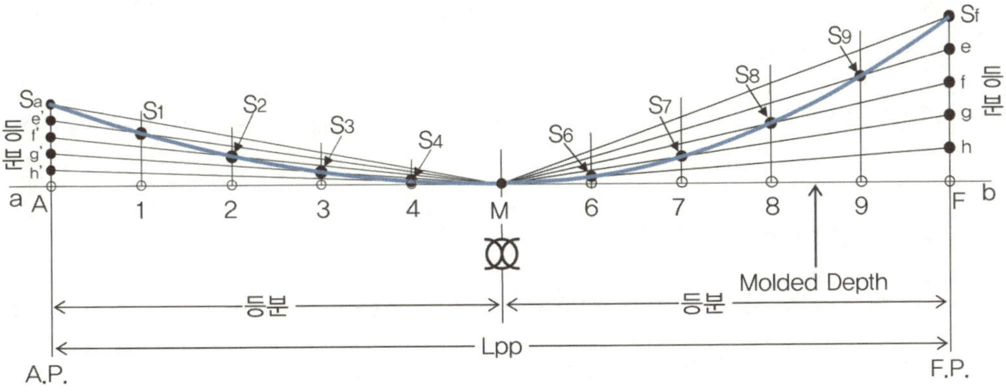

▶▶▶ 그림 3-28 포물선현호

① 형깊이 선(Molded Depth Line)을 나타내는 수평선 ab를 긋는다.

② A.P.와의 교점 A로부터 선미현호높이의 점 S_a와 F.P.와의 교점 F로부터 선수현호높이의 점 S_f를 잡는다.

③ 선미현호고높이 AS_a와 선수현호높이 FS_f를 5등분 한다. 이 5등분은 그림 3-28의 예시에서 보는 바와 같이 A.P.로부터 선체중앙부⨂까지의 사이와 선체중앙부⨂로부터 F.P. 사이가 5등분(스퀘어 스테이션 번호대로) 되어 있는 것을 이용하고 있기 때문이다.

④ 선미현호높이 AS_a의 등분 점 e′, f′, g′ 및 h′로부터 선체중앙부⨂의 점 M에 직선을 긋는다.

⑤ 같은 방법으로 선수현호높이 FS_f의 등분 점 e, f, g 및 h로부터 선체중앙부⨂의 점 M에 직선을 긋는다.

⑥ 수선간 길이 L_{pp}를 등분한 점(그림 3-28의 경우 스퀘어 스테이션의 위치)으로부터 수선을 세우고 ④에서 구한 직선과의 교점을 구한다. 교점은 많이 있지만 그림 3-28에서 보는바와 같이 교점 S_1으로부터 S_9까지를 구한다.

⑦ 선수 및 선미 수선간의 현호는 A.P.에서의 선미현호높이의 점 S_a로부터 시

작하여 S_1으로부터 S_9의 각 점을 통과하고, F.P.에서의 선수현호높이의 점 S_f까지를 곡선으로 연결하여 얻을 수 있다.

얻어진 현호는 선박만재흘수선기준이 정의하는 표준현호를 만족하여야 한다.

3.4.4.4 현호높이와 상갑판선측선의 관계

각 스퀘어 스테이션에 있어서 현호의 높이가 구하여지면 이것에 기선으로부터의 형깊이(D_{mld} : 그림 3-29의 파선의 높이)를 더한다. 이렇게 하여 얻을 수 있는 기선으로부터의 높이의 점을 이으면 그림 3-29와 같은 만재흘수선기준이 정의한 건형용 길이 L간의 상갑판선측선 혹은 선수 및 선미 수선간의 상갑판선측선을 얻을 수 있다. 당연하지만 선박만재흘수선기준이 정의 한「건형용 길이 L」과 수선간 길이 L_{pp}와는 다르기에 주의할 필요가 있다.

이 상갑판선측선을 매끄럽게 연장하여(그림 3-29의 선수 및 선미 부분의 ○안의 파선) 선수재 전단과의 교점 P_f 및 선미부의 후단과의 교점 P_a를 구한다. 여기에서 형깊이를 나타내는 선(그림 3-29의 파선)으로부터 선수부 전단의 점 P_f까지의 수직거리가 선수단현호높이(Height of Sheer at Stem)이고, 선미부 후단

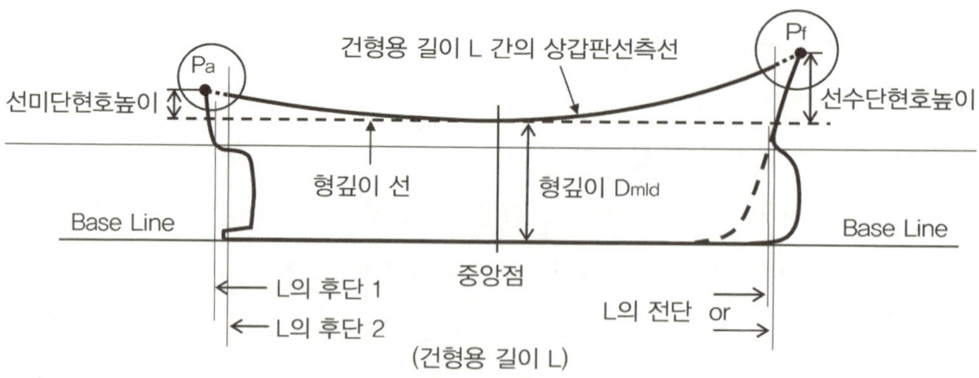

▶▶▶ 그림 3-29 현호높이와 상갑판선측선

의 점 P_a까지의 수직거리가 선미단현호높이(Height of Sheer at Counter)이다.

또한 선수부 전단 및 선미부 후단에서의 현호높이와 구별하기 위해서 F.P.에 있어서의 현호 높이를 선수현호높이(Height of Sheer Forward), A.P.에 있어서의 현호 높이를 선미현호높이(Height of Sheer Aft)라고 말한다.

3.4.5 상갑판선측선, 불워크 톱 라인, 선수루 및 선미루 갑판선측선과 선수 초크를 그리는 방법

현호높이를 기초로 한 상갑판선측선이 그림 3-30에서 보는바와 같이 측면선도에 그려지면, 검토가 끝난 선수루 및 선미루 갑판이나 불워크 높이 또는 선수 초크(Bow Chock) 높이를 이용하여 선수루 및 선미루 갑판선측선이나 불워크 톱 라인(Bulwark Top Line) 그리고 선수 초크 라인을 측면선도에 그려 넣는다. 이

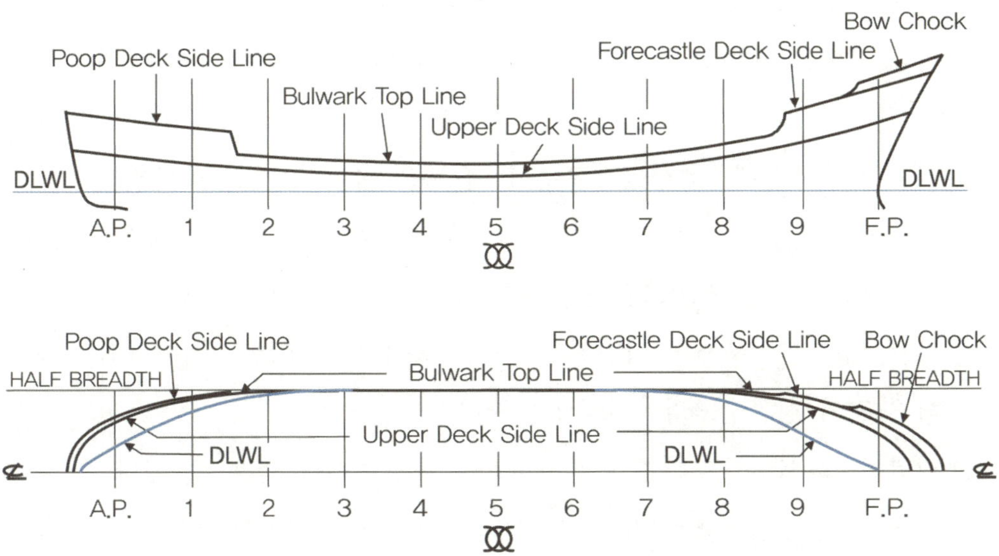

▶▶▶ 그림 3-30 계획만재흘수선보다 위의 선체윤곽의 개념도

것과 평행하여 반폭선도에도 순정(fairing)전인 설계 초기의 이 선들을 그려 넣는다.

3.4.6 정면선도의 윤곽을 그리는 방법

계획만재흘수선(DLWL)이하의 횡단면형상은 「3.4.2 계획만재흘수선이하의 중앙횡단면형상」에서 설명한 방법에 따라 선저구배높이(Rise of floor or Dead Rise) 또는 만곡부 반경(Bilge Radius)을 구하여 그 윤곽을 그리면, 상갑판선측선이나 불워크 톱 라인의 형상을 얻을 수 있으므로, 이들을 이용하여 정면선도의 윤곽을 구한다.

정면선도에서의 상갑판선측선은 그림 3-31에서 보는바와 같이 이하의 순서로 그릴 수 있다.

① 반폭선도에 그린 설계 초기의 상갑판선측선에서 각 스퀘어 스테이션에 대한 폭 ①, ②, ③, ④, …를 구한다. 다시 말하여 그림 3-31의 반폭선도에서 각 스퀘어 스테이션에 있어서 ①, ②로 나타내고 있는 양쪽화살표의 거리를 구한다.

② 정면선도에 선체중심선℄으로부터 이 폭을 잡아 수직선을 세운다.

③ 측면선도에 있어서 상갑판선측선과 각 스퀘어 스테이션에 세워진 종직선(Ordinate)과의 교점(그림 3-31의 측면선도의 ○표시)을 통하는 수평선을 긋고, 정면선도에서의 상갑판선측선의 폭을 나타내는 수직선과의 교점(그림 3-31의 정면선도의 ○표시)을 구한다.

④ 정면선도에서 이 교점을 연결하면 상갑판선측선을 얻을 수 있다.

얻어지는 상갑판선측선은 처음부터 매끄러워지게 그리기는 어렵기 때문에 그릴 때마다 순정(fairing)이 필요하다.

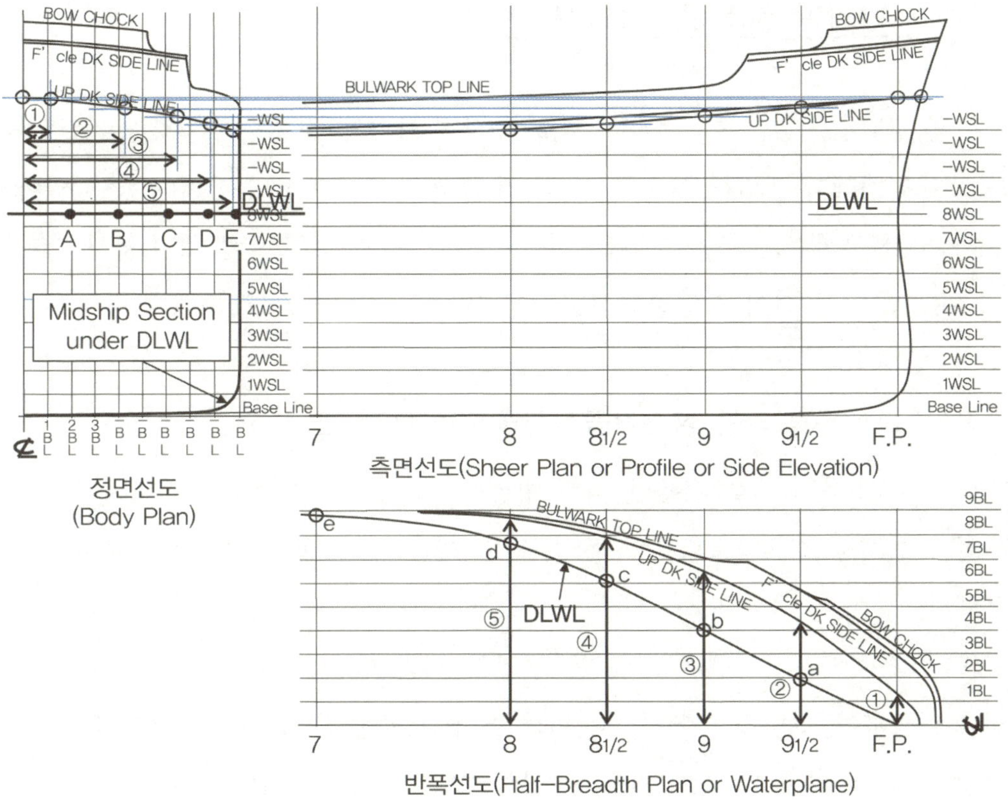

▶▶▶ 그림 3-31 정면선도의 윤곽을 그리는 방법의 개념도

같은 방법으로 선수루 및 선미루 갑판선측선이나 불워크 톱 라인(Bulwark Top Line) 그리고 선수 초크(Bow Chock)선을 정면선도에 그려 넣는다.

선미부에 대한 정면선도의 윤곽도 같은 방법으로 구한다.

또한 이 상갑판선측선, 선수루 및 선미루 갑판선측선, 불워크 톱 라인 그리고 선수 초크(Bow Chock)선을 그리기 위하여 측면선도와 반폭선도로부터 정면선도에서 얻어진 교점은 정면선도에서의 각 스퀘어 스테이션의 횡단면곡선을 그리는 초기 단계에 참조되는 점이기도 하기에 유의 할 필요가 있다.

3.4.7 상갑판 중심선을 그리는 방법

선체 상갑판은 배수를 잘 할 목적으로 선측보다도 선체중심선쪽을 위로 향하여 구부러지게한 캠버를 가지고 있다. 각 스퀘어 스테이션의 캠버 형상에 있어서 선체중심선상의 캠버 높이를 나타내는 점을 선체의 전후 방향에 이어서 측면선도 위에 그린 곡선이 상갑판중심선(Upper Deck Center Line)이다.

3.4.7.1 계산에 의한 상갑판중심선을 구하는 방법

「3.4.3.1 2차 곡선을 이용한 캠버 형상을 그리는 방법」에서는 선체중앙부⊗의 원점 0(선체중심선℄)으로부터 반형폭($B_{mld}/2$)까지의 캠버의 형상을 계산식으로 구했다.

또한 「3.4.3.7각 스퀘어 스테이션에서의 캠버 형상을 그리는 방법」에서는 이 식을 이용하여, 그림 3-24에서 보는바와 같이, 선체중앙부⊗의 캠버 형상을 기초로 각 스퀘어 스테이션에 있어서 선체중심선℄으로부터 반형폭(B_{mld}(No. of S.S.)/2)까지의 캠버 형상을 구했다. 그 때 $y'=0$의 경우의 $z(y')$가 각 스퀘어 스테이션에 있어서의 캠버 높이, 다시 말하여, 상갑판중심선상의 h_{SS}(No. of S.S.)인 것을 보여주고 있기에, 이것을 수식으로 나타내면 다음식과 같이 된다.

$$h_{SS}(\text{No. of S.S.}) = h_{\otimes}\left(\frac{B_{mld}(\text{No. of S.S.})/2}{B_{mld}/2}\right)^2$$

이 값은 그림 3-24에서 선체중심선℄상의 0′d의 높이를 나타내고 있다.

따라서 각 스퀘어 스테이션에서 상갑판선측선으로부터 상갑판중심선의 높이, 즉 캠버 높이 h_{SS}(No. of S.S.)가 구해지면, 이 높이의 위치를 곡선으로 이어가면 상갑판중심선을 얻을 수 있다.

3.4.7.2 그림에 의한 상갑판중심선을 그리는 방법

「3.4.6 정면선도의 윤곽을 그리는 방법」에 있어서는 측면선도의 상갑판선측선을 이용하여 정면선도에서의 상갑판선측선을 그리는 방법에 대하여 언급했지만, 이것과 선체중앙부⊗의 캠버 형상을 이용하여 도면상에서 상갑판중심선을 구하는 방법을 설명한다.

그림 3-32는 「그림에 의한 상갑판중심선을 그리는 방법」을 그림으로 나타내기 위해서 캠버 높이를 대단히 크게 잡은 개념도이다.

그림 3-32의 개념도에는 측면선도와 정면선도의 형깊이 선(Molded Depth Line)을 나타내는 수평선보다 위에 있는 상부만을 나타내고 있다.

여기에서는 상갑판중심선을 구하기 위하여 각 스퀘어 스테이션에 있어서의 상갑판 선측선으로부터 상갑판중심선까지의 높이를 구하는 방법에 대하여, 스퀘어 스테이션 번호 9를 예로 들어서 말하면 이하와 같이 된다.

① 정면선도의 형깊이 선(Molded Depth Line)을 나타내는 수평선 위에 선체 중앙부⊗의 캠버 형상(Camber Curve)을 그려 넣는다.

② 측면선도에 있어서 스퀘어 스테이션 번호 9의 종직선과 상갑판선측선의 교점 a로부터 정면선도에 수평선을 긋고 정면선도의 상갑판선측선과의 교점 b를 구한다.

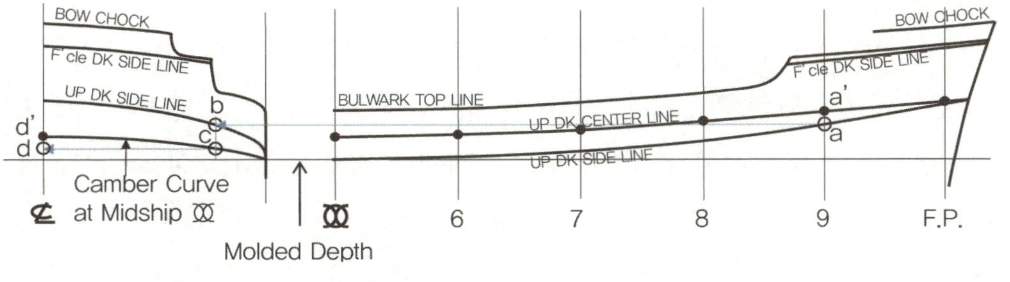

▶▶▶ 그림 3-32 그림에 의한 상갑판중심선을 그리는 방법의 개념도

③ 정면선도에서 상갑판선측선의 점 b로부터 수직선을 긋고 캠버 형상과의 교점 c를 구한다.

④ 캠버 형상 위의 점 c로부터 선체중심선℄쪽으로 수평선을 긋고 교점 d를 구한다.

⑤ 선체중심선℄ 위의 교점 d로부터 캠버 높이를 나타내는 점 d′까지의 높이가 상갑판선측선에서 상갑판중심선까지의 높이가 되므로 이 높이 dd′를 측면선도의 스퀘어 스테이션 번호 9의 종직선의 점 a에 옮기면 점 a′(그림 3-32의 a′가 있는 곳의 ●)를 얻을 수 있다.

⑥ 같은 방법으로 각 스퀘어 스테이션에서 상갑판선측선으로부터 상갑판중심선높이를 나타내는 점(그림 3-32의 각●)을 구한다.

⑦ 이렇게 하여 얻어진 ●표시의 점을 이으면 상갑판중심선을 얻을 수 있다.

또한 얻어진 각 스퀘어 스테이션에 있어서의 상갑판선측선으로부터 상갑판중심선까지의 높이는 「3.4.3.7 각 스퀘어 스테이션에서의 캠버 형상을 그리는 방법1) 도식(図式)에 의하여 구하는 방법」으로 얻을 수 있었던 h_{SS}(No. of S.S.)와 똑같아야 한다. 그러나 이것은 측면선도와 반폭선도에 그려진 상갑판선측선과 측면선도에서의 현호를 나타내는 곡선 등이 모두 정합성 있는 곡선으로서 주어졌을 경우에만 이루어진다. 그 위에 이렇게 하여 얻을 수 있었던 각 스퀘어 스테이션에 있어서의 선체중심선상의 캠버 높이를 나타내는 점을 잇고, 상갑판중심선을 그려도, 반드시 예상한 것 같은 매끄러운 현호를 나타내지 못하는 곡선이 될 경우도 있다. 이때는 측면선도와 반폭선도에 그려진 상갑판선측선과 측면선도에서의 현호 또는 캠버 형상의 곡선 사이에서 정합성을 잡으면서 순정(fairing)을 되풀이하고 정합성 있는 매끄러운 곡선이 되도록 그려야 한다.

3.4.8 계획만재상태의 수선면 형상

배는 계획상태(Designed Condition) 즉 계획시의 만재상태(Full Load Condition)로 정수면에 자유롭게 떠서 일정한 속도로 항행하기에 계획만재흘수상태에서의 선체의 수선면 형상은 선체저항과 관계가 있으므로 신중하게 검토되어야 한다.

우선 주형계수 C_p로부터 선체중앙평행부의 길이를 결정한다.

그 다음에 선수부에 있어서 수선면 형상의 물가름각(또는 도입각 : Entrance Angle)을 포함한 선수형상을 결정한다.

그리고 수선길이(Length on Load Waterline : Lw)를 길게 잡는가 아닌가, 타원형 선미(Elliptical Stern)인가 트랜섬 선미(Transom Stern)인가 등의 선미형상을 결정한다.

이상과 같은 결정에 근거해서 계획만재흘수상태의 수선면 형상이 결정된다.

결정된 수선면 형상은 **그림 3-30** 또는 **그림 3-31**의 반폭선도에 그려 넣는다.

그림 3-31에서 보는바와 같이 반폭선도에서 계획만재흘수선에 의한 수선(DLWL)과 각 스퀘어 스테이션에서 종직선(Ordinate)과의 교점 a, b, c, d 및 e 등을 구한다. 이 각 교점에 대하여 선체중심선℄으로부터 거리를 재고 정면선도에 옮긴 점이 **그림 3-31**의 정면선도에 표시된 점 A, B, C, D 및 E 이다.

이 수선면 형상을 나타내는 점 A, B, C, D 및 E는 정면선도에 있어서 각 스퀘어 스테이션의 횡단면곡선을 구할 때에 중요한 역할을 하게 된다.

3.4.9 선체선도의 윤곽

그림 3-33에서 보는바와 같이, 우선, 정면선도을 그리기 위한 기선(Base Line)과 이것에 직각인 선체중심선℄을 긋는다.

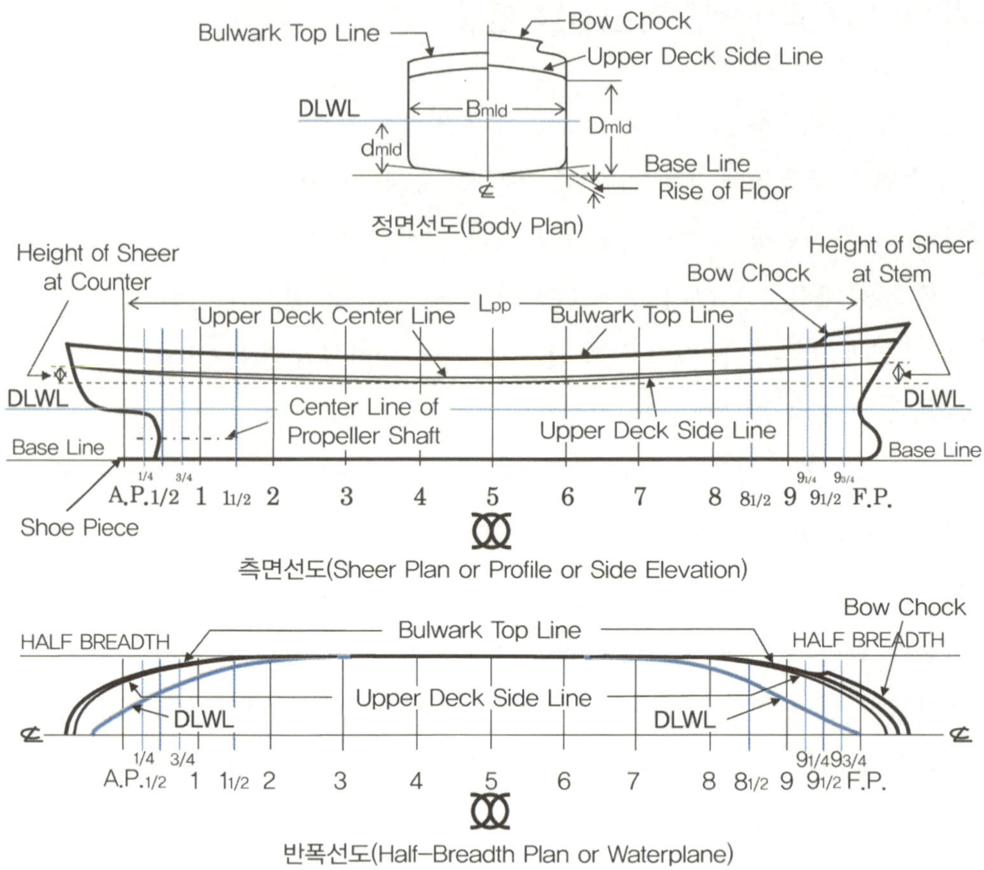

▶▶▶ 그림 3-33 선체의 기본적인 윤곽의 개념도

그 다음에 측면선도(Sheer Plan or Profile or Side Elevation)를 그리기 위하여 기선과 각 스퀘어 스테이션에서 이것에 직각으로 종직선(ordinate)을 세운다.

그 위에 반폭선도(Half-Breadth Plan or Waterplane)를 그리기 위하여 선체 중심선℄과 각 스퀘어 스테이션에서 이것에 직각으로 종직선을 세운다.

「3.4.1 사전준비의 검토 사항」에서 지적한 선체선도를 그리기 시작하기 전에 준비하여 두어야 할 필요 사항 안에서 지금까지 상세한 설명을 하지 않고 있는 ④선수형상과 선미골재(Stern Frame)의 형상을 포함한 선미형상, ⑤프로펠러축

(Propeller Shaft)의 중심선높이, ⑪기타, 타(Rudder)나 프로펠러(Propeller) 형상, ⑫개략적인 일반배치도등에 대해서는 이미 결정되어 있는 것으로 한다.

그리고 지금까지 설명해 온 방법으로 얻어진 계획만재흘수선(DLWL)이하의 중앙횡단면형상과 만재상태에서의 수선면 형상 등이 정해지면, 그림 3-33에서 보는 바와 같이 선체의 기본적인 윤곽과 선체가 필요한 치수 등을 기입함으로써, 선체선도의 기본적인 형상이 정해진다.

3.4.10 프리스마틱 곡선과 각 스퀘어 스테이션에서의 횡단면형상과의 관계

그림 3-1의 프리스마틱 곡선은 왼쪽의 세로축이 선체의 횡단면적을 나타내고 있기 때문에 선체중앙부⊗에서 B×d로 얻을 수 있는 직사각형의 면적을 최대값으로 하여 거기에서의 선체의 중앙횡단면적을 $A_{\otimes}$, 각 스퀘어 스테이션에 있어서의 횡단 면적 A_m의 크기를 각 스퀘어 스테이션 번호인 곳의 세로축에 나타낸 곡선이 되고 있다.

배는 일반적으로 좌우 대칭이기 때문에 편의상 배의 너비(폭)B 대신 반폭 B/2를 취하기로 하면 그림 3-1의 프리스마틱 곡선의 왼쪽의 세로축은 그림 3-34와 같이 나타낼 수 있다.

그림 3-34에서 왼쪽 세로축에 표시한 B/2 × d와 $A_{\otimes}/2$를 각각 d로 나누고, 그림의 오른쪽 세로축으로서 선체의 반폭 B/2를 그림의 왼쪽 세로축의 B/2 × d와 같은 높이로 잡고 표시하면 왼쪽 세로축의 $A_{\otimes}/2$에 해당하는 값이 오른쪽 세로축의 $C_{\otimes}$ × B/2, 즉 반폭의 $C_{\otimes}$ 배가 된다는 것을 나타내고 있다.

지금 그림 3-34의 선체중앙부⊗에 대하여 오른쪽 축을 취하여 생각해 보기로 한다.

선체의 중앙횡단면적 $A_{\otimes}$는

$$A_{\otimes} = C_{\otimes} \times B \times d$$

의 관계식으로 주어지기 때문에 다음식과 같이 나타낼 수 있다.

$$\frac{A_{\otimes}/2}{d} = C_{\otimes} \times B/2$$

이 식은 그림 3-34의 오른쪽 세로축에 표시되고 있는 것과 다름이 없다.

여기에서 그림 3-35에 나타내고 있는 중앙횡단면에 대하여 생각하기로 한다. 흘수를 d로 정했을 경우의 직사각형 efgh의 면적이 $A_{\otimes}/2$와 같게 되도록 그 너비(폭)을 구하여 보면, 직사각형 efgh의 너비(폭)는 $C_{\otimes} \times B/2$가 된다.

즉 그림 3-34의 프리스마틱 곡선이 나타내는 $C_{\otimes} \times B/2$는 선체중앙부⊗에서

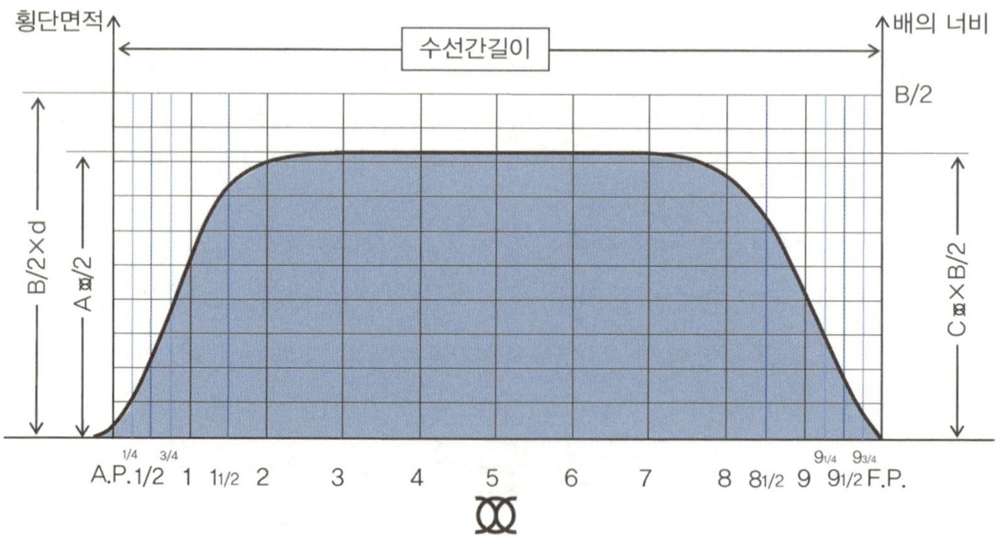

▶▶▶ 그림 3-34 선체선도을 제도하기 위한 프리스마틱 곡선

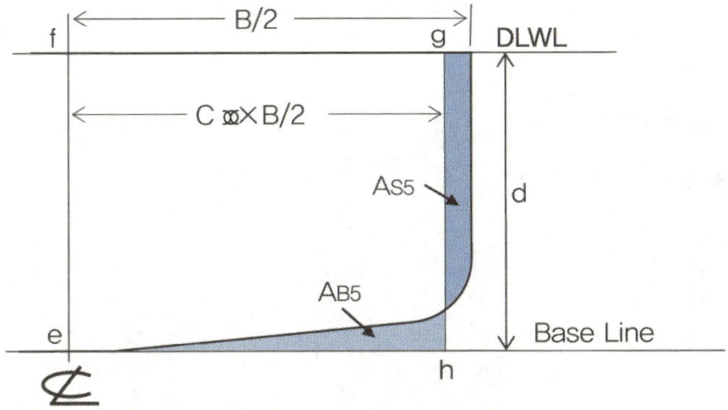

▶▶▶ 그림 3-35 중앙횡단면에 대한 등가폭의 개념도

중앙횡단면적의 반의 면적 $A_{⊠}/2$과 같은 면적인 직사각형 efgh의 너비(폭)를 나타내고 있다. 이것으로부터 **그림 3-35**에 있어서 면적 A_{S5}와 면적 A_{B5}는 똑같은 관계에 있다는 것을 알 수 있다.

따라서 각 스퀘어 스테이션에 있어서의 횡단면적은 A_m이므로 **그림 3-34**의 오른쪽 축은 다음 식과 같이 $C_m \times B/2$를 나타내는 축으로 되고 있다.

$$\frac{A_m/2}{d} = C_m \times B/2$$

여기서, C_m는 각 스퀘어 스테이션의 위치 m에서의 횡단면적계수

그리고 **그림 3-34**의 오른쪽 세로축은 흘수를 d로 했을 경우의 각 스퀘어 스테이션에 있어서의 횡단면적의 반인 $A_m/2$과 같은 면적이 되는 직사각형의 너비(폭)를 나타내고 있다. 이 너비(폭)를 각 스퀘어 스테이션에 있어서의 등가폭(Equivalent Breadth)이라고 부르기로 한다.

바꿔 말하면, **그림 3-34**에 있어서 각 스퀘어 스테이션에서의 세로축과 프리스

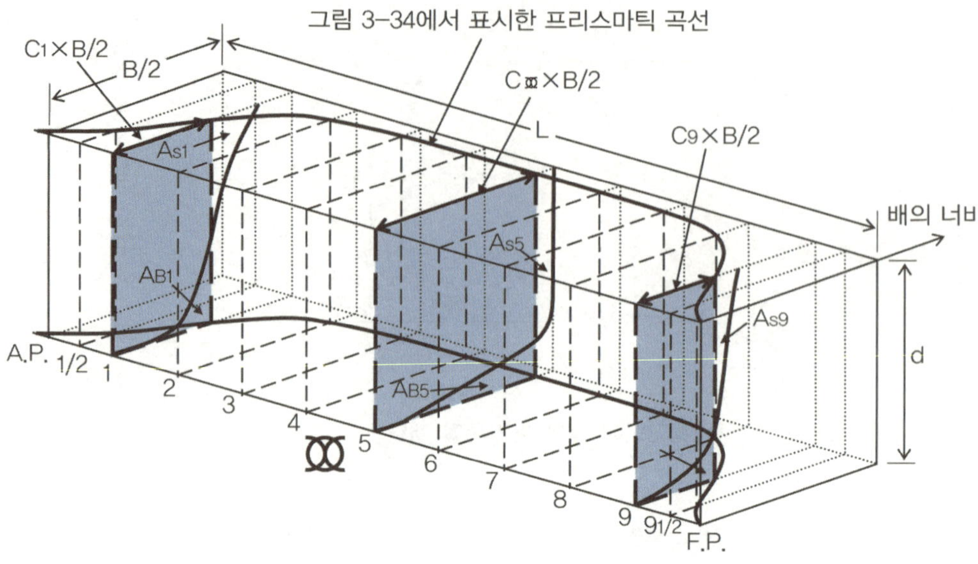

▶▶▶ 그림 3-36 각 스퀘어 스테이션에 있어서의 등가폭의 개념도

마틱 곡선의 교점의 값은 그림 3-36에 예시하는 바와 같이 흘수를 d로 했을 경우의 각 스퀘어 스테이션에 있어서의 횡단면적의 반인 A_m / 2와 같은 면적이 되는 파직선으로 표시한 직사각형의 등가폭을 나타내고 있다.

이 등가폭의 직사각형을 이용하여 정면선도를 나타내면 그림 3-37과 같이 계획만재흘수선(DLWL)이하가 파직선으로 나타낸 형상을 한다. 또한 그림 3-37에서 계획만재흘수선(DLWL) 위의 ●표시는「3.4.8 계획만재상태의 수선면 형상」에서 본바와 같은 계획만재흘수 상태에서의 수선면 형상, 즉 각스퀘어 스테이션에 있어서의 수선면의 반폭을 나타내고 있다. 따라서 각 스퀘어 스테이션의 횡단면곡선은 이 점을 통과하는 형상이 되도록 그리고, 그 횡단면적의 반인 A_m/2가 흘수 d와 등가폭으로 되는 선체중심선과 파직선으로 둘러 싸여진 직사각형의 면적(=A_m/2)과 똑같은 면적의 형상으로 그려져야 한다. 그 하나의 예로서 그림

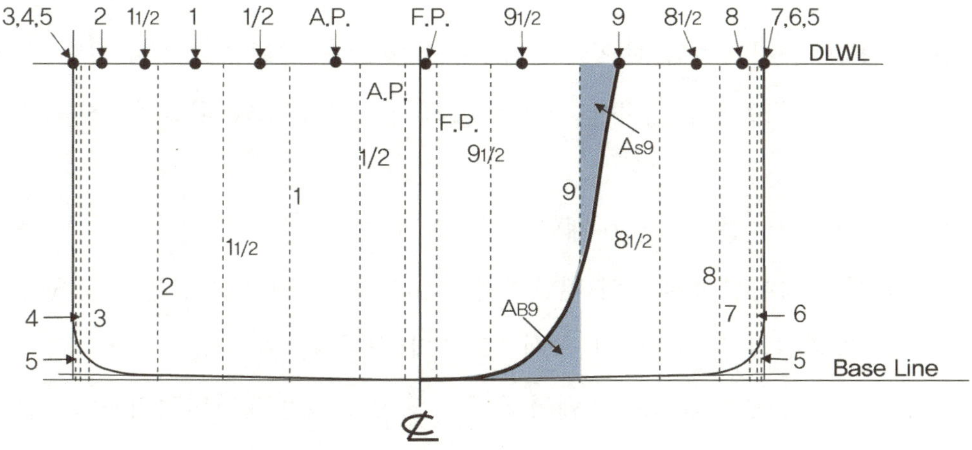

▶▶▶ 그림 3-37 등가폭의 직사각형을 이용하여 얻어진 정면선도

3-37의 스퀘어 스테이션 번호 9의 횡단면곡선을 보인다. 당연하지만 면적 A_{S9}와 면적 A_{B9}와는 똑같아야 한다.

3.4.11 각 스퀘어 스테이션의 횡단면곡선을 그리는 방법

3.4.11.1 등가폭을 이용한 횡단면곡선을 그리는 방법

그림 3-37에서 예시한 것 같은 스퀘어 스테이션 번호 9의 횡단면곡선을 그릴 경우 근사적인 방법으로 횡단면곡선을 그리고, 최종적으로 면적 A_{S9}와 면적 A_{B9}를 똑같게 그려도, 면적 A_{S9}와 면적 A_{B9}를 같게 그릴 수 있는 곡선은 여러 가지 생각할 수 있다.

그렇기 때문에 설계의 초기 단계에 있어서 최종적으로 구하여야 하는 횡단면곡선에 가까운 곡선을 구할 수 있으면 그 후의 처리(선도를 순정(fairing)하는 것)가 편해진다.

그림 3-38에 근사적인 방법으로 횡단면곡선을 그릴 때의 모식도을 보인다. 여기에서도 그림 3-37에서 예시한 스퀘어 스테이션 번호 9의 횡단면곡선을 예로 한다.

설계 초기의 횡단면곡선은 아래와 같이 하여 그린다.

① 스퀘어 스테이션 번호 9의 횡단면적 $A_9(m=9)$를 그림 3-1 또는 그림 3-34와 같은 계획선의 프리스마틱 곡선으로부터 구한다.

② 앞에서 나타낸 방법으로 스퀘어 스테이션 번호 9의 횡단면적의 반인 $A_9 / 2$과 선체중심선℄과 파직선으로 둘러 싸여진 직사각형 efgh의 면적이 똑같

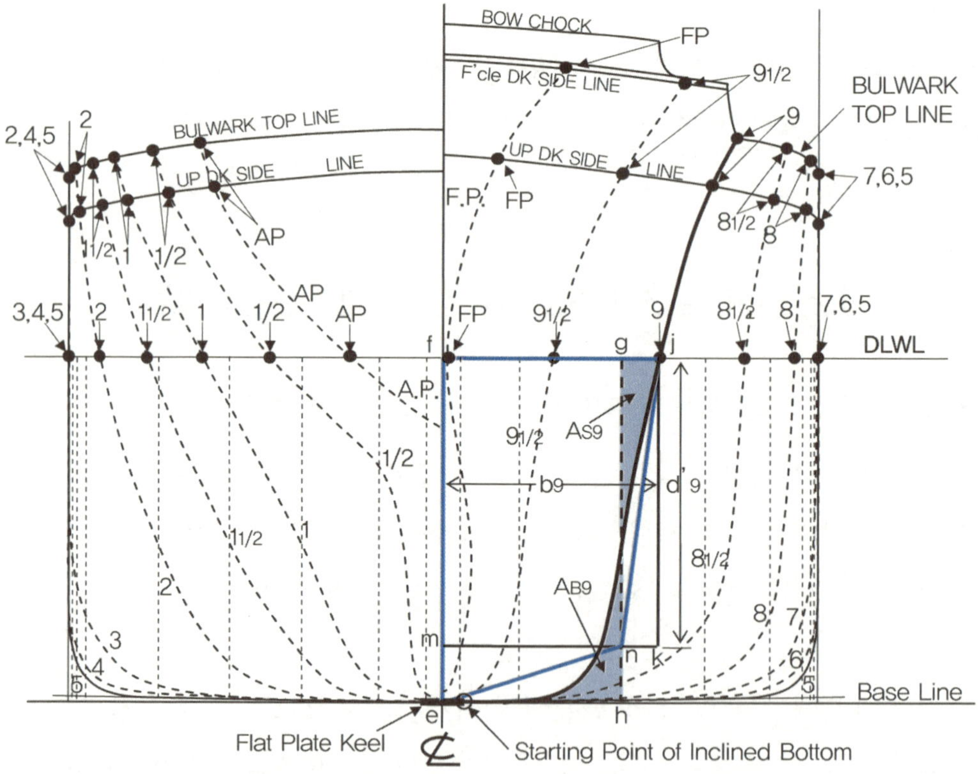

▶▶▶ 그림 3-38 등가폭을 이용하여 근사적인 방법으로 횡단면곡선을 그릴 때의 모식도

게 되도록 흘수 d에 대한 등가폭을 구하고 직사각형 efgh를 확정한다.

③ 스퀘어 스테이션 번호 9인 횡단면의 계획만재흘수선(DLWL)에서의 수선면의 반폭, 즉 수선반폭(Half-Breadth of Waterline)을 b_9로 잡고, 이것을 너비(폭)로 해서 횡단면적의 반인 $A_9 / 2$와 같은 직사각형 mfjk를 그린다. 이때의 깊이 d'_9는 다음 식으로 구할 수 있다.

$$d'_9 = \frac{A_9/2}{b_9}$$

④ 직사각형 efgh와 직사각형 mfjk는 같은 면적 $A_9 / 2$이며 그 위에 직사각형 mfgn가 공통한 부분이 되고 있으므로 직사각형 emnh와 직사각형 ngjk는 같은 면적이 된다. 따라서 직사각형 emnh의 정점 e와 n을 연결하는 대각선과 직사각형 ngjk의 정점 n과 j를 연결하는 대각선을 긋고 각 직사각형의 면적을 2등분한다. 이로써 $A_9 / 2$의 면적을 가지는 사각형 efjn가 구하여 진다.

⑤ 그림 3-30에서 본바와 같이 스퀘어 스테이션 번호 9의 횡단면곡선의 기점이 되는 불워크 톱 라인(Bulwark Top Line) 위의 점이나 상갑판선측선(Upper Deck Side Line) 위의 점에 대하여, 선체중심선℄으로부터의 수평거리나 기선(Base Line)으로부터의 높이를 확인하고 또한 계획만재흘수선(DLWL)에서의 수선반폭을 나타내는 점을 확인하여 그림 3-38과 같이 표시(그림 3-38의 ●표시)를 한다. 그리고 선저구배을 가질 경우에는 경사한 선저선과의 접점을 확인해서(「제1장 1.10.5 평면, 측면의 평행부 곡선」 참조) 그림 3-38과 같이 표시(그림 3-38의 경우는○표시)를 붙인다. 다만 그림 3-38의 ○표시 경우는 평판용골의 끝(선저경사의 출발점)을 나타내고 있다.

⑥ 이 점들을 잇는 횡단면곡선을 사각형 efjn을 참고로 하면서 그린다. 이 때

기준선(Reference Ship)이 있는 경우는 그것의 선체선도를 참고로 한다.

⑦ 대각선 jn와 대각선 ne를 참고로 하면서 면적 A_{S9}와 면적 A_{B9}가 똑같도록 조정하면서 횡단면곡선을 수정한다. 이전에는 면적계(planimeter)를 이용하여 면적 A_{S9}와 면적 A_{B9}가 똑같아 질 때까지 몇 번이나 다시 선을 그으면서 횡단면곡선을 구하고 있었다.

최종적으로는 같은 방법으로 모든 스퀘어 스테이션에 대한 횡단면곡선을 그린다. 그림 3-38에서 스퀘어 스테이션 번호 9의 횡단면곡선 이외는 파곡선으로 나타내고 있다. 이렇게 하여 완성된 각 스퀘어 스테이션에 있어서의 횡단면곡선을 나타낸 모식도가 그림 3-38이다.

3.4.11.2 기준선(Reference Ship)의 횡단면곡선을 이용하여 그리는 방법

계획선에 유사한 배가 있는 경우에는 이것을 기준선으로서 참고로 하는 것이 일반적이다.

가장 간단한 경우로서 계획선과 기준선의 중앙횡단면적계수(Midship Section Area Coefficient) $C_{\otimes}$와 프리스마틱 곡선(Prismatic Curve)이 서로 같은 경우는 기준선의 정면선도의 횡단면곡선을 이용하여 계획선의 횡단면곡선을 단순한 비례만으로도 다음과 같은 방법으로 그릴 수 있다.

1) 계획선과 기준선의 형흘수(Molded Draft)가 같은 경우

계획선과 기준선의 형흘수가 같은 경우는 우선 그림 3-39에서 보는바와 같이 파곡선으로 나타낸 기준선의 정면선도에 계획선의 수면선 WSL의 수와 그 간격을 똑같이 잡아 본다.

계획선과 기준선의 형흘수가 같음으로 각 스퀘어 스테이션에서 각 수선면의 폭의 비는 양선의 형폭(Molded Breadth)의 비와 같다. 즉 각 스퀘어 스테이션에서 수면선 WSL마다 계획선의 수선반폭을 b_N, 기준선의 수선반폭을 b_R로 하면, 계획선의 임의의 수면선 WSL에 대한 수선반폭 b_N는 다음 식에서 구할 수 있다.

$$b_N = b_R \times \frac{B_{mldN}}{B_{mldR}}$$

여기서, b_N는 계획선의 선체중심선℄에서 수면선 WSL과 횡단면곡선과의 교점까지의 거리

b_R는 기준선의 선체중심선℄에서 수면선 WSL과 횡단면곡선과의 교점까지의 거리

B_{mldN}는 계획선의 형폭

B_{mldR}는 기준선의 형폭

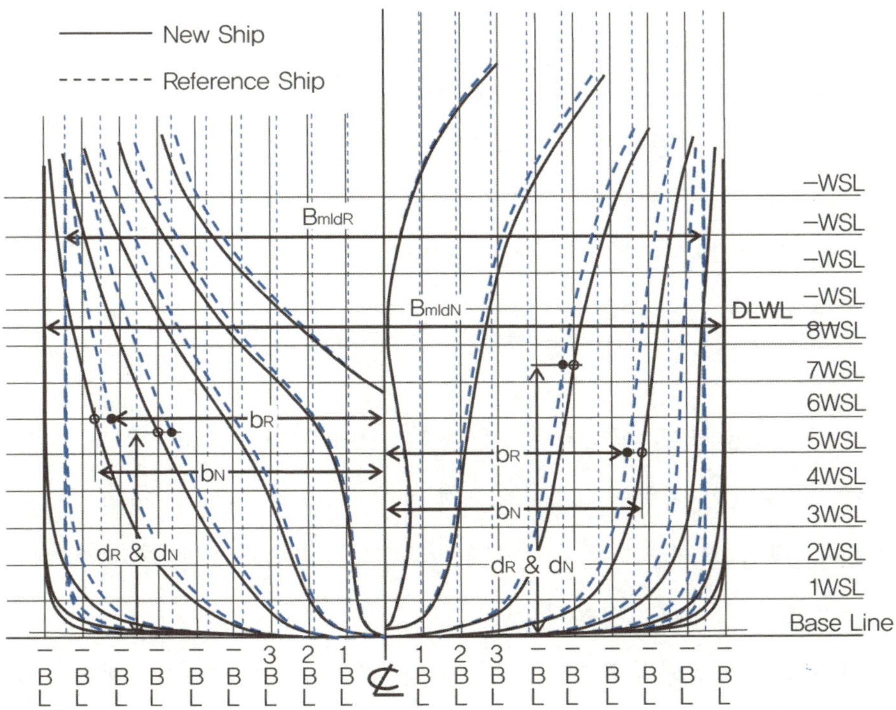

▶▶▶ 그림 3-39 형흘수가 같은 기준선의 정면선도을 이용하는 경우

이 때 기준선의 각 스퀘어 스테이션에 대한 횡단면곡선과 선체중심선면에 평행한 종평면을 나타내는 종절선 BL과의 교점의 높이는 변함없으므로, 이 값과 윗식으로부터 얻을 수 있는 각 스퀘어 스테이션에 대한 수면선 WSL마다 계획선의 수선반폭을 구하고, 그것들의 값을 계획선의 종절선 BL과 각 수면선 WSL위에 표시하여 그 점을 이으면, 그림 3-39에서 실곡선으로 나타낸 횡단면곡선을 얻을 수 있다.

또한 계획선과 기준선의 선체중앙부⊗로부터 부심의 전후 위치인 종방향부력중심의 위치(l_{cb})의 비는 양선의 수선간 길이의 비와 같다. 따라서 계획선의 종방향부력중심의 위치(l_{cbN})는 다음 식으로 구할 수 있다.

$$l_{cbN} = l_{cbR} \times \frac{L_{ppN}}{L_{ppR}}$$

여기서, l_{cbN}는 계획선의 종방향부력중심의 위치
l_{cbR}는 기준선의 종방향부력중심의 위치
L_{ppN}는 계획선의 수선간 길이
L_{ppR}는 기준선의 수선간 길이

이 경우에 부심의 상하 위치는 변함없다.

2) 계획선과 기준선의 형폭(Molded Breadth)이 같은 경우

계획선과 기준선의 형폭이 같은 경우에는 우선 그림 3-40의 파곡선으로 표시한 기준선의 정면선도에 기준선의 계획만재흘수선($DLWL_R$)과 계획선의 계획만재흘수선($DLWL_N$)을 그려 넣는다.

또한 기준선의 계획만재흘수선($DLWL_R$)의 위쪽과 아래쪽으로 계획선의 수면선 WSL의 수와 같은 수의 수면선 WSL을 그 간격을 기준선과 계획선의 형흘수의 비를 가지고 그림 3-40의 파직선과 같이 그려 넣는다.

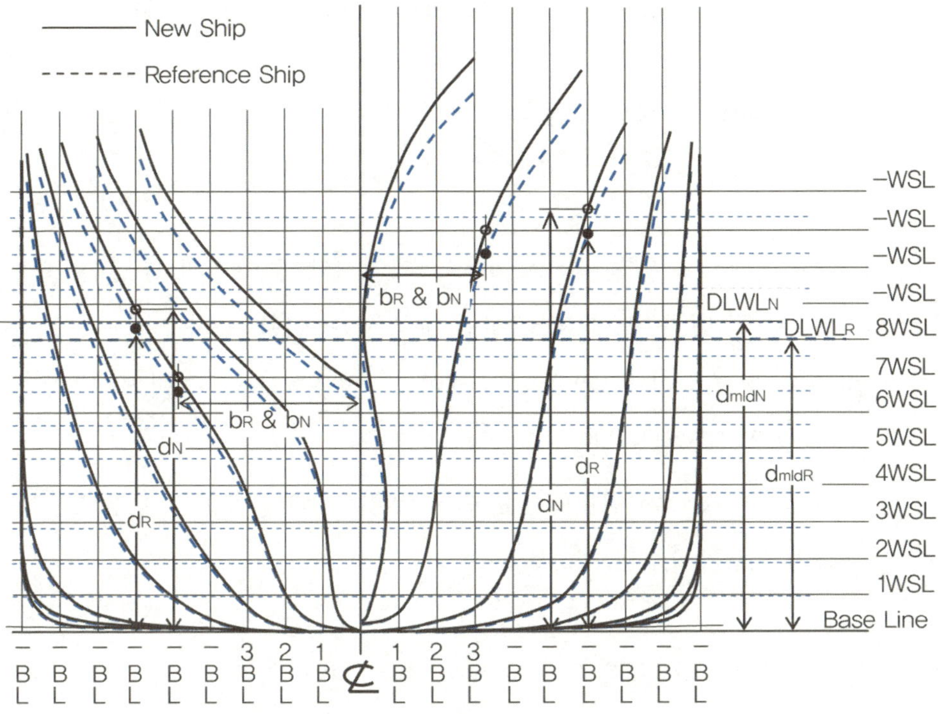

▶▶▶ 그림 3-40 형폭이 같은 기준선의 정면선도를 이용하는 경우

양선의 형폭은 같기 때문에 기준선의 각 스퀘어 스테이션에서 각 수면선 WSL(그림 3-40의 파직선으로 표시한 수면선)의 폭은 계획선의 각 수면선 WSL에서의 폭으로 볼 수 있다.

그 위에 기준선의 각 스퀘어 스테이션에 대한 횡단면곡선과 선체중심선면에 평행한 종평면을 나타내는 종절선 BL과의 교점의 높이를 d_R라 하면 계획선의 높이 d_N는 다음 식으로 구할 수 있다.

$$d_N = d_R \times \frac{d_{mldN}}{d_{mldR}}$$

여기서, d_N는 계획선의 기선으로부터 종절선 BL과 횡단면곡선과의 교점까지의 높이

d_R는 기준선의 기선으로부터 종절선 BL과 횡단면곡선과의 교점까지의 높이

d_{mldN}는 계획선의 형흘수

d_{mldR}는 기준선의 형흘수

이렇게 하여 얻을 수 있는 각 스퀘어 스테이션에 있어서의 수면선 WSL마다 계획선의 수선반폭 및 종절선 BL에서의 교점의 높이를 구하고, 그것들의 값을 각 수면선 WSL과 종절선 BL위에 표시하여 그 점을 이으면 그림 3-40의 실곡선으로 나타낸 횡단면곡선을 얻을 수 있다.

이 때 종방향부력중심의 위치(l_{cb})는 변하지 않고 상하 방향의 부심위치는 계획선과 기준선의 형흘수의 비만큼 변화 한다.

3) 계획선과 기준선의 형흘수와 형폭이 서로 다른 경우

그림 3-41에서 보는바와 같이 계획선과 기준선의 형흘수 및 형폭이 서로 다른 경우는 앞의 1), 2)에서 본 방법을 응용하면 계획선의 각 스퀘어 스테이션에 대한 횡단면곡선의 수면선 WSL마다 수선반폭 b_N 및 종절선 BL에서의 높이 d_N을 구할 수 있다.

그것들의 값을 각 수면선 WSL과 종절선 BL위에 표시하여 그 점을 이으면, 그림 3-41의 실곡선으로 나타낸 횡단면곡선을 얻을 수 있다.

또한 종방향부력중심의 위치(l_{cb})는 계획선과 기준선의 길이의 비만큼, 상하방향의 부심위치는 형흘수의 비만큼 변화 한다.

지금까지 보아온 세 가지 방법은 최근의 복사용 기재의 확대 및 축소 복사 기능을 이용하면 어떠한 경우도 비교적으로 간단히 기준선으로부터 계획선의 정면선도를 얻을 수 있다. 그러나 계획선과 기준선의 중앙횡단면적계수(Midship Section Area Coefficient) $C_{\otimes}$와 프리스마틱 곡선(Prismatic Curve)이 똑같은

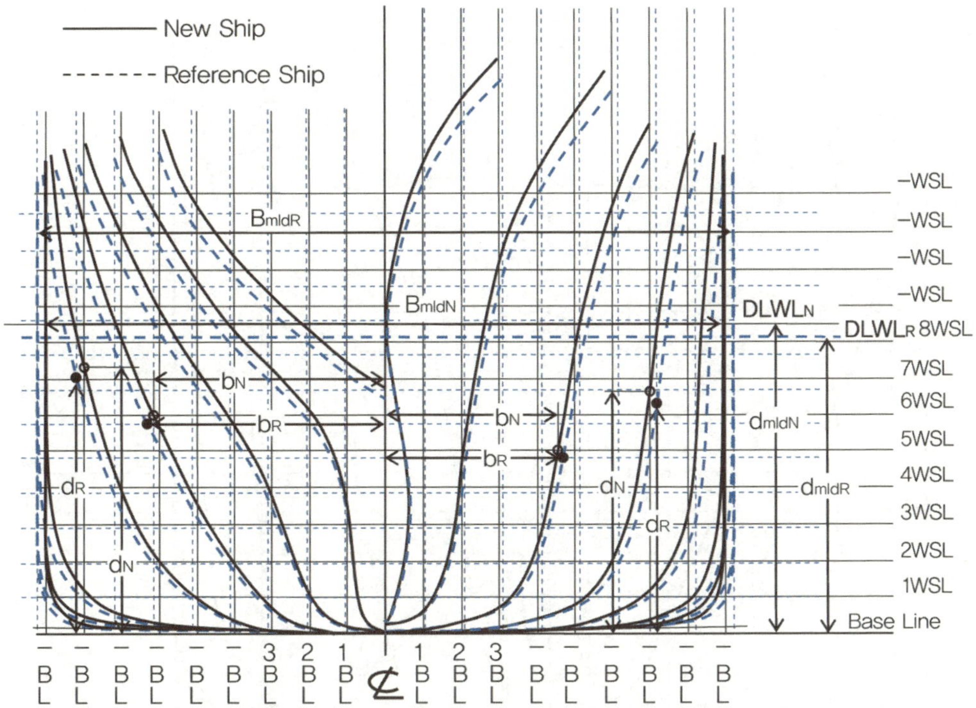

▶▶▶ 그림 3-41 계획선과 기준선의 형흘수와 형폭이 다를 때에 기준선의 정면선도를 이용하는 경우

경우는 지극히 드물어서 기준선의 정면선도을 이용하여 계획선의 각 스퀘어 스테이션에 있어서의 횡단면곡선을 구하는 것은 앞에서 설명한 것처럼 쉽지 않고, 경험을 거듭하는 것 외에는 쉬운 방법은 없다.

3.4.12 정면선도를 그리는 방법

지금까지의 방법으로 정면선도에 그려 나타내는 각 스퀘어 스테이션에 대한 근사적인 횡단면곡선을 얻을 수 있으면, 이것에 기선으로부터의 일정한 간격의 높이를 가지는 수면선 WSL이나 선체중심선면에 평행한 필요수의 종평면을 나타

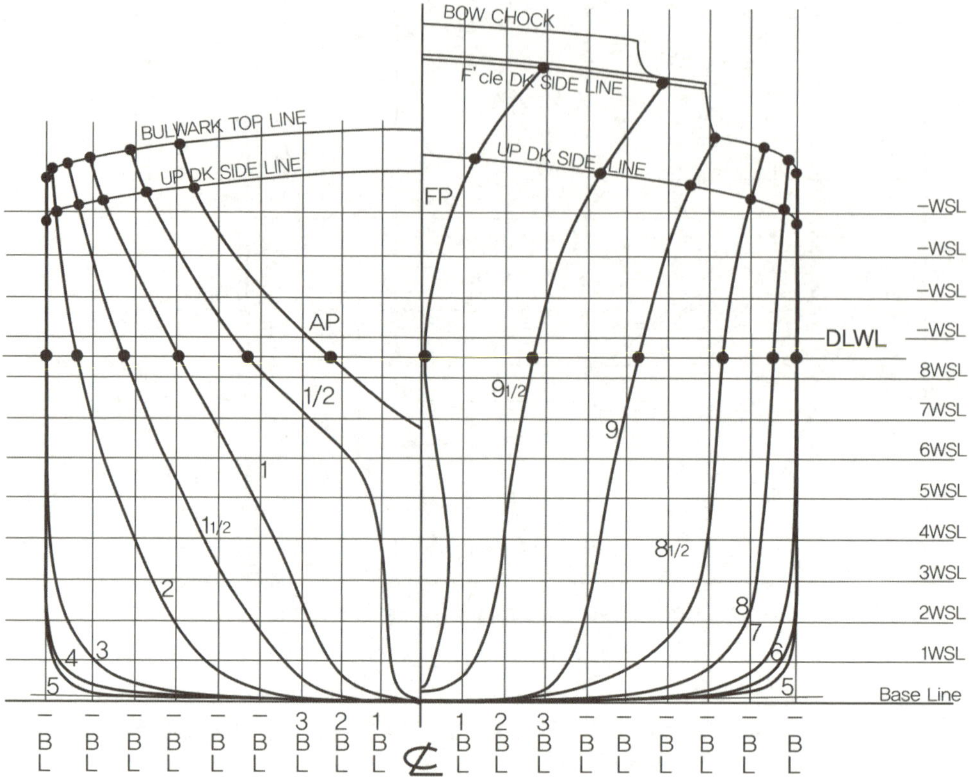

▶▶▶ 그림 3-42 제도 초기에 근사적으로 구한 정면선도

내는 종절선 BL, 상갑판선측선(UP DK SIDE LINE), 선수루갑판선측선(F'cle DK SIDE LINE), 선미루갑판선측선(POOP DECK SIDE LINE) 및 불워크 톱 라인(BULWARK TOP LINE)과 필요에 따라 제2갑판선측선(2nd DECK SIDE LINE)을 그려 넣고 또한 필요 사항 등을 기입한다.

또한 선수루갑판의 맨 앞에 위치하는 선수 초크 라인(BOW CHOCK LINE)도 그려 넣는다. 이렇게 필요한 곡선과 사항들을 모두 그려 넣으면 근사적이지만 그림 3-42와 같은 정면선도(Body Plan)가 완성된다.

그림 3-42의 정면선도는 단순히 근사적으로 구한 횡단면곡선이기 때문에 본격

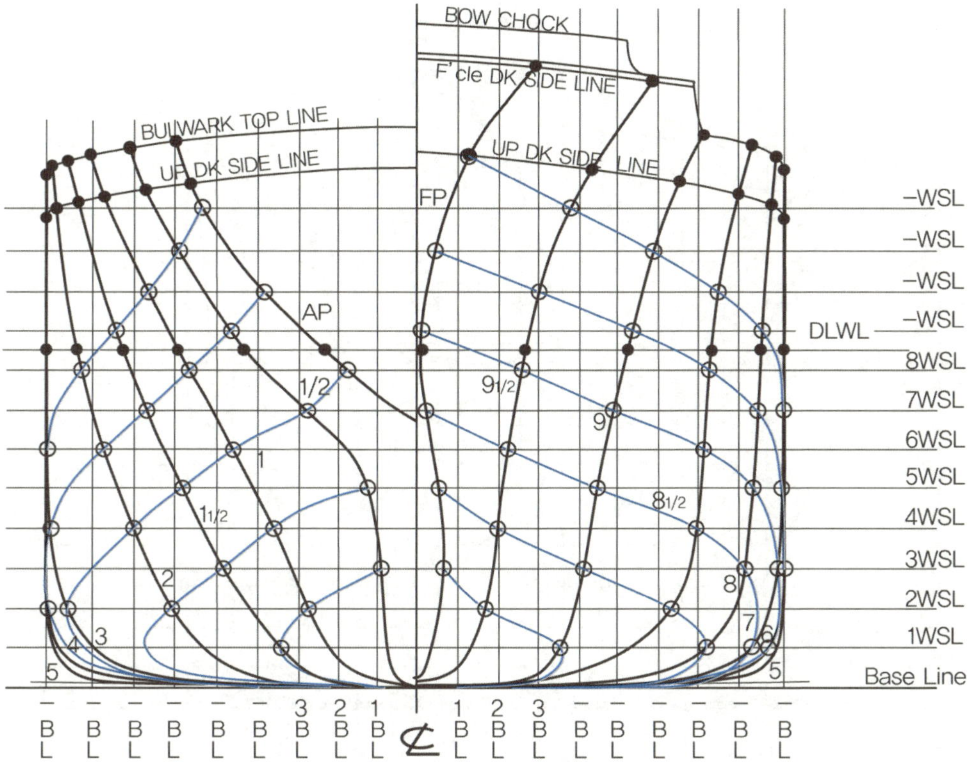

▶▶▶ 그림 3-43 순정을 위하여 다이애거널(diagonal) 곡선을 그려 넣은 정면선도

적인 선체선도를 제도하기 전에 간단하게 순정(Fairing)을 한다. 이것은 각 스퀘어 스테이션에 대하여 그린 근사적인 횡단면곡선이 다른 스퀘어 스테이션의 횡단면곡선과 정합성 있게 그려지고 있는가 아닌가를 보기 위해서다.

간단한 순정법의 모식도를 **그림 3-43**에 보인다.

간단히 순정하는 순서

① 각 스퀘어 스테이션에 대한 횡단면곡선과 수면선 WSL과의 교점을 **그림 3-43**의 ○표시와 같이 기입한다. 다만 ○표시의 교점은 기점이 되는 스퀘

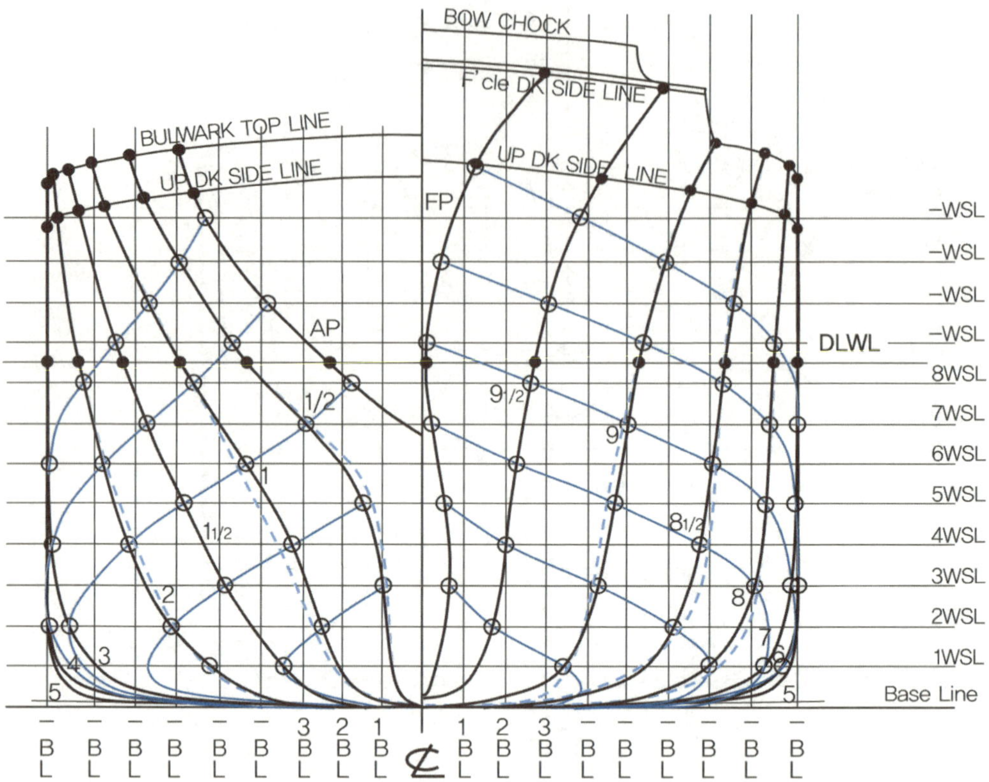

▶▶▶ 그림 3-44 다이애거널(diagonal) 곡선을 이용한 순정 후의 정면선도

어 스테이션 번호로부터 번호가 1개씩 늘어날 때마다 수면선 WSL을 1개씩 변화 시키거나 또는 번호가 1/2씩 늘어날 때마다 수면선 WSL을 1개씩 변화시켜 간다. 그림 3-43의 경우는 스퀘어 스테이션 번호가 1/2씩 늘어날 때마다 수면선 WSL을 1개씩 변화시키는 방법을 취하고 있으므로 스퀘어 스테이션간에 1/2의 스퀘어 스테이션이 없을 경우는 그 다음 수면선 WSL과의 교점에 ○표시를 하고 있다.

② ○표시의 교점을 잇는 곡선을 필요한 수만 그려 넣는다. 그림 3-43에서는 이 곡선을 다이애거널(Diagonal) 곡선으로서 그리고 있다.

③ 그려진 다이애거널 곡선 하나하나가 매끄러운가 아닌가를 체크한다.

④ 그려진 다이애거널 곡선 하나하나가 주위의 곡선과 정합성 있게 그려져 있는가, 바꿔 말하면 곡선의 흐름에 의한 선체표면에 요철이 나타나고 있는가 없는가를 체크한다.

⑤ 다이애거널 곡선이 매끄럽지 않거나, 주위의 곡선과 정합성 있게 그려지지 않은 경우에는, 기준선를 참고로 하면서 순정을 한다.

그림 3-44의 정면선도는 간단하게 순정을 했기 때문에 이 그림을 기초로 선체선도의 제도를 한다.

3.4.13 반폭선도를 그리는 방법

그림 3-44의 정면선도에 있어서 기선으로부터 높이가 다른 수평면(水平面)을 나타내는 수면선 WSL과 각 스퀘어 스테이션의 횡단면곡선과의 교점을 선체중심선℄으로부터 수평거리로 구하고 이것을 이용하여 평면도에 수선WL로서 나타내는 곡선이 반폭선도이다.

3.4.13.1 정면선도와 반폭선도와의 관계

여기에서는 반폭선도를 그리는 방법을 이해하기 위하여 그림 3-45에서 보는바와 같이 선체중심선으로부터의 수평거리를 이용하는 것이 아니라, 정면선도를 90° 반전시켜 수면선 WSL과 각 스퀘어 스테이션의 횡단면곡선과의 교점 하나하나를 직접 반폭선도에 투영시켜서 반폭선도를 그려 보기로 한다.

우선, 그림 3-45에서 보는 바와 같이 정면선도의 선수부를 왼쪽으로 90° 반전시켜 수면선 WSL 마다 각 스퀘어 스테이션의 횡단면곡선과의 교점을 구한다. 예를 들면 여기에서는 1WSL에서의 교점을 ○표시, 3WSL에서의 교점을 ●표시로 나타내고 있다.

그 다음에, 반폭선도를 그리기 위하여 각 스퀘어 스테이션을 나타내는 곳인 종직선(Ordinate) 위로 구한 교점을 투영시킨다. 다시 말하여 정면선도에서의 1WSL과 스퀘어 스테이션 $9_{1/2}$의 횡단면곡선과의 교점은 반폭선도에서의 $9_{1/2}$에 있는 종직선 위로 투영시키고, 1WSL과 스퀘어 스테이션 9의 횡단면곡선과의 교점은 반폭선도에서의 9에 있는 종직선 위로 투영시킨다. 이러한 방법으로 정면선도에 있어서 수면선 WSL마다 각 스퀘어 스테이션의 횡단면곡선과의 모든 교점을 반폭선도의 각 종직선위로 투영시킨다.

그리고 반폭선도의 각 종직선 위로 투영된 점에서 정면선도에서의 같은 수면

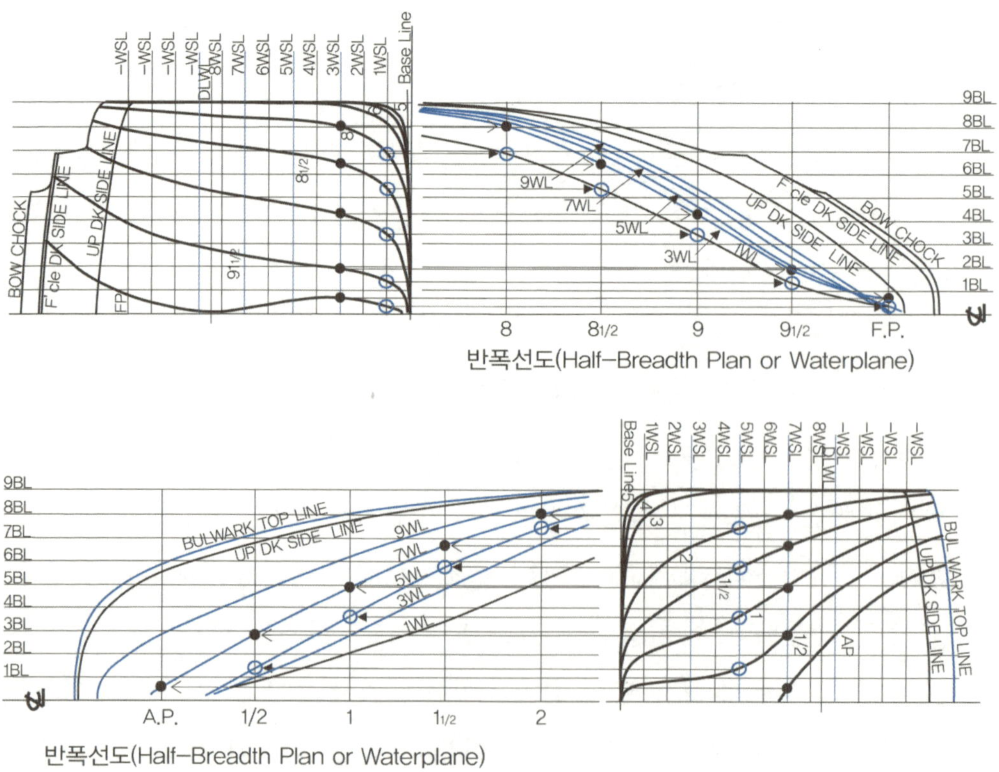

▶▶▶ 그림 3-45 정면선도와 반폭선도와의 관계

선 WSL의 점을 잇는 매끄러운 곡선을 그리면 이것이 수선 WL(Waterline)이다.

선미부는 정면선도의 선미부를 오른쪽으로 90° 반전시켜 같은 방법으로 각 수선 WL을 그리고 있다. 예를 들면 여기에서는 5WSL에서의 교점을 ○표시, 7WSL에서의 교점을 ●표시로 나타내고 있다.

3.4.13.2 반폭선도의 순정(Fairing)

실제로는 정면선도에서 임의의 수면선 WSL과 각 스퀘어 스테이션의 횡단면곡선과의 교점을 선체중심선℄으로부터의 수평거리로 구하고, 이것을 반폭선도에 그려진 종직선 위에 있어서 선체중심선℄으로부터의 높이(거리)로서 점을 정하여, 이 점을 잇는 곡선 즉 수선 WL을 그린다.

반폭선도에 있어서 수선 WL을 그릴 때, 모든 점이 매끄러운 곡선 위에 있으면 반폭선도의 수선 WL로서 문제가 없지만 대부분의 경우 매끄러운 곡선 위로 오르지 못하는 점이 나온다.

이러한 경우에는 많은 점을 통하는 매끄러운 수선 WL을 그린 후 수선 WL과 각 스퀘어 스테이션에서의 종직선과의 교점을 새로 정하고, 이 점을 정면선도로 되돌린다. 그러한 후 정면선도에서 횡단면곡선을 수정한다. 이 때 횡단면곡선도 또다시 매끄러운 곡선이 되도록 해야 하다.

이러한 작업을 모든 수선 WL에 대하여 되풀이 하면서 정면선도와 반폭선도의 순정을 한다.

이렇게 하여 얻을 수 있는 정면선도와 반폭선도의 순정(Fairing)은 대체로 마친 상태가 된다.

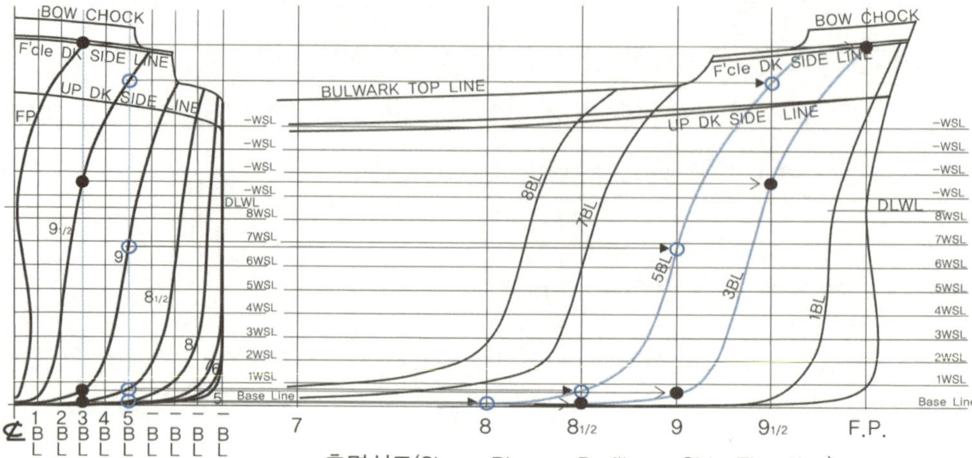

측면선도(Sheer Plan or Profile or Side Elevation)

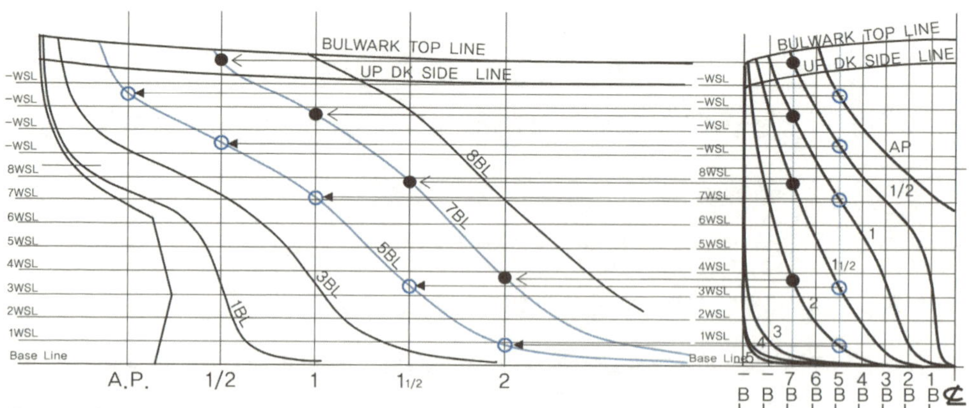

측면선도(Sheer Plan or Profile or Side Elevation)

▶▶▶ 그림 3-46 정면선도와 측면선도와의 관계

3.4.14 측면선도를 그리는 방법

그림 3-44의 정면선도에 있어서 BL로 나타내고 있는 곳의 종절선 BL과 각 스퀘어 스테이션의 횡단면곡선과의 교점을 기선(Base Line)으로부터의 높이로서

구한다. 그리고 이것을 이용하여 측면도로서 선수 및 선미곡선(Bow and Buttock Line)을 나타내면 그림 3-46에서 보는바와 같은 측면선도를 얻을 수 있다. 그러나 이대로는 불완전한 상태이므로 반폭선도을 이용하여 순정한 후에 측면선도를 얻어낸다.

3.4.14.1 정면선도와 측면선도와의 관계

여기에서는 측면선도를 그리는 방법을 이해하기 위하여 그림 3-46에서 보는바와 같이 정면선도에서 각 종절선 BL마다 모든 스퀘어 스테이션의 횡단면곡선과의 교점을 기선으로부터의 높이로서 구하고 정면선도로부터 직접 측면선도에 투영시켜서 측면선도를 그려 보기로 한다.

우선 그림 3-46에서 보는바와 같이 선수부를 나타내는 정면선도의 오른쪽에서 종절선 BL마다 각 스퀘어 스테이션의 횡단면곡선과의 교점을 구한다. 예를 들면 여기에서는 3BL에서의 교점을 ●표시, 5BL에서의 교점을 ○표시로 나타내고 있다.

그 다음에 측면선도를 그리는 각 스퀘어 스테이션의 종직선 위로 구한 교점을 투영시킨다. 즉 정면선도에서의 3BL과 스퀘어 스테이션 $9_{1/2}$의 횡단면곡선과의 교점(●표시)은 측면선도에서의 $9_{1/2}$에 있는 종직선 위로 투영(———>●의 점)시켜 3BL과 스퀘어 스테이션 F.P.의 횡단면곡선과의 교점(●표시)은 측면선도에서의 FP에 있는 종직선위로 투영(———>●의 점)시키는 방법으로 종절선 BL마다 모든 점을 투영시킨다.

그리고 측면선도의 각 종직선 위에 투영된 점에서 정면선도에서 같은 종절선 BL의 점을 잇는 매끄러운 곡선을 그리면, 이것이 선수곡선(Bow Line)이다.

선미부에 대하여서는 정면선도의 왼쪽에서 종절선 BL 마다 각 스퀘어 스테이션의 횡단면곡선과의 교점을 구한다. 예를 들면 여기에서는 5BL에서의 교점을

○표시, 7BL에서의 교점을 ●표시로 나타내고 있다. 이 점을 선수부와 같은 방법으로 측면선도의 각 스퀘어 스테이션의 종직선 위에 투영시켜, 각 종직선 위에 있어서 정면선도와 같은 종절선 BL의 점을 잇는 매끄러운 곡선을 그리면, 이것이 선미곡선(Buttock Line)이다.

3.4.14.2 측면선도의 순정(Fairing)

실제로는 정면선도 오른쪽의 선수부에서 임의의 종평면을 나타내는 종절선 BL과 각스퀘어 스테이션의 횡단면곡선과의 교점을 기선(Base Line)으로부터의 높이로서 구하고, 이것을 측면선도의 종직선 위에 기선으로부터의 높이로서 점을 정하여, 이 점을 이어 선수곡선을 그린다. 그 후 다음 선수곡선을 그리는 작업을 하는 것을 되풀이 한다.

선미부는 정면선도 왼쪽의 선미부를 이용하여 같은 방법으로 선미곡선(Buttock Line)을 그리고 있다.

예를 들면 여기에서는 5BL에서의 교점을 ○표시, 7BL에서의 교점을 ●표시로 나타내고 있다.

그러나 이 방법에 의하여 선수 및 선미곡선을 그리면 정면선도에서 각 종절선 BL과 각 스퀘어 스테이션의 횡단면곡선과의 교점 수가 적을 경우도 있어 측면선도에서 옳은 선수 및 선미곡선을 그릴 수 없다.

그래서 정면선도에서 얻을 수 있었던 종절선 BL과 각 스퀘어 스테이션의 횡단면곡선과의 교점을 측면선도의 종직선 위로 옮겨서 정한 **그림 3-46**과 같은 점 이외에, **그림 3-45**와 같은 방법으로 얻을 수 있는 반폭선도에 있어서 각 수선 WL과 종절선 BL과의 교점을 **그림 3-47**과 같이 측면선도의 수면선 WSL 위로 옮겨서 점(——▶이 가리키는 수면선 WSL상의 점)을 정한다.

그 다음에 측면선도에 있어서 각 선수 및 선미곡선(Bow and Buttock Line :

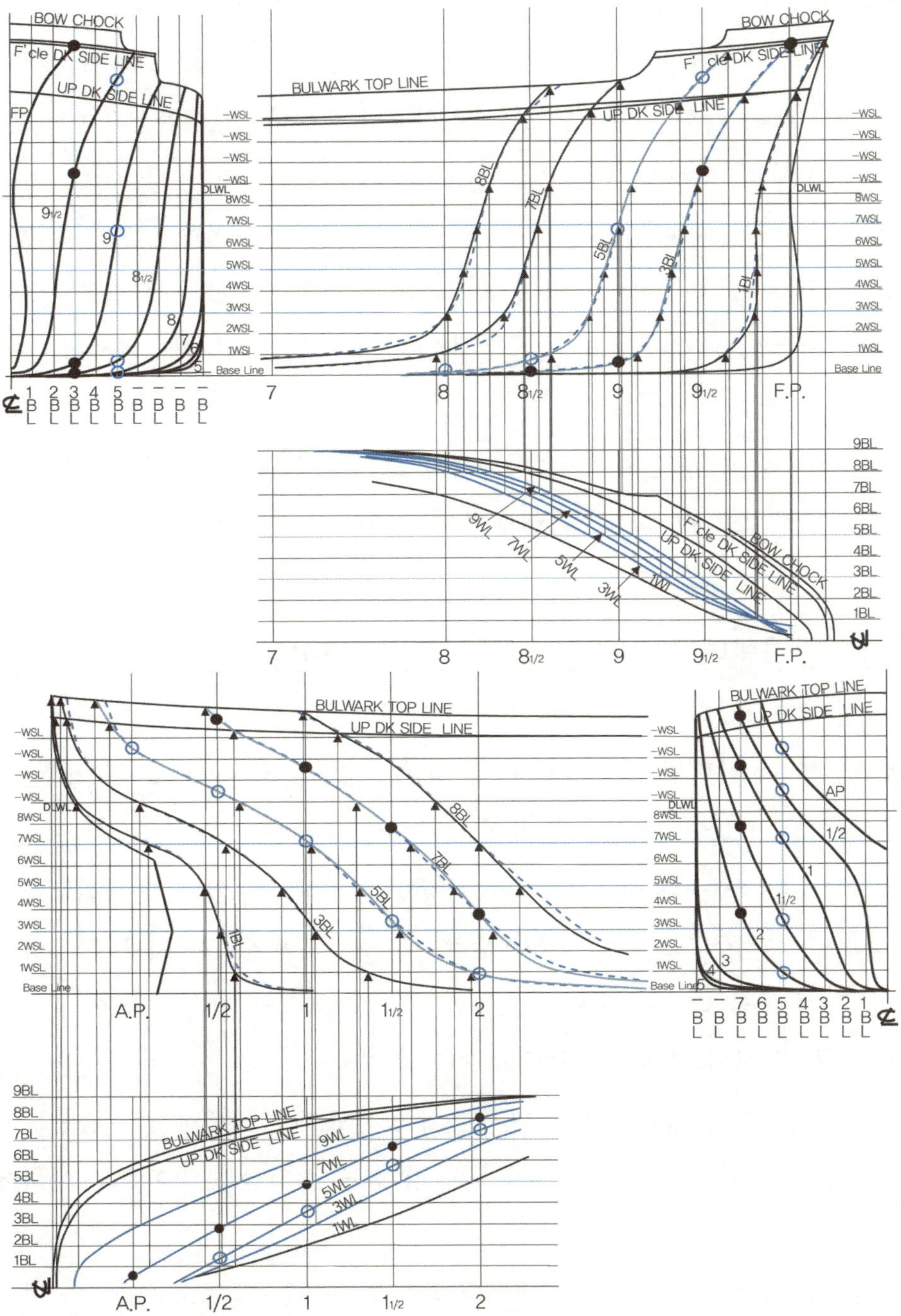

▶▶▶ 그림 3-47 측면선도의 순정

BL)마다 각 스퀘어 스테이션에서의 종직선상의 점(그림 3-46에서 정한 점)과 각 수면선 WSL 상의 점(그림 3-47에서 정한 점)을 통하는 곡선을 그린다. 이 때 모든 점이 매끄러운 곡선 위에 있으면 측면선도의 선수 및 선미곡선으로서 문제가 없지만, 대부분의 경우는 곡선 위로 오르지 못하는 점이 나온다.

이러한 경우에는 많은 점을 통하는 매끄러운 선수 및 선미곡선을 그린 후 수선 WL과 각 스퀘어 스테이션에서의 종직선과의 교점을 정하고, 이 점을 정면선도와 반폭선도로 되돌린다. 그리고 정면선도에서의 횡단면곡선과 반폭선도에서의 수선 WL을 수정한다.

이러한 작업을 모든 선수 및 선미곡선과 모든 수선 WL에 대하여 반복하면서 정면선도, 반폭선도 그리고 선측선도의 순정(Fairing)을 한다.

3.4.15 설계실에 있어서의 선체선도(Lines)의 마무리

그림 3-44에서 본바와 같은 간단히 순정을 마친 정면선도(Body Plan)를 이용하여 반폭선도(Half-Breadth Plan or Waterplane)를 그리고 그 후 측면선도(Sheer Plan or Profile or Side Elevation)를 그려서 대체로 선체선도가 완성된다. 그리고 최종적으로 정면선도, 반폭선도 및 측면선도가 서로 정합성 있는 선체선도가 되도록 순정을 한다.

순정을 할 때 어떤 특별한 방법으로 하면 간단히 할 수 있다는 방법은 존재하지 않는다. 순정하는 작업은 어디까지나 정면선도, 반폭선도 및 측면선도에 그려진 곡선간에 있어서 곡선마다 서로 정합성 있게 수정하는 것이므로 신중에 신중을 기해야 한다.

선체선도로 나타내는 곡선군은 대소의 곡률을 가지는 곡면으로 형성되어 있는 선체 형표면의 형상을 정확하게 나타내고 있으므로, 선체의 형표면 상에 있는 어떠한 점이나 곡선도 서로 정합성 있고 상대적인 위치 관계를 결정할 수 있는 곡선으로 그려져 있어야 한다. 때문에 어떤 선도에서의 점 1개의 수정은 그 점을 통하는 곡선의 수정이 되고, 이 곡선의 수정이 그 곡선 위의 다른 점들의 수정으로 이어진다. 그것들의 점이나 곡선의 수정은 다른 2개의 선도에 있어서도 곡선의 수정을 어쩔 수 없게 하며, 그 위에, 그 2개의 선도간에 있어서도 곡선들 끼리 정합성이 요구된다.

이러한 순정 작업을 통하여 정면선도, 반폭선도 및 측면선도의 곡선이 각 곡선간에 있어서 서로 정합성 있도록 그려져 있으면 선체선도로서 갖추어졌다고 볼 수 있다. 그러나 아직까지는 완성된 선체선도라고는 볼 수 없다.

선체선도는 순정 작업에서도 알 수 있지만 선체의 치수가 주어지면 그릴 수 있는 것이 아니라, 점과 곡선 및 정면선도, 반폭선도, 측면선도의 도면간에 있어서 모든 정합성을 잡으면서 매끄러운 곡선군으로 그려져야 하기 때문에 단순히 도면상의 순정에만 힘쓰면 순정 작업 중에 선체의 형상치수가 변할 수 있다. 이러한 경우는 선체선도로서는 도면간에 있어서 정합성 있는 선도가 되지만 선주가 요구하는 여러 가지 조건을 만족시키는 선형을 나타내고 있다고는 말할 수 없다.

따라서 순정 작업은 단순한 선체선도의 점과 곡선 및 도면간의 정합성을 잡을 뿐만 아니라, 선체선도에 의한 계획선의 배수량, 종방향부력중심(Longitudinal Center of Buoyancy) lcb, 종(Longitudinal) 또는 횡(Transverse) 메타센터(metacenter) 반경, 용적, 톤수 및 선체저항 등의 여러 조건이 선주 요건을 만족하고 있는가 아닌가를 체크하면서 실행하여야 한다. 만일 선주 요건을 만족시키지 못하는 항목이 있을 경우에는 선주 요건을 만족시킬 때까지 정면선도로부터 시작하여 반폭선도 및 측면선도에 이르기 까지 선체선도의 모든 수정(Modification)과 순정(Fairing) 작업을 하여야 한다.

이러한 되풀이 작업에 의하여 선주 요건을 모두 만족시키고, 정면선도, 반폭선도 및 측면선도에 그려진 곡선간에 있어서 완전히 정합성 있는 선체선도가 그려졌을 때, 설계실에 있어서의 계획선의 선체선도를 완성한다. 즉 설계 단계에서의 선체선도의 완성이며 계획선의 건조용 선체선도는 설계실에서의 선체선도를 기초로 현척(Full Scale) 현도(Mold Loft)의 순정 후에 완성 한다.

3.4.16 초기의 선체치수표(Table of Offsets) 작성

설계실에 있어서 계획선의 선체선도가 완성되면 정면선도에 있어서 선체중심선℄으로부터 각 횡단면곡선과 각 수면선 WSL과의 교점까지 또는 반폭선도에 있어서 선체중심선℄으로부터 각 종직선과 각 수선 WL과의 교점까지의 수선반폭의 치수를 측정한다. 또한 정면선도에 있어서 기선으로부터 각 횡단면곡선과 각 종절선 BL과의 교점까지 또는 측면선도에 있어서 기선으로부터 각 종직선과 각 선수 및 선미곡선(Bow and Buttock Line)과의 교점까지의 높이의 치수를 측정한다. 이 때 측정한 값을 초기의 오프셋(Offsets), 그것들을 스퀘어 스테이션마다 정리한 표를 초기의 선체치수표 또는 오프셋표(Table of Offsets)라고 말한다.

선체치수표를 표 3-1, 표 3-2에 예시한다.

표 3-1은 수선반폭의 치수를 나타내는 오프셋표이다.

세로줄인 열(列)에는 각 스퀘어 스테이션의 위치를 나타내는 번호가 기입되어 있고, 가로줄인 행(行)에는 기선으로부터 시작하여 필요한 수의 수선 WL의 반폭치수를 표시하고 있다. 소형선박의 경우는 0.25m나 0.5m 간격의 수선을 표시하기도 한다.

그 외에 상갑판선측선(Upper Deck Side Line), 선수루갑판선측선(Forecastle Deck Side Line) 및 불워크 톱 라인(Bulwark Top Line)도 표시한다. 또한 필요

에 따라 선수 초크 라인(Bow Chock Line), 제2갑판선측선(Second Deck Side Line)이나 선미루갑판선측선(Poop Deck Side Line) 등도 표시한다.

표 3-2는 선수 및 선미곡선의 기선으로부터의 높이의 치수를 나타내는 오프셋 표이다.

세로줄인 열에는 선체의 횡단면의 위치를 나타내는 스퀘어 스테이션의 번호가 기입되어 있고, 가로줄인 행에는 종평면의 선체중심선℄으로부터의 위치를 나타낼 필요한 수의 선수 및 선미곡선의 기선으로부터의 높이의 치수를 표시하고 있다. 소형선박의 경우는 0.25m나 0.5m 간격의 BL을 표시하기도 한다. 그 외에 상갑판선측선, 상갑판중심선(Upper Deck Center Line), 선수루갑판선측선, 선수루갑판중심선(Forecastle Deck Center Line) 및 불워크 톱 라인도 표시한다. 또한 필요에 따라 선수초크라인, 제2갑판선측선, 제2갑판중심선(Second Deck Center Line)이나 선미루갑판선측선, 선미루갑판중심선(Poop Deck Center Line)등도 표시한다.

이렇게 하여 초기의 선체치수표 또는 오프셋표가 완성한다.

▶▶▶ 표 3-1 각 수선과 그 외 곡선들의 반폭치수표

Station	Half Breadth															
	Water Line												2nd Deck	Upper Deck	F'cle Deck	Bulwark top Line
	Base Line	0.5 WL	1WL	2WL	3WL	4WL	5WL	6WL	7WL	-WL	-WL	-WL				
B																
A																
A.P.																
1/4																
1/2																
3/4																
1																
$1_{1/2}$																
2																
$2_{1/2}$																
3																
4																
5																
6																
7																
$7_{1/2}$																
8																
$8_{1/2}$																
9																
$9_{1/4}$																
$9_{1/2}$																
$9_{3/4}$																
F.P.																

표 3-2 선수 및 선미곡선과 그 외 곡선들의 기선상 높이의 치수표

Station	Height above Base Line													
	Bow and Buttock Line							2nd Deck Side Line	2nd Deck Center Line	Upper Deck Side Line	Upper Deck Center Line	F'cle Deck Side Line	F'cle Deck Center Line	Bulwark top Line
	0.5 BL	1BL	2BL	3BL	4BL	-BL	-BL							
B														
A														
A.P.														
1/4														
1/2														
3/4														
1														
$1_{1/2}$														
2														
$2_{1/2}$														
3														
4														
5														
6														
7														
$7_{1/2}$														
8														
$8_{1/2}$														
9														
$9_{1/4}$														
$9_{1/2}$														
$9_{3/4}$														
F.P.														

3.4.17 선체선도의 현척현도 순정과 최종선체치수표

설계실에서 완성된 선체선도는 대체로 실선의 1/50∼1/100의 축척도로 제도되어 있으므로 아무리 정확하게 그리고 주의 깊게 순정을 했다고 하여도 실제 크기로 전개하면 다소의 오차는 면하지 못한다. 따라서 설계실에 있어서의 설계시의 선체선도 및 선체치수표는 아직 다소의 오차가 포함되어 있다고 말할 수 있다.

선체선도를 제도하는 컴퓨터 소프트가 없었을 때에는 조선소에서는 설계실에서 제도한 축척도의 선체선도를 축척으로부터 생기는 오차를 보정하기 위하여 현도장이라고 하는 곳의 마루 위에 실제 크기로 확대하여 다시 그려 표시하고, 선체선도를 현척(실제 치수) 현도로 나타냄으로서 나타나는 오차를 보정하기 위한 작업을 하는 것이 일반적이었다. 이 작업을 현도장의 순정(Fairing in Mold Loft)이라고 말한다. 현척현도에 의한 순정을 한 후 현척현도의 정확한 선체선도가 그려지면 계획선의 실제 치수의 오프셋(Offsets)과 선체치수표(Table of Offsets : 오프셋표)가 구하여지고 건조하는 배의 선형이 확정된다. 이것을 계획선의 최종선체치수표 또는 오프셋표라고 한다.

이 최종치수표에 근거하여 계획선의 배수량등 계산, 복원력계산, 중량중심계산, 재화용적계산, 톤수 계산 등의 여러 계산이 실행되고, 이 계산 결과는 선주요건을 모두 만족하고 있어야 한다.

이러한 순정 작업에서는 축척도의 선체선도를 제도하는 기술자(설계자)와는 달리 축척도로부터 현척(실제 치수) 현도를 그리기 위한 현도장과 순정을 하는 기술자가 필요하다.

현척(실제 치수) 현도를 대신하여 1/10이나 1/5의 축척도를 가지고 현도의 순정 작업을 하고 있는 조선소도 있지만, 그렇게 작업할 경우 축척도인 선체선도의 제도와는 별개로 순정 작업에 엄청난 시간을 소비하고 있다.

따라서 지금까지와 같은 축척도로서의 선체선도 제도는 현척(실제 치수)현도에 의한 순정이라고 하는 작업과 실제 치수표를 완성시키는 작업이 필요 하다.

최근의 조선소에서는 설계부내에서 컴퓨터 소프트에 의한 현척현도의 순정이 주류가 되고 있어, 디스플레이상에서 선체선도 제도로부터 현척현도의 순정까지 이루어지고 있다.

3.4.18 선체선도의 역할과 선박건조의 특징

계획선의 선체선도가 완성되고 실제 치수대로의 선체치수표가 구하여지면 이것에 근거하여 계획선의 여러 계산이 실행된다.

여러 계산중에서 가장 대표적인 것이 배수량등 계산이다.

지금까지 선체선도 제도의 기본으로 되고 있는 것이 반드시 수선간길이를 등간격으로 10등분하는 것이며, 그 위에 선수 및 선미형상에 있어서 곡률이 큰 도형이 되는 곳에서는 10등분해서 얻을 수 있었던 스퀘어 스테이션의 간격의 반 또는 4등분점이 있는 곳에 새로운 스퀘어 스테이션을 마련하는 것이다.

수선간길이를 등간격으로 10등분하는 것이나, 곡률의 큰 선수 및 선미 부분의 근방에서 스퀘어 스테이션의 간격의 반 또는 4등분과 같이 짝수로 분할하는 것은, 선체선도 제도를 하는데 있어서의 기하학적인 제약이 아니고, 선체치수표를 이용한 배수량등 계산 등에 근사 적분법을 쉽게 적용할 수 있게 하기 위함이다.

선체치수표의 오프셋의 수로서는 초대형선박이라도 1,500전후이며, 소형선박에 있어서는 250미만이다. 또한 배수량등의 계산에 있어서는 약 반수의 오프셋을 이용하면 충분하다.

수작업이나 손으로 계산하던 시대에는 곡면으로 이루어진 선체를 선체선도라고 말하는 곡선군으로 그려 나타내고, 거기에서 얼마 안 되는 오프셋 수로 실용적으로 문제가 없는 여러 계산의 결과를 얻어내는 것이 설계 능률을 올리기 위한 필수조건이었다.

더구나 현재에 있어도 선체선도용 소프트를 이용하지 않고 있는 조선소에서는 기본적으로는 종래대로 선체 제도와 그 후의 일련의 작업을 하고 있어, 배를 건조하는데 특히 기술상 문제로 되지 않는다.

한편 최근에 컴퓨터 소프트에 의한 선체선도 제도나 현척(실제 치수) 현도의 순정이 실시되고 있는 현상에 있어서는, 수선간길이를 등간격으로 10등분하는 것이나 스퀘어 스테이션의 간격의 반 또는 4등분과 같이 짝수로 분할하는 것이 지금까지의 선체선도 제도와 같이 중요한 의미를 가지지 않게 되어 가고 있다.

종래의 방법으로나 또는 컴퓨터 소프트에 의한 방법으로나 순정 작업의 완료는 선체형상의 최종결정을 의미하고, 이것에 의하여 건조하는 배의 외판이나 내부품의 정확한 모양이나 치수가 얻어져 가게 된다.

새로운 배의 건조는 선주에게서 요구된 여러 성능을 만족 시키는 배의 외형이 결정된 후, 그 외형을 정밀도 좋게 유지하기 위한 내부품의 모양이나 치수를 정하고 그 위에 강도나 재화조건 등을 만족하는 구조물로 조립하여 가면서 최종적으로는 대소곡률의 곡면으로 이루어지는 선체를 만드는데 큰 특징이 있다.

3.4.19 선체선도를 위한 컴퓨터 소프트웨어

배의 건조에서는 축척도의 선체선도를 그리고, 현척(실제 치수) 현도에 의한 순정 작업을 거쳐서, 실제 치수대로의 선체치수표를 구하는 작업이 긴 세월을 지나며 지금까지 계속되어 왔다.

이것은 선체선도 바로 그것이 단지 선체형상을 나타내고 있을 뿐만 아니라 수면을 항행하는데 가장 중요한 매끄러운 곡면으로 되고 있는 선체를 설계대로 만들기 위한 중요한 도면인 것을 보여주고 있다. 따라서 축척도의 선체선도를 종래와 같이 그리고 있으면 축척 현도정도까지가 한도이고 어느 하나도 생략할 수는 없다.

선체선도로 나타나는 곡선군이 아무리 배의 형표면의 절단면 형상을 정확하게 나타내고 그 형형상에 있어서 어떠한 점이나 선도 도면상에서 상대적인 위치 관계를 결정할 수 있는 곡선으로서 그려지고 있다고 하여도 거기에서 얻을 수 있는 선체치수표는 필요 최소한의 수치 데이터 표와 다름이 없다.

이러한 선체선도와 선체치수표는 조선설계에서는 필요 불가결하여 기본설계로부터 생산 설계 · 현도까지 일관한 컴퓨터 · 시스템 상에서 이용할 수 있는 데이터베이스화가 요구되고 있다.

선체선도는 조선설계의 근간을 이루는 것이기 때문에 컴퓨터 · 시스템을 구축하고 그 기능을 살리기 위해서는 선체선도와 관련된 모든 정보를 데이터베이스화하여 각 부서에서 쉽게 이용할 수 있도록 하는 것이다.

따라서 선체선도용 소프트웨어의 도입에 즈음하여서는 설계의 각 부서와 밀접한 관계를 이룰 수 있는 시스템 속에서 이용할 수 있는 것인가, 아니면 단순히 선체선도용 소프트라면 설계의 각 부서에서 이용할 수 있는 데이터베이스의 구축이 간단하게 실시될 수 있는 것이어야 한다.

종래의 현척(실제 치수) 현도에 의한 선체선도의 순정이 축척도로서 그려진 선체선도의 오차를 보정하기 위한 작업이라면, 축척도로서 그려지는 선체선도 바로 그것을 현척(실제 치수) 현도로 제도해버리면 현척(실제 치수) 현도에 의한 순정 작업이 필요 없게 된다.

일반상식으로 생각하면 선체선도를 현척(실제 치수) 현도로 제도하는 것은 전혀 실용적이지 아니 하지만, 최근의 조선 설계용의 컴퓨터 · 소프트는 컴퓨터 ·

디스플레이상에서 현척(실제 치수) 현도로서의 선체선도 제도를 실용상 가능하게 하고 있다.

조선 설계용 컴퓨터 · 소프트의 이점을 말한다면 다음과 같다.

① 기준선(Reference Ship : 또는 참고선)의 참조가 간단하다.(데이터베이스화가 이뤄지고 있으면)

② 거래 때의 기본설계와 여러 성능계산을 간단히 할 수 있다.

③ 선체선도가 완성하면 여러 성능계산을 동시에 할 수 있다.

④ 현척(실제 치수) 현도에 의한 순정 작업이 필요 없다.

⑤ 선체표면의 임의의 점 또는 임의 단면의 형상을 구할 수 있다.

⑥ 선체선도에 관한 모든 것을 데이터베이스화할 수 있다.

제4장
배수량등 계산과 곡선도
(CALCULATION OF DISPLACEMENT OF SHIP AND HYDROSTATIC CURVES)

4.1 배의 무게와 부력

4.2 아르키메데스의 원리

4.3 선체선도와 기하학적 항목

4.4 배수량 등곡선도(Hydrostatic Curves)

4.5 배수량 등곡선도의 체크 포인트

4.1 배의 무게와 부력

배는 주로 부력을 이용하여 사람이나 물건을 태워서 운반하는 것이 목적이기 때문에 그 크기는 한 사람만 타는 작은 배로부터 몇 십만 톤의 거대한 배까지 다종다양하다.

어떠한 크기의 배라도 배가 정수면(Surface of Still Water)에 떠 있을 때 선체의 수면 아래 용적의 중심 즉 부심(Center of Buoyancy)에는 배를 뜨게 하는 일정한 부력(Buoyancy)이 작용하고 있다. 바꾸어 말한다면 정수면에 떠 있는 배는 이 일정한 부력으로 인하여 뜨고 있는 것이다. 또한 정수면에 떠 있는 배는 어떤 무게(Weight)를 가지고 있어 이것이 중력(Gravity)으로서 선체의 중심(Center of Gravity)에 작용하고 있다.

배가 정수면에 떠서 정지하고 있는 상황에서는 선체의 중심과 부심은 서로 정수면과 직각인 연직선 위에 있고 더구나 선체의 중심에 작용하는 중력과 부심에 작용하는 부력은 크기는 같고 정반대쪽으로 작용하고 있다.

일반적으로 정수면에 떠 있는 배의 무게는 수면상 위로 매달려 올릴 수 있는 소형선박을 제외하고는 직접 헤아릴 수 없지만, 배의 무게와 부력의 크기가 똑같기 때문에 배에 작용하는 부력의 크기를 구하여 이것으로부터 직접적이지는 않지만 간접적으로 배의 무게를 구할 수 있다.

배에 작용하는 부력에 대하여서는 아르키메데스의 원리(Archimedes' principle)를 이용하여 설명 또는 이해할 수 있고 또한 그 크기를 구할 수 있다. 따라서 아르키메데스의 원리를 이용하면 직접은 아니지만 간접적으로 배의 무게를 구할 수 있다.

4.2 아르키메데스의 원리

4.2.1 아르키메데스의 원리의 개념

물은 유동체이기 때문에 그 자체만으로 일정한 형상을 만들어 낼 수는 없다. 따라서 지구상의 물은 중력의 작용에 의하여 항상 아래쪽으로 흐르고자 하며, 흐르는 물을 받아들일 수 있는 구덩이가 있으면 정지 수면을 만들어 안정된 상태가 된다. 때문에 물을 그릇에 넣으면 반드시 정지 수면을 만들고 안정된 상태가 된다. 어떤 일정한 물의 무게를 잴 경우에는 반드시 물을 넣는 그릇이 필요하다.

지금 어떤 일정한 물의 양에 대하여 생각하기 위하여 실제로는 존재하지 않지만 **그림 4-1**에서 보는바와 같이 무게도 두께도 없지만 모양이 허물어지지 않는「달마 용기」(용기는 어떤 형상이라도 좋음)를 상상하고, 다음과 같이 생각해 보기로 한다.

① **그림 4-1**과 같이「달마 용기」의 무게는 없다고 가정하고 있으므로 $w_1=0$이다. 그리고「달마 용기」안의 물의 무게를 각각 w_2, w_3 및 w_4만 넣었을 경우와 물을 가득히 넣었을 경우 w_5에 대하여 생각해 본다. 즉 모양이 허물어지지 않는「달마 용기」안에 각각 w_2, w_3, w_4 및 w_5의 양만큼의 물이 들어 있을 경우는 지상에서는 떠받치지 않으면 밑으로 떨어진다.

② 지금 **그림 4-1**의 저울에 태운 5개의 상태의「달마 용기」를 많은 물이 있는 정수면 위로 떨어뜨리면 물이 안 들어간「달마 용기」는 무게가 없는 것($w_1=0$)으로 가정하고 있기 때문에 상태 1과 같이 수면보다 위쪽에 높이나 경사에 관계없이 임의의 위치에 머문다. 즉「달마 용기」안은 공기만 있으므로 공기 중의 임의의 위치에 정지한다.

③「달마 용기」에 물의 무게가 각각 w_2, w_3 및 w_4만큼 들어 있는 경우는「달마

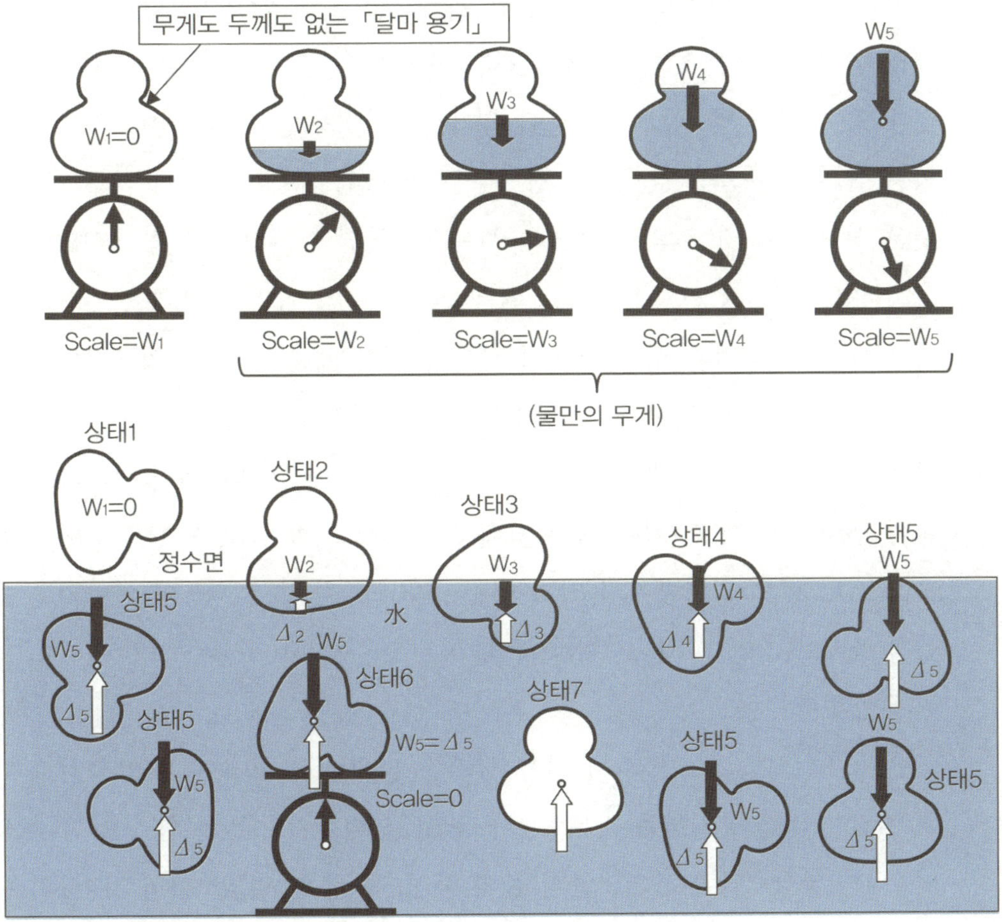

▶▶▶ **그림 4-1 물의 무게와 부력의 개념**

용기」의 자세와는 관계없이 상태 2, 상태 3 및 상태 4와 같이 용기 안의 수면과 많은 물의 정수면과 일치하게 정지한다. 「달마 용기」 안과 밖은 같은 물이므로 용기 안의 수면이 많은 물의 정수면보다 위로 나오거나 또는 정수면 아래로 가라앉지 않는다.

④ 「달마 용기」에 물을 가득히 넣은 상태의 무게는 w_5이기 때문에 많은 물이 있는 곳에 넣으면 상태 5와 같이 「달마 용기」는 물 안으로 넣었을 때의 깊

이나 자세에 관계없이 더구나 수면 위로 나오지도 않으며, 떠오르거나 가라앉지도 않고, 물속의 어디에서라도 정지한다.

⑤ 상태 2, 상태 3 및 상태 4와 같이 용기 안의 물의 양에 관계없이 그 수면이 많은 물의 정수면과 일치하게 정지하는 것이나, 상태5와 같이 물을 가득히 넣은 상태인 무게 w_5의 「달마 용기」가 수면 위로 나오지도 않고 떠오르거나 가라앉지도 않으며 자세와는 관계없이 물속의 임의의 곳에 정지하는 것은 「달마 용기」 안과 밖이 완전히 같은 물이기 때문이다. 즉 많은 물이 「달마 용기」 안의 물 몫만 늘어난 것뿐이라고 생각할 수 있다.

⑥ 상태 2, 상태 3 및 상태 4의 물의 무게는 각각 w_2, w_3 및 w_4이고, 상태 5의 물의 무게는 w_5 로서 각각 다른 상태로 정지하고 있는 것은 이들이 이와 같은 크기의 힘으로 떠받쳐져 있기 때문이라고 말할 수 있다. 이 떠받치고 있는 힘을 $\varDelta_2$, $\varDelta_3$, $\varDelta_4$ 및 $\varDelta_5$ 이라 하면, $w_2 = \varDelta_2$, $w_3 = \varDelta_3$, $w_4 = \varDelta_4$ 및 $w_5 = \varDelta_5$ 의 관계에 있다.

⑦ 또한 물이 든 「달마 용기」가 물에 잠기는 깊이나 자세에 관계없이 서로 다른 정지 상태를 유지하는 것은 「달마 용기」를 떠받치고 있는 힘 $\varDelta_2$, $\varDelta_3$, $\varDelta_4$ 및 $\varDelta_5$가 항상 「달마 용기」 안의 물의 중심, 즉 수면 밑의 「달마 용기」의 용적 중심에 작용하고 있기 때문에다.

⑧ 이것은 예를 들면 상태 6과 같이 물 안에 있는 물이 가득 찬 「달마 용기」를 저울로 무게를 잴 수 없는 것을 통해 이해할 수 있다. 즉 「달마 용기」 안의 물은 밖의 물의 일부라고 생각 할 수도 있고 따라서 같은 물속에서 일부의 물만을 재려고 하여도 재지 못하는 것과 같다. 이것으로부터 물이 가득 찬 「달마 용기」가 뜨고 있는 자세에 관계없이 그 자리에 정지하고 있다는 것을 이해할 수 있다.

⑨ 지금 상태 7과 같이 「달마 용기」 안의 물을 빼면 「달마 용기」의 무게는 없

어지고 ($w_5=0$), 「달마 용기」를 떠받치고 있었던 힘 Δ_5만이 남는다. 즉 「달마 용기」의 물을 빼서 빈 용기로 하면 떠받치고 있었던 힘 Δ_5만이 빈 「달마 용기」에 작용하게 된다. 따라서 이 힘 Δ_5가 물 안에 있는 빈 「달마 용기」를 수면 위로 떠오르게 한다. 그리고 그 후에 상태 1과 같은 상태로 된다.

상태 2, 상태 3 및 상태 4도 위와 같이 생각 할 수 있다.

⑩ 사고방식을 바꾸어 처음부터 물을 담고 있지 않은 무게도 두께도 없이 모형이 허물어지지 않는 「달마 용기」를 물 안으로 넣어 가면, 거기에는 물 안으로 넣은 몫만 「달마 용기」를 떠오르게 하자는 힘 Δ가 작용한다. 그 힘은 「달마 용기」를 물 안으로 넣어 가면 수면 아래로 들어간 용기의 크기만큼 물을 밀어 내지만, 그 밀어 낸 물의 무게(「달마 용기」 안에서 외부의 정수면과 일치하는 수면이 되는 물의 무게)와 다름없다고 말할 수 있다. 또한 그 힘 Δ는 용기의 수면아래 부분의 용적 중심에 작용한다는 것이다.

이상을 일반적으로 정리하면 다음과 같이 말할 수 있다.

물체를 액체 안으로 넣으면 물체가 밀어 낸(배수한) 액체의 무게와 같은 크기의 힘이 위쪽으로 작용한다. 이것을 아르키메데스의 원리(Archimedes' principle)라고 한다. 또한 이 때 위쪽으로 작용하는 힘은 액체 안에 넣은 물체의 용적 중심에 작용하고 이것을 부력(Buoyancy)이라고 한다.

4.2.2 물속의 압력과 아르키메데스의 원리

지금, 물 속(수중)의 한 점에 작용하는 압력에 대해서 생각해 보자.

수중에 있어서 압력이 작용하고 있는 한 점을 **그림 4-2**에서 보는바와 같이 단위 길이가 미소한 삼각기둥 ABC라 가정 한다. 이 때 AB의 면에는 압력 p_1, AC의

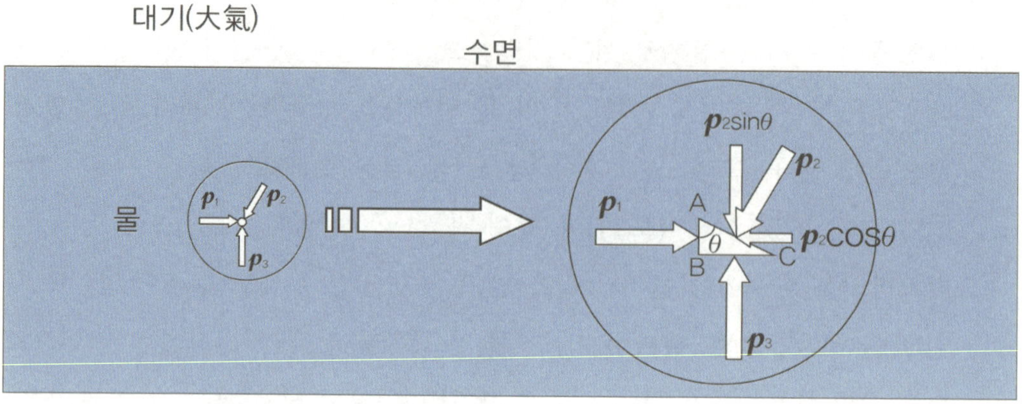

▶▶▶ 그림 4-2 수중의 한 점에 자용하는 압력

면에는 압력 p_2, 그리고 BC의 면에는 압력 p_3이 작용하고 있다. 또한 물의 비중량을 γ로 한다.

압력이 작용하고 있는 점은 압력이 작용하고 있다고 하여 움직이지는 않기 때문에 모든 방향에 대하여 균형이 유지되고 있다고 말할 수 있다.

수평방향에 대한 균형은 다음 식으로 나타낼 수 있다.

$$p_1 \cdot \text{AB면의 면적} = p_2 \cdot \cos\theta \cdot \text{AC면의 면적}$$

이 수평방향에 대한 균형식에서 AB면의 면적과 AC면의 면적 · $\cos\theta$과는 같기 때문에 이하의 결과를 얻을 수 있다.

$$p_1 = p_2$$

또한 연직방향에 대한 균형은 다음 식으로 나타낼 수 있다.

$$p_3 \cdot \text{BC면의 면적} = p_2 \cdot \sin\theta \cdot \text{AC면의 면적} + \text{단위 길이의 삼각기둥 ABC의 물의 무게}$$

여기서, 단위 길이의 삼각기둥ABC의 물의 무게$=\frac{1}{2}\cdot AB\cdot BC\cdot 1$(단위 길이)$\cdot\gamma$

그러나 AB, BC가 모두 미소하기 때문에 $AB\times BC\fallingdotseq 0$이 됨으로 단위 길이의 삼각기둥 ABC의 물의 무게를 고려하지 않아도 지장이 없다. 따라서 연직방향에 대한 균형은 다음 식으로 나타낼 수 있다.

$p_3\cdot$ BC면의 면적 $= p_2\cdot\sin\theta\cdot$ AC면의 면적

이 균형식에서 BC면의 면적과 AC면의 면적 $\cdot\sin\theta$와는 같기 때문에 다음과 같은 결과를 얻을 수 있다.

$p_3=p_2$

이상과 같은 결과로부터 다음과 같은 결과를 얻을 수 있다.

$p_1=p_2=p_3$

이 결과는 θ가 임의의 각도이기 때문에 어떤 방향으로 작용하는 압력에 대하여서도 같은 결과를 얻을 수 있다.

따라서 수중의 한 점에 작용하고 있는 압력은 작용하는 방향에 관계없이 일정하다고 말할 수 있다.

정지한 수중의 임의의 깊이에서의 압력은 거기에서 수면까지의 단위면적당 물의 무게를 말하고 이것을 일반적으로 「정수압」이라고 한다. 따라서 어떤 크기를 가지고 있는 물체를 수중에 넣었을 경우 물체의 둘레에는 수심에 비례한 「정수압」이 작용한다. 더구나 이 「정수압」은 수중의 물체 둘레의 작용면에 수직으로 작용한다.

수중의 물체에 작용하는 정수압의 수평방향의 성분은 앞에서 언급한 생각에

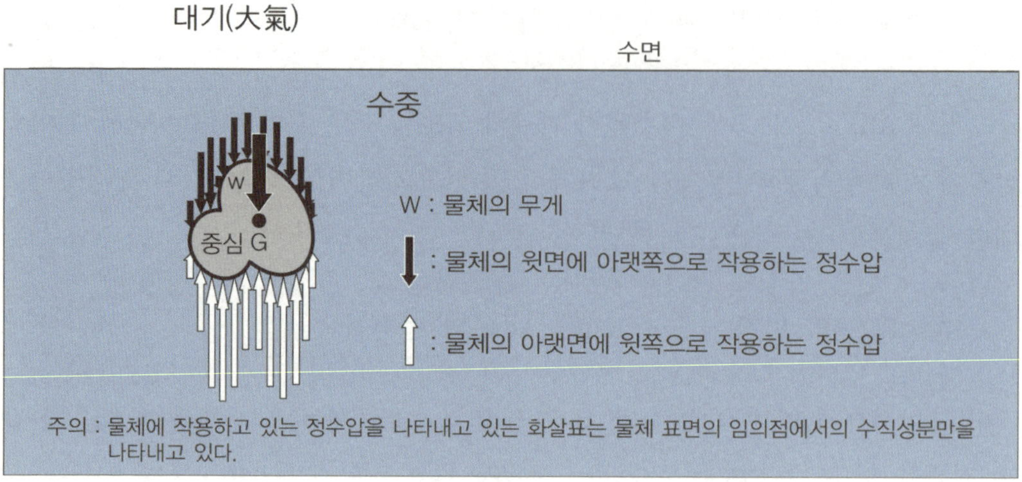

▶▶▶ 그림 4-3 수중 물체에 윗 및 아랫방향으로 작용하는 압력

따르면 총계(모든 합)가 0(zero)이 되어 균형상태가 되고 있다.

수중의 물체에 작용하는 정수압의 연직방향쪽 성분에 대하여 생각하면 아래와 같이 말할 수 있다.

물체를 수중에 넣으면 그림 4-3에서 보는바와 같이 물체의 아랫면(下面)에는 정수압의 윗방향 성분이 작용하고, 윗면(上面)에는 정수압의 아랫방향 성분이 작용한다. 일반적으로 물체는 어떤 크기를 가지고 있기 때문에 아랫면이 윗면보다도 깊은 곳에 있어, 아랫면에 작용하는 정수압쪽이 수심의 차만큼 커진다.

이 때 연직방향에는 다음과 같은 힘이 작용한다.

· 연직 아랫방향으로 작용하는 힘 = 물체의 무게 W
+ 물체의 윗면에 아랫방향으로 작용하는 정수압에 의한 힘F⬇

· 연직 윗방향으로 작용하는 힘=물체의 아랫면에 윗방향으로 작용하는 정수압에 의한 힘F⇧

어떤 무게를 가진 물체가 수중에서 정지하게 되는 연직 방향의 균형 조건은 물체에 작용하는 연직 아랫방향의 힘과 물체에 작용하는 연직 윗방향으로 작용하는 힘의 합이 0(zero)으로 되어야 하기 때문에 다음과 같이 나타낼 수 있다.

연직 아랫방향으로 작용하는 힘 – 연직 윗방향으로 작용하는 힘 = 0

이 조건을 만족하는 것은「4.2.1 아르키메데스의 원리의 개념」에서도 알 수 있었지만 수중에 있는 물체의 무게 W와 물체에 작용하는 부력 Δ가 마찬가지 일 경우만이다.

지금 상기의 균형 조건식에 수중의 물체에 작용하는 연직방향의 힘을 대입해 보면 아래와 같이 나타낼 수 있다.

물체의 무게 W + F⬇ – F⇧ = 0

이 식과「수중에 있는 물체의 무게 W와 물체에 작용하는 부력 Δ이 마찬가지다」고 하는 조건으로부터 다음 결과를 얻을 수 있다.

물체의 무게 W = F⇧ – F⬇ = 부력 Δ(물체의 용적 $V \cdot \gamma$)

이것은 부력이 수중의 물체에 윗방향과 아랫방향으로 작용하는 정수압의 차에 의하여 생긴다는 것을 보여주고 있다.

이상을 정리하면 아르키메데스의 원리(Archimedes' principle)는 수중의 물체가 받는 부력은 그 물체에 윗방향과 아랫방향으로 작용하는 정수압의 차이에 의해 생기며, 그 크기는 물체가 배제한 (밀어 낸) 물의 무게와 같다는 것을 나타내고 있다.

4.2.3 아르키메데스의 원리와 배와 배수량

지금까지 설명해온 내용을 좌표계(座標系 : Coordinates)를 이용하여 수식으로 표시하면 아래와 같이 된다.

그림 4-4에서 보는 바와 같이 수중에 있는 물체가 그 윗면(上面)을 $z=F(x, y)$ 및 아랫면(下面)을 $z=G(x, y)$로 하는 연속한 함수로서 나타내져 있고 또한 직선 $x=a$, $x=b$ 와 xy-평면상의 두개의 곡선 $y=f(x)$, $y=g(x)$에 의하여 둘러싸인

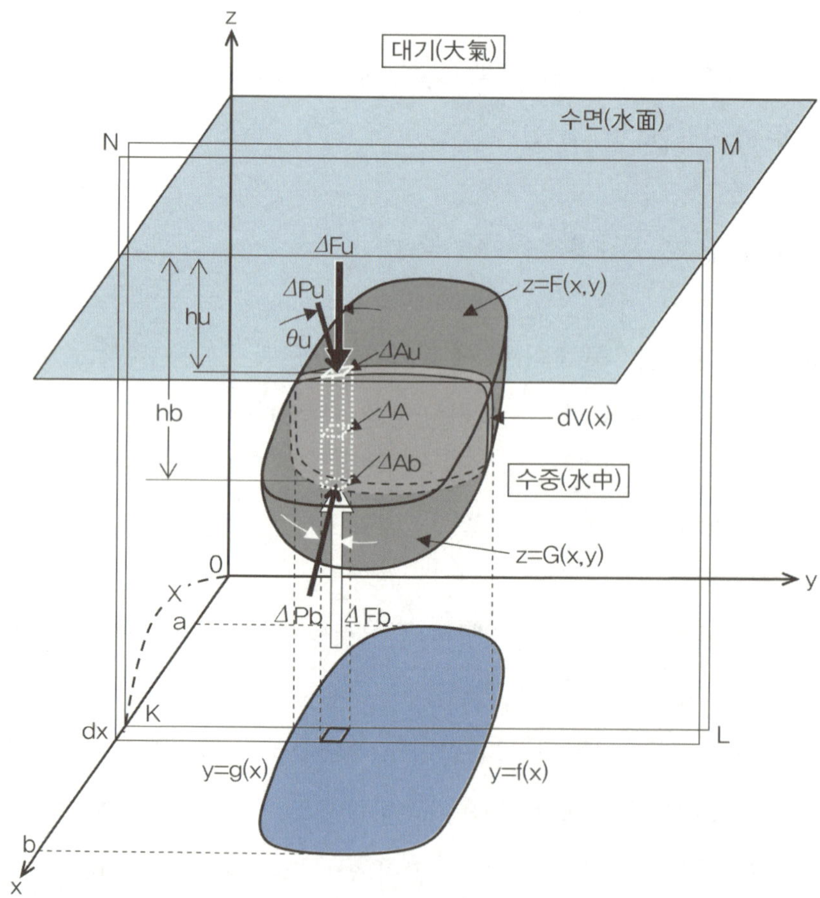

▶▶▶ 그림 4-4 수중에 있는 물체의 좌표 표시

영역의 입체라고 가정한다. 다만 곡선 $y=f(x)$와 $y=g(x)$는 [a, b]에서 연속한 함수로서, $f(x) \geqq g(x)$의 관계에 있다.

그림 4-4에 있어서 x축 위에 원점에서 x의 거리에 있는 K 점을 얻고, 이 점을 통과하여 yz-평면에 평행한 평면 KLMN과 K점에서 미소폭 dx의 곳에서 평면 KLMN에 평행한 면으로 수중에서 균형 상태인 물체를 절단하면 미소폭 dx를 가지는 미소용적인 dV(x)를 얻을 수 있다.

지금 미소용적 dV(x)에 있어서 윗면이 $\varDelta A_u$, 아랫면이 $\varDelta A_b$ 그리고 수평면(水平面)에 평행한 면이 $\varDelta A$인 미소기둥체에 대하여 생각해 보기로 하자. 미소기둥체의 윗면 $\varDelta A_u$는 수심이 h_u이고 아랫면 $\varDelta A_b$의 수심은 h_b이기 때문에 윗면 $\varDelta A_u$ 및 아랫면 $\varDelta A_b$에는 다음과 같은 정수압이 작용한다.

윗면 $\varDelta A_u$에 작용하는 정수압 $\varDelta P_u$ = 수심 h_u에서의 단위면적당 압력
$= h_u \cdot \gamma$

아랫면 $\varDelta A_b$에 작용하는 정수압 $\varDelta P_b$ = 수심 h_b에서의 단위면적당 압력
$= h_b \cdot \gamma$

여기서, γ는 물의 비중량

윗면 $\varDelta A_u$에 작용하는 정수압 $\varDelta P_u$의 작용 방향 및 아랫면 $\varDelta A_b$에 작용하는 정수압 $\varDelta P_b$의 작용 방향과 연직방향이 이루는 각을 각각 θ_u 및 θ_b라 하면 연직방향으로 작용하는 정수압에 의한 힘은 각각 다음과 같이 된다.

윗면 $\varDelta A_u$에 작용하는 정수압에 의한 연직방향의 힘 $\varDelta F_u = \varDelta P_u \cdot \varDelta A_u \cdot \cos\theta_u$
$= \varDelta P_u \cdot \varDelta A$

아랫면 $\varDelta A_b$에 작용하는 정수압에 의한 연직방향의 힘 $\varDelta F_b = \varDelta P_b \cdot \varDelta A_b \cdot \cos\theta_b$
$= \varDelta P_b \cdot \varDelta A$

따라서 미소기둥체에는 다음과 같은 정수압에 의한 힘이 작용하고 있다.

$$\text{미소기둥체에 작용하는 정수압에 의한 힘} = \varDelta F_b - \varDelta F_u = (h_b - h_u) \cdot \gamma \cdot \varDelta A \qquad (4.1)$$

(4.1)식에서 $(h_b - h_u)$는 수심에 무관계인 미소기둥체의 깊이를 나타내고 있기 때문에 물체표면의 임의의 위치에 있어서의 깊이로 일반화하여 나타내면 다음식과 같이 된다.

$$h_b - h_u = F(x,y) - G(x,y) \qquad (4.2)$$

(4.2)식을 이용하여 수중에 있는 물체의 전 표면에 작용하는 정수압에 의한 연직방향의 힘을 $\varDelta$라 하면 다음 식으로 나타낼 수 있다.

$$\begin{aligned}\Delta &= \int_a^b \int_{g(x)}^{f(x)} \{F(x,y) - G(x,y)\} \cdot \gamma \cdot \varDelta A \\ &= \int_a^b \int_{g(x)}^{f(x)} \{F(x,y) - G(x,y)\} \cdot \gamma \cdot dx \cdot dy \qquad (4.3)\end{aligned}$$

(4.3)식은 「4.2.2 물속의 압력과 아르키메데스의 원리」에서 말한 수중의 물체가 받는 부력은 그 물체에 윗방향과 아랫방향으로 작용하는 정수압의 차이에 의하여 생긴다는 것을 나타내고 있다.

또한 (4.3)식에 있어서, $\int_{g(x)}^{f(x)} \{F(x,y) - G(x,y)\} \cdot dy$는 수중에 있는 물체의 x축에 수직인 평면에 의한 절단 면적S(x)를 가리키고 있다. 이것으로부터 앞에서 말한 미소폭 dx를 가지는 미소용적의 dV(x)은 다음식과 같이 나타낼 수 있다.

$$dV(x) = S(x) \cdot dx$$

따라서 결과적으로 다음식과 같이 된다.

$$\Delta = \gamma \cdot \int_a^b dV(x)$$

$$= \text{물의 비중량 } \gamma \cdot \text{물체의 용적 } V \qquad (4.4)$$

(4.4)식은 「4.2.1 아르키메데스의 원리의 개념」에서 물체를 액체 안에 넣으면 물체가 배수 한 (밀어 낸) 액체의 무게와 같은 힘이 윗방향으로 작용한다는 부력 Δ를 의미하고 있다.

지금 중량 W인 물체를 수중에 넣으면, 이 물체에 작용하는 부력 Δ과의 사이에는 다음과 같은 세가지의 상태를 생각할 수 있다.

① 중량 W < 부력 Δ

중량 W의 물체를 물속에 넣었을 때 그 물체의 용적 V의 크기에 의하여 정해지는 부력 Δ가 중량 W보다 크면 물체는 떠오른다. 그리고 물체의 일부가 수면위로 나오기 시작하면 그 크기에 따라 수면아래의 용적이 작아지고 부력 Δ도 감소하기 시작하지만, 감소해 가는 부력 Δ가 중량 W와 같아 졌을 때, 물체의 일부가 수면 위로 노출한 채로 균형 상태가 되어 정지한다. 배가 수면에 뜨고 있는 상태와 같다. 이 때 물체를 배로 간주하여 그 용적을 V라 하면, 다음과 같은 관계를 얻을 수 있다.

$$\text{배의 중량 } W = \text{배의 수면 밑의 용적 } V \times \text{물의 비중량 } \gamma \qquad (4.5)$$

즉 수면에 뜨고 있는 상태의 배의 중량 W는 수면 아래의 배의 형상(용적V)에 의하여 배수 한(밀어 낸) 물의 무게와 다름없는 부력 Δ와 똑같다고 말할 수 있다. 이 때문에 배에 의하여 배수 된 물의 무게를 배수 중량(Weight of Displacement)이라 하고, 또한, 일반적으로 배의 중량을 배수량(Displacement)이라고 말한다. 그 위에 (4.5)식의 배의 용적은 배의 수면 아래형상에 의하여 배수 된 물의 용적 V이기도 하여 따라서 이것을 배수 용적(Displaced Volume or Volume of Displacement)이라고 말한다. 배의 배수량은 수면아래의 용적을 계산으로 구하여 그것에 물의 비중량을 곱하여 얻을 수 있다.

② 중량 W = 부력 Δ

중량 W의 물체를 물속에 넣었을 때 그 물체에 작용하는 부력 Δ가 중량 W와 똑같은 상태를 중성 부량(中性浮量 : Neutral Bouyancy)이라고 말한다.

이 상태에 있는 수중의 물체는 어떠한 수심에 있어서도 떠오르거나 혹은 가라앉지 않고 외력이 작용하지 않는 한 수중의 그 자리에 멈추고 있다. 수중에 멈추고 있는 잠수정이나 잠수함은 밸러스트(ballast)의 조정에 의하여 중성 부량의 상태를 의도적으로 만들어 낸 중량 W = 부력 Δ의 상태이다.

③ 중량 W > 부력 Δ

중량 W의 물체를 물속에 넣었을 때 그 물체에 작용하는 부력 Δ보다도 중량 W 쪽이 크면 당연히 물체는 가라앉는다.

그러나 가라앉히는 물체에도 물속에서는 항상 부력 Δ가 작용하고 있으므로 수중에서의 물체의 중량 W는 공기 중보다도 부력 Δ의 크기만큼 가벼워진다.

4.3 선체선도와 기하학적 항목

건조하는 배의 기하학적 항목에 대하여서는 현척 현도(現尺現図)의 순정(fairing)후에 완성된 선체선도(Lines)에서 얻어진 실제 치수의 선체치수표(Table of Offsets)의 값을 이용하여 구할 수 있다. 그 항목 중에서 주된 것이 배수량이며 그 외에 배의 설계 · 건조에 필요한 여러 가지의 기하학적 항목에 대하여 반드시 구하여야 한다.

선체는 대소 여러 가지 곡률을 가진 곡면으로 이루어지고 있기 때문에 수학적으로 표시할 수 없고, 따라서, 엄밀한 기하학적 항목을 구할 수는 없다. 그렇기 때문에 수학적인 근사 적분법을 쉽게 적용하기 위하여 지금까지 선체선도는 수선간길이를 등간격으로 10등분하고, 곡률이 큰 선수 및 선미 부분 근방에서는 스퀘어 스테이션의 간격을 반 또는 4등분과 같이 짝수로 분할하고 있었다. 이것은 수작업이나 설계자가 직접 계산하던 시대에 여러 가지 곡률의 곡면으로 이루어지는 선체를 선체선도라고 하는 곡선군으로 그려 나타내고, 거기에서 얼마 안되는 오프셋 수로 실용적으로 문제가 없는 여러 계산의 결과를 내는 것이 설계 능률을 높이기 위한 필수조건이었기 때문이다.

한편 최근에 와서 컴퓨터 · 소프트에 의한 선체선도의 제도나 현척 현도의 순정이 실시되고 있는 경우에는 수선간길이를 등간격으로 10등분하는 것이나 스퀘어 스테이션의 간격의 반 또는 4등분과 같이 짝수로 분할하는 것은 중요한 의미를 가지지 않는다. 다시 말하여 컴퓨터 · 소프트에 의한 선체선도는 수선간길이의 분할이나 수선 간격을 임의로 지정할 수 있고, 그 위에 그 간격을 작게 지정할 수 있기 때문에 수학적으로 엄밀한 값에 가까운 값을 얻을 수도 있다.

따라서 이 절에서는 종래의 「선박계산」과 같은 근사 계산법의 해설보다도 계산 목적에 따른 수학적인 계산법의 개요를 보여주는 동시에 그것을 적용하여 컴퓨터 · 소프트의 제작에 활용할 수 있는 근사 계산법에 대하여 설명한다.

일반적으로 배수량등의 기하학적 항목은 용골선(Keel Line : 일반상선의 경우는 기선)으로부터 필요한 임의의 흘수에 따라서 계산하고, 이것에 용골이나 외판 두께 등의 제량을 부가하여 구한다. 여기에서는 계산 범위의 제일 아래쪽을 계산 기점(Starting Point of Calculation)이라 하고 제일 위쪽의 임의 흘수를 최대 계산 흘수(Max. Draft of Calculation)라고 부르기로 한다.

4.3.1 면적(Area)과 관련 항목의 계산법

그림 4-5에서 보는바와 같이 함수 f(x)가 구간 [a, b]에 있어서 연속이고, x=a로부터 x=b까지 m분할되고 있는 경우 구간 [a, b]의 면적 A는 작은 직사각형의 합계로서 다음 식으로 구할 수 있다.

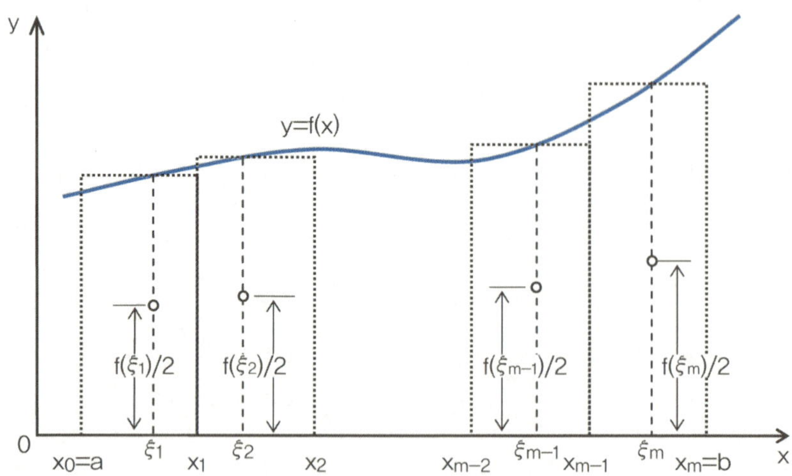

▶▶▶ 그림 4-5 곡선표시 된 부분의 면적적분

$$A=\sum_{i=1}^{m} f(\xi_i)\cdot \Delta x$$

여기서, 구간 [a,b]를 m분할 한 점을 $x_0=a$, x_1, x_2, … x_{m-1}, $x_m=b$ 라 한다.

작은 구간을 $x_1-x_0=x_2-x_1=\cdots= x_m-x_{m-1}=(b-a)/m=\Delta x$라 한다. Δx는 반드시 등간격이 아니라도 좋다.

$\xi_i(i=1\sim m)$는 작은 구간내의 임의의 점이다.

면적 A는 m을 무한히 크게 함으로서 소구간 Δx를 무한히 작게 하여 가면 x_i를 각 Δx의 소구간내에서 어떻게 골라 내여도 일정한 값 ξ_i에 가까워지게 된다. 즉 면적 A의 극한 값를 잡으면 다음식과 같이 나타낼 수 있다.

$$A=\lim_{m\to\infty}\sum_{i=1}^{m} f(\xi_i)\cdot \Delta x$$

이렇게 극한을 잡을 때 $\Sigma\to\int$, $\Delta x\to dx$로 바꾸어 놓아 다음식과 같이 나타낼 수 있다.

$$A=\int_a^b f(x)\cdot dx \tag{4.6}$$

이것은 구간 [a, b]에 있어서 함수의 점 x를 a로부터 b까지 변화시켰을 때 그 값f(x)에 그 점 x에서의 미소구간의 폭 dx를 곱하여 얻을 수 있었던 직사각형의 면적을 모두 합치는 극한을 나타내고 있다.

또한 **그림 4-6**에서 보는바와 같이 구간 [a, b]에서 연속한 함수 g(x)가 있어서 위에서 나온 함수 f(x)와의 사이에 $f(x) \geqq g(x)$ 일 경우, 항상 $f(x)=g(x)$가 아니면 $x=a$와 $x=b$의 직선과 f(x)와 g(x)의 곡선으로 둘러싸여진 면적 A는 다음 식으로 나타낼 수 있다.

$$A = \lim_{m \to \infty} \sum_{i=1}^{m} \{f(\xi_i) - g(\xi_i)\} \cdot \Delta x \quad (4.7)$$

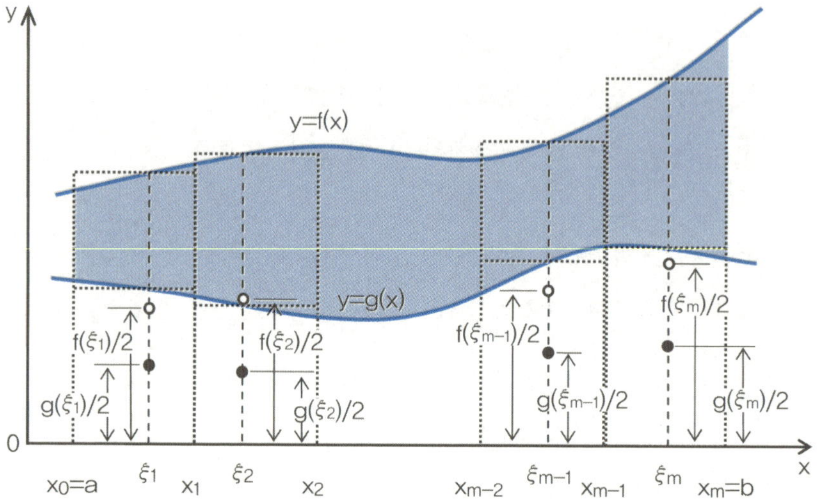

▶▶▶ 그림 4-6 두 가지 곡선에 둘러싸여진 부분의 면적적분

이 극한 값은 일반적으로 다음식과 같이 나타낼 수 있다.

$$A = \int_{a}^{b} \{f(x) - g(x)\} \cdot dx \quad (4.8)$$

4.3.1.1 선체의 횡단면적

선체의 횡단면적을 구하는 방법으로서 지금까지는 곡률이 큰 배의 선저부를 부가부(付加部)라고 하여 그 단면적에 대하여서는 면적계(Planimeter)를 이용하여 구하고, 부가부 이외를 선체 주요부라고 부르고 그 단면적을 근사 적분법 특히 심프슨의 공식(Simpson's Rule)을 이용하여 계산으로 구하는 것이 일반적이었다. 따라서 이러한 방법에 의하여 횡단면적을 구하는 방법에 대하여서는 이미 확립되어 있으므로 여기에서는 언급하지 않는다.

그림 4-7은 선체선도의 정면선도로부터 횡단면곡선의 하나를 꺼내어 표시함과 동시에 곡률이 커지는 1WSL이하를 확대하여 나타내고 있다.

그림 4-7의 (a)에서도 알 수 있듯이 지금까지와 같은 수면선 WSL 간격을 잡는 방법으로서는 곡률이 큰 선저부의 단면적을 직접 근사 적분법으로 구하면 오차가 커진다. 그래서 직접 근사 적분법을 이용하여 오차를 가능한한 작게 하기 위하여서는 수면선 WSL의 수를 최대한 많이 잡으면 된다.

컴퓨터 · 소프트에 의하여 그려진 선체선도라면 수면선 WSL의 수를 임의로 잡을 수 있다. 따라서 **그림 4-7**의 (b)와 같이 임의의 수면선 WSL까지 분할 수를 늘림으로써 그 간격을 좁힐 수 있고 근사 적분법에 의한 사다리꼴 공식(Trapezoidal Rule)의 적용이 가능해진다.

그림 4-7의 (b)는 기선(Base Line)에서 1WSL까지 n분할 한 경우를 보여주고 있다.

또한 횡단면적을 구하는 경우는 계산 원점(일반 상선의 경우는 기선)에서 최대

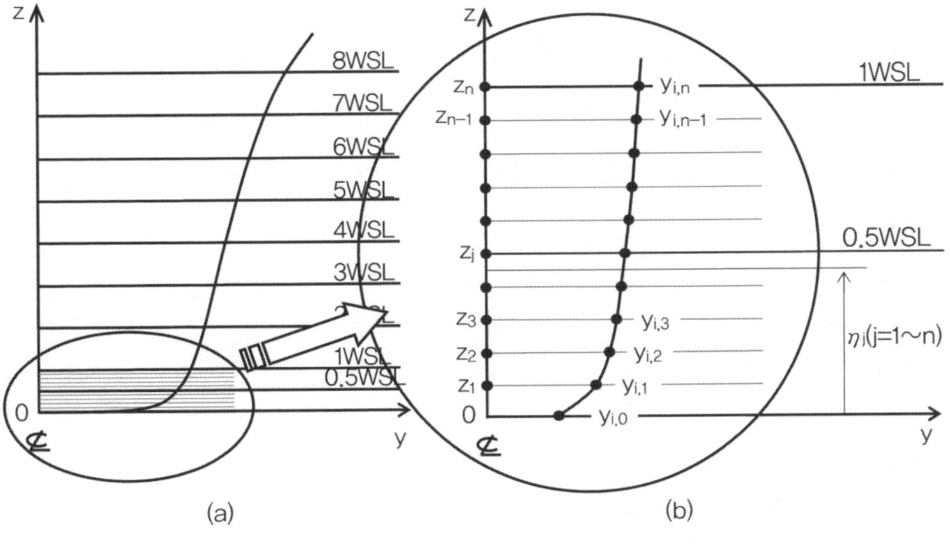

▶▶▶ 그림 4-7 수면선 증가에 의한 횡단면 곡선의 임의의 분할

계산 흘수까지의 분할 수를 n으로 하고, 이 n을 크게 잡음으로서 수면선 WSL 간격을 될수록 작게 하면 사다리꼴 공식의 근사 적분법을 적용 할 수 있다.

지금 수선간길이(Lpp)를 m개로 분할하고, 계산 기점으로부터 최대 계산 흘수까지 n개로 분할 한 경우에 대하여 생각해 보기로 한다. 이때 i(i=0~m)번째 스퀘어 스테이션에서 j(j=0~n)번째까지 흘수에 대한 횡단면적 $A_S(i,j)$는 **그림 4-7**과 같이 정면선도의 횡단면곡선이 선체중심선℄에 대하여 한쪽 만 그려져 있기 때문에 (4.7) 식 또는 (4.8) 식에서 g(x)=−f(x)로 하여, 선체중심선℄에 대하여 대칭 단면으로서 다음 식으로 구할 수 있다. 이것은 **그림 4-7**과 같은 한쪽 횡단면적을 2배 한 식으로 되어 있다.

$$A_S(i,j)=2\cdot\sum_{j=1}^{n}y_i(\eta_j)\cdot\Delta z$$

여기서, $y_i(\eta_j)$는 i(i=0~m)번째 스퀘어 스테이션에 있는 j번째 소구간 Δz 내의 임의의 점(**그림 4-7**의 (b) 참조)

이 식은 (4.7) 식을 **그림 4-7**의 (b)에 적용하여 ξ_i대신 η_j, Δx 대신 Δz로 바꾸어 놓은 것이며, Δz를 한없이 작게 하면 문제없지만 실제로 이 식을 사용하여 계산 할 때는 계산 단면을 n분할하고 있으므로 사다리꼴 공식을 이용하면 다음 식과 같이 된다.

$$A_S(i,j)=2\cdot\sum_{j=1}^{n}\frac{y_{i,j-1}+y_{i,j}}{2}\cdot\Delta z \tag{4.9}$$

여기서, m은 수선간길이(Lpp)를 분할 한 수

n은 계산 기점(일반 상선의 경우는 기선)에서 최대 계산 흘수까지 분할 한 수

i는 수선간길이(Lpp)를 m분할했을 때의 분할 점(스퀘어 스테이션)의 위치

j는 계산 기점으로부터 최대 계산 흘수까지 n분할했을 때의 분할 점의 위치

$\Delta z=(z_n-z_0)/n$

$z_j(j=0\sim n)$는 계산 기점으로부터 최대 계산 흘수까지 n분할했을 때에 얻을 수 있는 각 수면선 WSL의 선체중심선℄상의 좌표

$y_{i,j}$는 $i(i=0\sim m)$번째 스퀘어 스테이션의 횡단면 곡선과 계산 기점으로부터 최대 계산 흘수까지 n분할했을 때에 얻을 수 있는 $j(j=0\sim n)$번째 수면선 WSL과의 교점의 중심선℄으로부터의 거리(그림 4-7 (b) 참조).

(4.9)식은 (4.6) 식에서 $f(x)=(y_{i,j-1}+y_{i,j})/2$, $dx = z_j - z_{j-1}$로 바꿔놓은 것을 2배 한 것이다. 따라서 수면선 WSL의 수, 즉 계산 기점으로부터 최대 계산 흘수까지의 분할 수 n을 늘리면 계산 오차를 최소한으로 할 수 있다.

4.3.1.2 본쟌 곡선(Bonjean's Curves)

선체선도의 정면선도에서 $i(i=0\sim m)$번째 스퀘어 스테이션의 횡단면곡선 위의 거널(Gunwale or Gunnel)에서 선체중심선℄까지 캠버(Camber)를 그려 넣으면 그림 4-8의 (a)와 같은 한쪽 단면 형상이 얻어진다.

이 i번째 스퀘어 스테이션의 한쪽 단면 형상에 대하여 계산 기점에서 $j(j=0\sim n)$번째까지의 수면선 WSL에 대한 횡단면적 $A_S(i,j)$를 가로축에 면적 그리고 세로축에 각 수면선 WSL 위치의 높이를 잡고 그림으로 표시하면 그림 4-8의 (b)와 같은 면적 곡선이 얻어진다. 다만 계획 트림(Designed Trim)을 가진 소형선박의 경우에는 용골 선(Keel Line)보다 위에 있는 수면선 WSL에 대한 면적 곡선

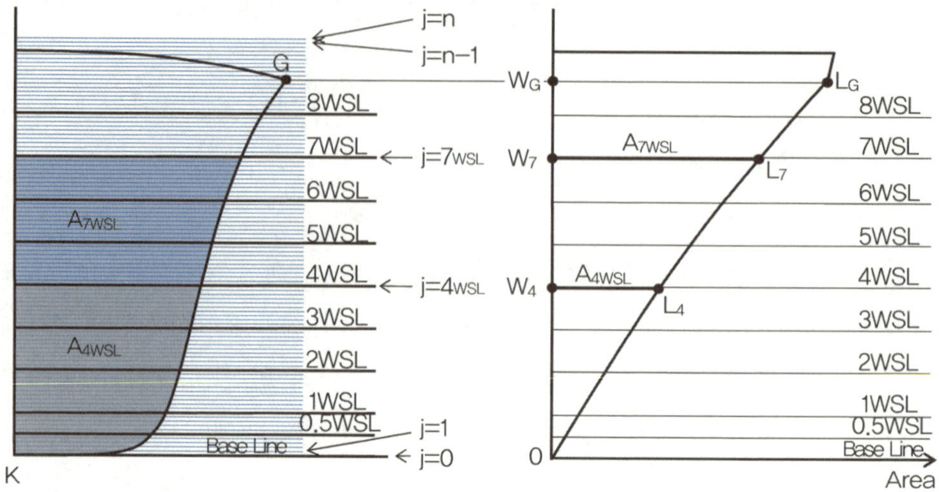

(a) i번째 스퀘어 스테이션의 한쪽 단면 형상

(b) 횡단면 형상의 면적 곡선

▶▶▶ **그림 4-8 임의 스퀘어 스테이션의 한쪽 단면 형상과 그 면적 곡선**

을 나타내고 있다.

예를 들어 **그림 4-8**의 (a)에 있어서 i번째 스퀘어 스테이션의 4WSL가 기선으로부터 $j=4_{WSL}$번째의 수면선 WSL이라면, K점(그림의 경우는 기선 위)에서 $j=4_{WSL}$번째 수면선 WSL까지의 횡단면적은 (4.9)식에 의하여 $A_S(i, 4_{WSL})$처럼 구할 수 있다. 이 면적을 A_{4WSL}로 한다. **그림 4-8**의 (b)에서 세로축에 4WSL를 나타내는 점 W_4에서 면적 A_{4WSL}의 값을 나타내는 점 L_4를 정한다.

또한 7WSL이 기선으로부터 $j=7_{WSL}$번째 수면선 WSL이라면, K점에서 $j=7_{WSL}$번째 수면선 WSL까지의 횡단면적은 $A_S(i, 7_{WSL})$이며, 그 면적을 A_{7WSL}라 하면 점 L_7를 얻을 수 있다. 또한 거널까지의 면적으로서 점 L_G를 얻을 수 있다.

예시 한 방법으로 K점에서 선체중심선℄위에 있는 상갑판의 가장 높은 점까지 즉 K점에서 j번째 각 수면선까지의 횡단면적 $A_S(i, j)$를 구하여 표시 한 것이 **그림 4-8** (b)의 횡단면 형상의 면적 곡선이다. 일반적으로 한쪽 횡단면 형상에 대한 면적 곡선으로 주어지지만 여기에서는 (4.9)식으로부터 횡단면적으로서 계산하고 있기 때문에 횡단면적 곡선으로 표시하고 있다.

선체선도의 정면선도는 목선이나 외판의 바깥쪽을 매끄럽게 하고 있는 소형선박의 경우를 제외하고 형형상(Molded Form)을 나타내고 있기 때문에, **그림 4-8**의 (b)가 보여주는 횡단면 형상의 면적 곡선은 선체의 형형상에 대한 횡단면적 곡선이며 외판 두께 등은 포함하고 있지 않은 점에 주의하여야 한다.

그림 4-8의 (b)와 같은 횡단면적 곡선을 각 스퀘어 스테이션의 횡단면 형상에 대하여 구하고 측면선도의 해당 스퀘어 스테이션 위치에 그려 넣어 표시하면 **그림 4-9**와 같게 된다. 이것을 프랑스 인 고안자의 이름을 붙어서 본쟌 곡선(Bonjean's curves)이라고 한다.

본쟌 곡선을 그려두면 어떠한 크기의 트림 상태로 떠 있을 때의 배수량이나 종방향부력중심(제3장에서는 l_{cb}로 표시 함 : Longitudinal Center of Buoyancy) ⊗B 또는 파도면 위에 떠 있을 때의 부력 분포 및 부심(浮心) 위치를 쉽게 구할 수 있다.

그림 4-9의 본쟌 곡선 위에 트림 상태의 정수면을 나타내는 수면선 WSL을 그려 나타내면, **그림 4-9**와 같이 본쟌 곡선 위의 수면선 WSL로 된다. 이 수면선 WSL이 각 스퀘어 스테이션의 종직선(Ordinate)과 교차하는 점에서 기선에 평행

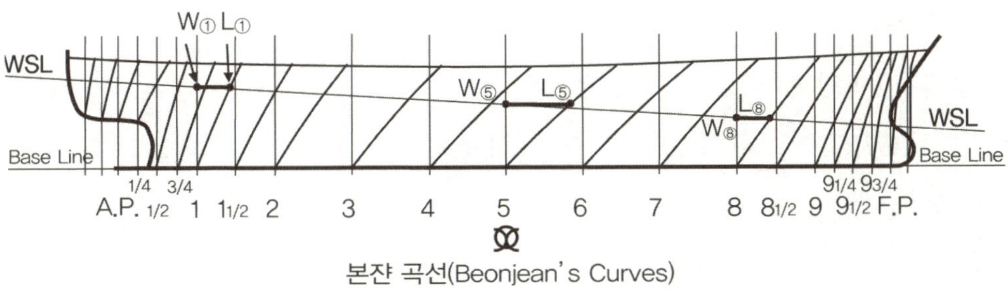

▶▶▶ **그림 4-9 본쟌 곡선의 개념도**

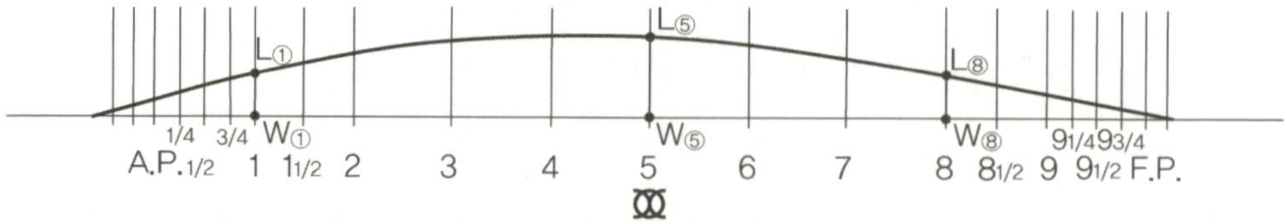

횡단면적 분포 곡선(Distribution Curve of Sectional)

그림 4-10 횡단면적 분포 곡선의 개념도

한 선을 긋고, 해당 스퀘어 스테이션의 횡단면적 곡선과의 교점을 구하여, 이 교점 사이가 나타내는 횡단면적을 해당 스퀘어 스테이션의 면적을 나타내는 종직선에 표시 한 그림이 **그림 4-10**의 횡단면적 분포 곡선(Distribution Curve of Sectional Area)이다.

예를 들어 **그림 4-9**에서 수면선 WSL가 스퀘어 스테이션 1, 5 및 8의 종직선과 교차하는 점을 $W_{①}$, $W_{⑤}$ 및 $W_{⑧}$로 하고 거기에서 기선에 평행한 선을 그어 각각의 횡단면적 곡선과 교차하는 점을 $L_{①}$, $L_{⑤}$ 및 $L_{⑧}$로 한다. 이런 점을 모든 스퀘어 스테이션에서 구하여 면적을 나타내는 $W_{①}L_{①}$, $W_{⑤}L_{⑤}$ 및 $W_{⑧}L_{⑧}$과 같은 값을 각 스퀘어 스테이션의 세로축에 잡아 선체 길이 방향쪽으로 곡선을 그어 나타낸 것이 **그림 4-10**의 횡단면적 분포 곡선이다.

당연히 이 횡단면적 분포 곡선을 선체 길이 방향으로 적분하면 트림 상태의 배수 용적(Volume of Displacement)을 구할 수 있다(「4.3.4.1 횡단 면적을 이용한 선체 용적의 계산」 참조).

또한 횡단면적 분포 곡선의 중심 위치를 구하면 부심(浮心) 위치 ⊗B를 구할 수 있다(「4.3.5.3 임의 흘수 밑 선체의 선체중앙부⊗에 대한 모멘트와 용적 중심(부심)의 전후 위치」 참조).

4.3.1.3 선체의 수선면적(Waterplane Area)

선체 수선면적은 이전에는 각 수선 WL가 선수 및 선미 부분에서 곡률이 커지므로 **그림 4-11**과 같이 스퀘어 스테이션 간격의 1/2또는 1/4인 곳에 종직선(Ordinate)을 세워 오프셋(이 경우 각 종직선의 수선 반폭)을 구하고, 이 값을 이용하여 근사 적분법 특히 Simpson의 공식에 의하여 계산하고 구하는 것이 일반적이었다. 여기에서는 확립된 이 방법에 대한 언급은 하지 않는다.

컴퓨터 소프트에 의하여 그려진 선체선도이라면 종직선(Ordinate)의 수는 수선간길이(L_{pp})의 분할 수 m에 달려 있고, 그 분할 수 m도 임의로 취할 수 있다.

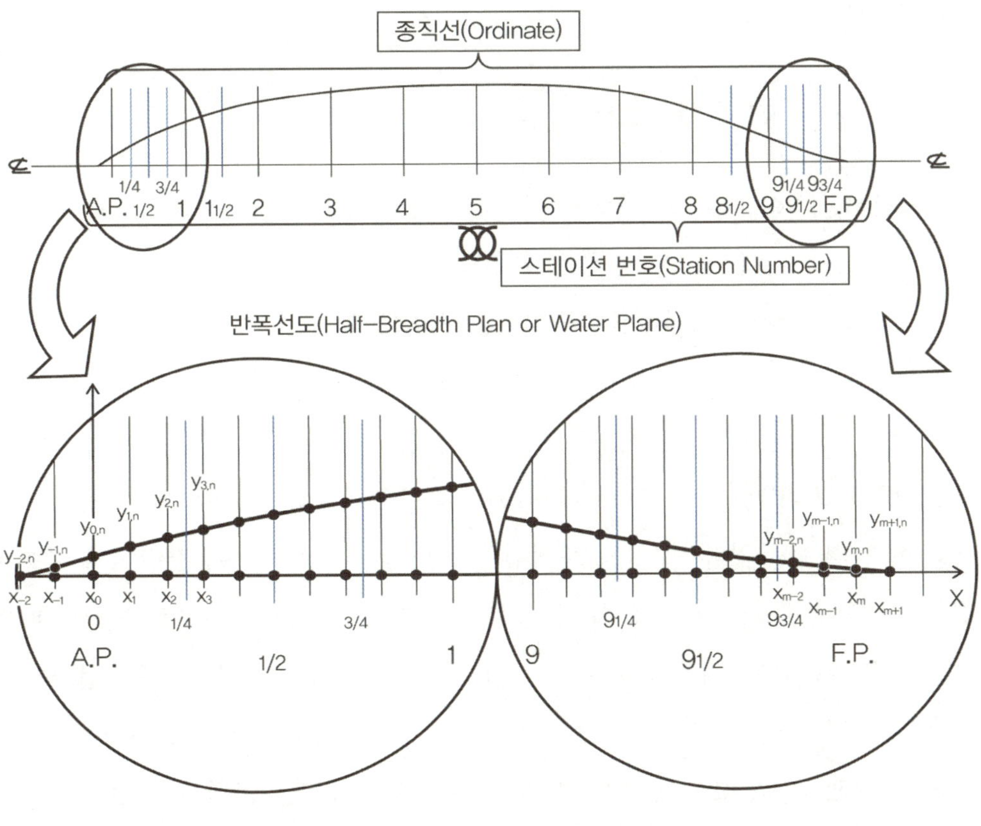

▶▶▶ 그림 4-11 종직선 증가에 의한 수선의 임의 분할

그 결과 그림 4-11과 같이 분할 수 m을 증가시켜 종직선의 간격을 좁히면 근사 적분법의 사다리꼴 공식을 적용할 수 있다. 또한 선수 부분의 구상 선수(Bulbous Bow)부나 선미수선(A.P.) 뒤쪽부분도 종직선을 증가시키면 사다리꼴 공식의 적용이 가능하고 수선면적를 쉽게 구할 수 있다.

곡률이 큰 선수 및 선미부를 포함한 계산 기점으로부터 j번째 위치의 수선면적 $A_w(j)$는 수선면(Waterplane)이 선체중심선℄에 대하여 대칭이기 때문에 (4.7)식 또는 (4.8)식에서 $g(x) = -f(x)$로 하여 구할 수 있다. 여기에서는 전절에서 보여준 (4.9)식과 같은 생각을 한다. 따라서 그림 4-11에서 $A_w(j)$는 배의 반폭에 대하여 사다리꼴 공식을 사용하여 구하고 이것을 2배하여 다음 식과 같이 구할 수 있다.

$$A_w(j) = 2 \cdot \sum_{i=1}^{m} \frac{y_{i-1,j} + y_{i,j}}{2} \cdot \Delta x \tag{4.10}$$

여기서, $\Delta x = (x_m - x_0)/m$

$x_i (i = 0 \sim m)$는 수선간길이(L_{pp})를 m분할 한 경우, 각 종직선(Ordinate)의 선체중심선℄위의 좌표

$y_{i,j}$는 (4.9) 식의 정의와 같음

(4.10)식은 (4.6)식에서 $f(x) = (y_{i-1,j} + y_{i,j})/2$, $dx = x_i - x_{i-1}$로 바꿔 놓은 것을 2배로 한 것과 다름없다. 따라서 종직선(Ordinate)의 수 즉 수선간길이의 분할 수 m을 늘려 오차를 최소한으로 할 수 있다. 또한 A.P. 보다 뒤쪽 및 F.P.보다 앞쪽에 수선면이 있는 경우에는 A.P.와 F.P.를 포함한 수선간의 종직선 외에도 A.P.보다 뒤쪽 또는 F.P.보다 앞쪽에 적당한 수의 종직선을 더하여 (4.10)식의 i의 초기 값과 최종 값을 변경하면 해당하는 수선면적를 구할 수 있다.

4.3.1.4 선형계수(비척계수 : 肥脊係数)$C_{\otimes}$, C_w의 계산

지금 선체중앙부$\otimes$(i = m/2)에 있어서 j(j = 0~n)번째 수면선 WSL에 대한 중앙횡단면적 $A_S(m/2,j)$는 (4.9)식을 이용하여 구할 수 있기 때문에 이를 $A_{\otimes}(j)$로 두면, j(j = 0~n)번째 수면선 WSL까지의 중앙횡단면적계수 $C_{\otimes}(j)$는 다음 식으로 구할 수 있다.

$$C_{\otimes}(j) = \frac{A_{\otimes}(j)}{B \cdot d(j)} \tag{4.11}$$

여기서, B는 배의 형폭

d(j)는 j(j = 0~n)번째까지의 형 흘수

또한 계산 기점에서 j번째 위치의 수선면적 $A_w(j)$는 (4.10)식을 이용하여 구할 수 있기 때문에 j(j = 0~n)번째 수선면적계수 $C_w(j)$는 다음 식으로 구할 수 있다.

$$C_w(j) = \frac{A_w(j)}{L \cdot B} \tag{4.12}$$

여기서, L는 배의 수선간길이

4.3.1.5 단위(cm)침하당 배수톤(Tons per 1 cm immersion)

배는 화물을 싣거나 내리거나하는 하역(荷役)에 의하여 흘수도 증가 또는 감소하지만 그 때의 배의 배수량(톤)은 하역화물의 무게 w(톤)만 증감(增減)한다.

배의 배수량의 증감은 흘수를 직접 증감 시키지만, 하역에 따라 배가 경사 없이 평행하게 위 또는 아래로 움직인다고 생각한다면, 화물의 무게 w(톤)는 일반적으로 배수량(톤)에 비하여 너무 크지 않기 때문에 흘수의 증감도 작다고 말할 수 있다. 이때의 흘수의 증감량을 ⊿d로 한다. 또한 흘수의 증감이 작기 때문에 수선면적 A_w도 변함없이 일정하다고 생각해도 지장이 없다.

배가 뜨고 있는 수역의 물 비중량을 γ 및 배의 수선면적을 A_w라하고, 화물의 무게 w(톤)에 의한 배의 흘수의 증감량을 $\varDelta d$라 하면, 화물의 무게 w(톤)와 수선면적 A_w, 흘수의 증감량 $\varDelta d$ 사이에는 다음 식과 같은 관계에 있다는 것을 알 수 있다.

$$w = A_w \cdot \varDelta d \cdot \gamma$$

이 식으로부터 하역화물의 무게 w(톤)에 의한 배의 흘수의 증감량 $\varDelta d$는 다음 식으로 구할 수 있다.

$$\varDelta d = \frac{w}{A_w \cdot \gamma} \tag{4.13}$$

일반적으로 흘수의 증감량 $\varDelta d$를 균일하게 1cm(=1/100m)만 가라앉히는(침하시키는)데 필요한 화물의 무게 w, 즉 흘수를 균일하게 1cm만 증가시킬 때의 배수량의 증가량 w를 단위(cm) 침하당 배수톤(Tons per 1 cm immersion)이라고 하여 TPC로 표시하고 있지만, (4.13)식을 고처 써서 j(j = 0~n)번째 수면선 WSL에 대한 TPC(j)를 구한다면 다음 식과 같이 된다.

$$TPC(j) = \frac{1}{100} \cdot A_w(j) \cdot \gamma \tag{4.14}$$

또한 (4.12)식으로부터 수선면적계수 $C_w(j)$를 이용하면 다음 식과 같이 된다.

$$TPC(j) = \frac{1}{100} \cdot C_w(j) \cdot L \cdot B \cdot \gamma \tag{4.15}$$

4.3.2 면적 모멘트(Moment of an Area)와 관련 항목의 계산법

그림 4-5에 있어서 $x=a$와 $x=b$의 직선과 $f(x)$의 곡선으로 둘러싸여 면적의 x축에 대한 모멘트 M_x는 각 소구간 Δx를 짧은 변으로 하는 직사각형에 있어서 x축으로부터 중심까지의 거리가 $f(\xi_i)/2$이기 때문에 이를 소구간의 직사각형에 곱하여 모든 소구간의 합계로서 다음 식으로 나타낼 수 있다.

$$M_x = \lim_{m \to \infty} \sum_{i=1}^{m} f(\xi_i) \cdot \Delta x \cdot f(\xi_i)/2$$

이 극한값은 일반적으로 다음 식과 같이 나타낼 수 있다.

$$M_x = \frac{1}{2} \cdot \int_a^b f(x)^2 \cdot dx$$

또한 y축에 대한 모멘트 M_y는 ξ_i가 소구간 Δx내의 임의의 점이기 때문에 각 소구간 내에서 어떻게 골라 내여도 Δx를 한없이 작게하여 가면 일정한 값에 접근하여 가기에, 이것을 소구간의 직사각형에 곱하여 모든 소구간의 합계로서 다음 식으로 나타낼 수 있다.

$$M_y = \lim_{m \to \infty} \sum_{i=1}^{m} f(\xi_i) \cdot \Delta x \cdot \xi_i \tag{4.16}$$

이 극한값은 일반적으로 다음 식과 같이 나타낼 수 있다.

$$M_y = \int_a^b f(x) \cdot x \cdot dx \tag{4.17}$$

또한 그림 4-6과 같이 구간 [a, b]에는 연속한 두 함수 f(x)와 g(x)가 있고 f(x) ≧ g(x)이며, 항상 f(x)=g(x)가 아닌 경우, x=a와 x=b의 직선과 f(x)와 g(x)의 곡선으로 둘러싸인 면적의 x축에 대한 모멘트 M_x와 y축에 대한 모멘트 M_y는 다음 식으로 나타낼 수 있다.

$$M_x = \lim_{m \to \infty} \sum_{i=1}^{m} \{f(\xi_i) \cdot \Delta x \cdot f(\xi_i)/2 - g(\xi_i) \cdot \Delta x \cdot g(\xi_i)/2\}$$

$$M_y = \lim_{m \to \infty} \sum_{i=1}^{m} \{f(\xi_i) - g(\xi_i)\} \cdot \Delta x \cdot \xi_i \tag{4.18}$$

따라서 각각 다음 식과 같이 나타낼 수 있다.

$$M_x = \frac{1}{2} \cdot \int_a^b \{f(x)^2 - g(x)^2\} \cdot dx$$

$$M_y = \int_a^b \{f(x) - g(x)\} \cdot x \cdot dx \tag{4.19}$$

4.3.2.1 횡단면의 기선에 대한 모멘트와 중심위치

그림 4-12의 (a)는 이븐 키일(Even Keel)인 배의 정면선도에서 선수 부분의 횡단면곡선 중 하나를 꺼내 그림에 나타낸 것이며, (b)는 계획 트림(Designed Trim)을 가진 배의 정면선도에서 선미부의 횡단면곡선 중 하나를 꺼내 그림으로 나타낸 것이다.

배의 선수부 및 선미부의 횡단면곡선과 각 수면선 WSL과의 교점의 중심선℄으로부터의 거리는 좌표가 아니라 길이의 절대 값으로 오프셋(Offsets)에서 구하여 진다는 것은 이미 알고 있다. 여기에서는 그림 4-12(b)와 같이 횡단면곡선

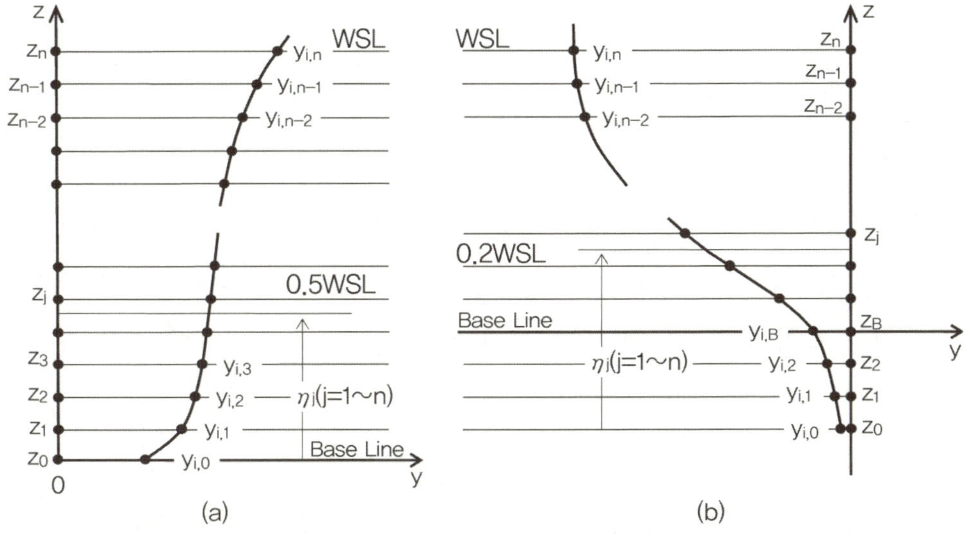

▶▶▶ **그림 4-12 수면선 WSL를 증가하여 임의로 분할한 이븐 키일 또는 계획 트림의 배의 횡단면곡선**

이 y축의 마이너스쪽에 그려져 있다고 하여도 **그림 4-12**의 (a)와 같이 y축의 플러스쪽에 그려져 있는 것으로 취급한다.

또한 **그림 4-12**의 (b)와 같은 계획 트림을 가진 배의 선미부 횡단면곡선은 선저 부분이 기선(Base Line)보다 아랫부분에도 있고 하여, 기선에 대한 면적 모멘트를 계산하려면 모멘트 지레(Arm or Lever)는 기선보다 위쪽에 대하여서는 플러스(+), 아래쪽에 대하여서는 마이너스(−)를 취한다.

따라서 i(i=0~m)번째 스퀘어 스테이션에 있어서 선저부로부터 j(j=0~n)번째 수면선 WSL까지의 선체 횡단면의 기선에 대한 면적 모멘트 $M_{BL}(i,j)$는 **그림 4-12**와 같은 정면선도의 횡단면곡선이 선체중심선℄에 대하여 한쪽만 그려져 있기 때문에 (4.8)식 또는 (4.9)식에 있어서 $g(x)=-f(x)$로 하면, 선체중심선℄에 대하여 대칭 단면으로서 다음 식으로 구할 수 있다. 다만 기선 위에서 $z_j=z_B$, $y_{i,j}=y_{i,B}$라 한다면, 이것은 **그림 4-12**와 같은 한 쪽 단면에 대한 면적 모멘트를

2배 한 것과 다름없다.

$$M_{BL}(i,j) = 2 \cdot \sum_{j=1}^{n} y_i(\eta_j - z_B) \cdot (\eta_j - z_B) \cdot \Delta z$$

이 식은 (4.16)식과 같은 사고방식으로 되어 있으며, Δz를 한없이 작게 하면 문제없지만 실제 계산에 있어서는 선저부로부터 계산 수면선 WSL까지 n분할하여 사다리꼴 공식을 이용하면 다음 식과 같이 된다.

$$M_{BL}(i,j) = 2 \cdot \sum_{j=1}^{n} \frac{y_{i-1,j} + y_{i,j}}{2} \cdot \frac{z_{j-1} + z_j}{2} \cdot \Delta z \tag{4.20}$$

여기서, i, j , n, Δz, η_j, $y_i(\eta_j)$ 및 y_{ij}는 (4.9)식의 정의와 같음

$z_j(j=0 \sim n)$는 (4.9)식의 정의와 같음

따라서 $i(i=0 \sim m)$번째 스퀘어 스테이션에 있어서 $j(j=0 \sim n)$번째 수면선 WSL에 대한 선체 횡단면적 $A_S(i,j)$를 구하는 (4.9)식과 기선에 대한 면적 모멘트 $M_{BL}(i,j)$를 구하는 (4.20)식에서 그 선체 횡단면적의 중심 G(i,j)는 기선으로부터의 높이를 KG(i,j)라 하면, 다음 식으로 구할 수 있다.

$$KG(i,j) = \frac{\sum_{j=1}^{n} (y_{i,j-1} + y_{i,j}) \cdot (z_{j-1} + z_j) \cdot \Delta z}{2 \cdot \sum_{j=1}^{n} (y_{i,j-1} + y_{i,j}) \cdot \Delta z} \tag{4.21}$$

4.3.2.2 수선면의 선체중앙부⊗에 대한 모멘트와 중심(부면심 : 浮面心)위치

그림 4-13은 배의 반폭선도로부터 수선 WL 중 하나를 꺼내어 그림에 나타낸 것이다.

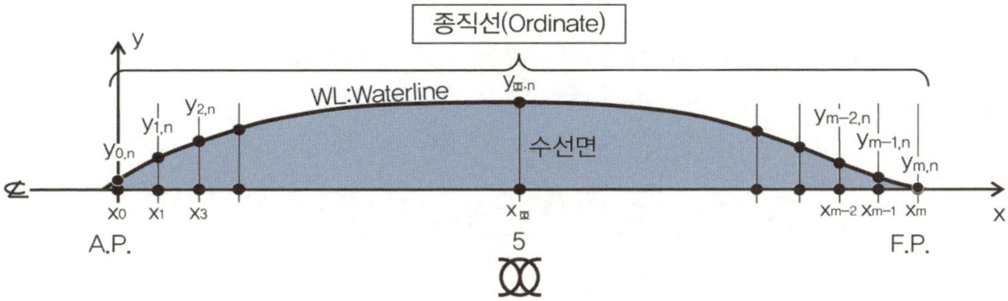

반폭선도(Half-Breadth Plan or Water Plane)

▶▶▶ **그림 4-13 임의 수선 WL의 각 스퀘어 스티이션에 있어서의 좌표 점**

그림 4-13은 A.P.를 원점으로 하여 선수 방향으로 x축, 좌쪽 선측의 너비 방향으로 y축을 잡아 그림으로 나타내고 있다. 또한 계산 기점으로부터 j(j =0~n)번째 수선 WL과 i(i =0~m)번째 스퀘어 스테이션에 있는 종직선의 교점은 선체중심선℄으로부터 $y_{i,j}$로서 구하여 지고 있다.

그러나 선체중앙부⊗에 대한 면적 모멘트를 계산하려면 모멘트 지레(Arm or Lever)는 선체중앙부⊗ 보다 뒤쪽에 대하여 플러스(+), 앞쪽에 대하여 마이너스(−)를 취한다.

따라서 계산 기점으로부터 j(j =0~n)번째 수선면의 선체중앙부⊗에 대한 면적 모멘트$M_{⊗}(j)$는 **그림 4-13**과 같이 배의 반폭에 대하여 (4.16)식 또는 (4.17)식을 이용하여 구해서 2배하면, 다음 식으로 구할 수 있다.

$$M_{⊗}(j) = 2 \cdot \sum_{i=0}^{m} y(\xi_i)_j \cdot (x_{⊗} - \xi_i) \cdot \Delta x$$

여기서, $y(\xi_i)_j$는 j번째 수선 WL에서 i−1과 i사이의 소구간 Δx내 임의의 점 ξ_i의 중심선℄으로부터의 거리° (그림 4-5 참조)

$x_{⊗}$는 선체중앙부⊗의 선체중심선℄ 위의 좌표

이 식은 (4.16)식과 같은 사고방식으로 Δx를 한없이 작게 하면 문제없지만 실제로 계산할 때는 수선면을 길이 방향으로 m분할하므로 사다리꼴 공식을 이용하면 다음 식으로 된다.

$$M_{\otimes}(j) = 2 \cdot \sum_{i=1}^{m} \frac{y_{i-1,j} + y_{i,j}}{2} \cdot \frac{(x_{\otimes} - x_{i-1}) + (x_{\otimes} - x_i)}{2} \cdot \Delta x \tag{4.22}$$

여기서, x_i는 (4.10)식의 정의와 같음

$y_{i,j}$는 (4.9)식의 정의와 같음

수선면의 면적 Aw(j)를 구하는 (4.10)식과 선체중앙부$\otimes$에 대한 면적 모멘트 $M_{\otimes}$(j)를 구하는 (4.22)식을 이용하면 j(j=0~n)번째 수선면 중심(부면심 : 浮面心 : Center of Flotation) F의 선체중앙부$\otimes$로부터의 거리 $\otimes$F(j)는 다음 식으로 구할 수 있다.

$$\otimes F(j) = 2 \cdot \frac{\sum_{i=1}^{m} (y_{i-1,j} + y_{i,j}) \cdot [(x_{\otimes} - x_{i-1}) + (x_{\otimes} - x_i)] \cdot \Delta x}{2 \cdot \sum_{i=1}^{m} (y_{i-1,j} + y_{i,j}) \cdot \Delta x} \tag{4.23}$$

(4.23)식은 j번째 수선면의 부면심 $\otimes$F(j)가 선체중앙부$\otimes$보다 뒤쪽에 있으면 플러스(+), 앞쪽에 있으면 마이너스(−)로 된다.

4.3.3 면적의 관성 모멘트(Moment of Inertia of an Area)와 관련 항목의 계산법

그림 4-5에서 x=a와 x=b의 직선과 f(x)의 곡선으로 둘러싸여 면적의 x축에

대한 관성 모멘트 I_x는 각 소구간 Δx에서 직사각형의 중심에 대한 관성 모멘트에 각 직사각형 면적에 x축으로부터 그 중심까지의 거리 $f(\xi_i)/2$를 2승하여 곱한 값을 더하여 모든 소구간에 대한 합으로서 다음 식과 같이 나타낼 수 있다.

$$I_x = I_g + \lim_{m\to\infty} \sum_{i=1}^{m} f(\xi_i) \cdot \Delta x \cdot [f(\xi_i)/2]^2$$

여기서, I_g는 소구간 Δx내 직사각형의 중심에 대한 관성 모멘트의 총계

$$I_g = \lim_{m\to\infty} \sum_{i=1}^{m} f(\xi_i)^3 \cdot \Delta x/12$$

이상 식들은 다음 식과 같이 정리할 수 있다.

$$\begin{aligned} I_x &= \lim_{m\to\infty} \sum_{i=1}^{m} \{ f(\xi_i)^3 \cdot \Delta x/12 + f(\xi_i)^3 \cdot \Delta x/4 \} \\ &= \lim_{m\to\infty} \sum_{i=1}^{m} \frac{1}{3} \cdot f(\xi_i)^3 \cdot \Delta x \end{aligned} \tag{4.24}$$

따라서 이 극한값은 일반적으로 다음 식과 같이 나타낼 수 있다.

$$I_x = \frac{1}{3} \cdot \int_a^b f(x)^3 \cdot dx \tag{4.25}$$

또한 y축에 대한 관성 모멘트 I_y는 ξ_i가 소구간 내의 임의의 점으로서 각 Δx의 소구간 내에서 어떻게 골라 내여도 Δx를 한없이 작게 하여 가면 일정한 값으로 가까워지기 때문에 이것을 이용하여 소구간의 직사각형 면적에 ξ_i^2을 곱하여 모

든 소구간에 대한 합계로 다음 식과 같이 나타낼 수 있다.

$$I_y = \lim_{m \to \infty} \sum_{i=1}^{m} f(\xi_i) \cdot \Delta x \cdot \xi_i^2 \tag{4.26}$$

이 극한값은 일반적으로 다음 식과 같이 나타낼 수 있다.

$$I_y = \int_a^b f(x) \cdot x^2 \cdot dx \tag{4.27}$$

또한 그림 4-6과 같이 구간 [a, b]에서 연속 인 두 함수 f(x)와 g(x)가 있고 $f(x) \geqq g(x)$이며, 항상 $f(x)=g(x)$가 아닌 경우에는 $x=a$와 $x=b$의 직선과 f(x)와 g(x)의 곡선으로 둘러싸여진 면적의 x축에 대한 관성 모멘트 I_x는 (4.24)식과 (4.25)식으로부터 다음 식과 같이 나타낼 수 있다.

$$I_x = \lim_{m \to \infty} \sum_{i=1}^{m} \frac{1}{3} \cdot \{f(\xi_i)^3 - g(\xi_i)^3\} \cdot \Delta x \tag{4.28}$$

$$I_x = \frac{1}{3} \cdot \int_a^b \{f(x)^3 - g(x)^3\} \cdot dx \tag{4.29}$$

그리고 이 경우의 y축에 대한 관성 모멘트 I_y는 (4.26)식과 (4.27)식으로부터 다음 식과 같이 나타낼 수 있다.

$$I_y = \lim_{m \to \infty} \sum_{i=1}^{m} \{f(\xi_i) - g(\xi_i)\} \cdot \xi_i^2 \cdot \Delta x \tag{4.30}$$

$$I_y = \int_a^b \{f(x) - g(x)\} \cdot x^2 \cdot dx \tag{4.31}$$

4.3.3.1 수선면의 선체중심선℄에 대한 관성 모멘트

그림 4-13에서 기선으로부터 j(j=0~n)번째 수선면의 선체중심선℄에 대한 관성 모멘트 $I_{℄}(j)$는 수선면이 선체중심선℄에 대하여 대칭이기 때문에 (4.29)식에서 g(x)=−f(x)로 한 것과 같다.

따라서 (4.28)식 또는 (4.29)식을 적용하면 기선으로부터 j번째 수선면의 선체중심선℄에 대한 관성 모멘트 $I_{℄}(j)$는 다음 식으로 구할 수 있다. 이것은 그림 4-13과 같이 한쪽의 수선면의 관성 모멘트를 2배 한 것과 같다.

$$I_{℄}(j) = \sum_{i=1}^{m} \frac{2}{3} \cdot y(\xi_i)_j^{\,3} \cdot \Delta x$$

여기서, i, j 및 m은 (4.9)식의 정의와 같음

Δx는 (4.10)식의 정의와 같음

$y(\xi_i)_j$는 4.3.2.2의 정의와 같음

이 식은 (4.26)식이 보여주는 바와 같이 Δx를 한없이 작게 하면 문제없지만 실제 계산에서는 수선면을 길이 방향으로 m분할하므로 사다리꼴 공식을 이용하면 다음 식과 같이 된다.

$$I_{℄}(j) = \frac{2}{3} \cdot \sum_{i=1}^{m} \left(\frac{y_{i-1,j} + y_{i,j}}{2}\right)^3 \cdot \Delta x \qquad (4.32)$$

여기서, $y_{i,j}$는 (4.9)식의 정의와 같음

4.3.3.2 수선면의 선체중앙부⨂에 대한 관성 모멘트

기선으로부터 j(j=0~n)번째 수선면의 선체중앙부⨂에 대한 관성 모멘트 $I_{⨂}(j)$는 수선면이 선체중심선℄에 대하여 대칭이기 때문에 (4.31)식에서 g(x)=−f(x)

로 한 경우와 같다.

따라서 (4.30)식 또는 (4.31)식을 적용하면 기선으로부터 j번째 수선면의 선체 중앙부⊗에 대한 관성 모멘트 $I_{\otimes}(j)$는 다음 식으로 구할 수 있다. 이것은 그림 4–13과 같이 한쪽의 수선면의 관성 모멘트를 2배 한 것과 같다.

$$I_{\otimes}(j) = 2 \cdot \sum_{i=0}^{m} y(\xi_i)_j \cdot (x_{\otimes} - \xi_i)^2 \cdot \varDelta x$$

여기서, $\varDelta x$는 (4.10)식의 정의와 같음

$x_{\otimes}$, $y(\xi_i)_j$는 4.3.2.2의 정의와 같음

이 식은 (4.16)식과 같은 사고방식으로 $\varDelta x$를 한없이 작게 하면 문제없지만 실제 계산에서는 수선면을 길이 방향으로 m 분할하므로 사다리꼴 공식을 이용하면 다음 식과 같이 된다.

$$I_{\otimes}(j) = 2 \cdot \sum_{i=1}^{m} \frac{y_{i-1,j} + y_{i,j}}{2} \cdot \left[\frac{(x_{\otimes} - x_{i-1}) + (x_{\otimes} - x_i)}{2} \right]^2 \cdot \varDelta x \qquad (4.33)$$

여기서, x_i 및 $y_{i,j}$는 (4.10)식의 정의와 같음

4.3.3.3 수선면의 부면심⊗F에 대한 관성 모멘트

그림 4–14에서 $x=a$와 $x=b$의 직선 그리고 x축과 f(x)곡선으로 둘러싸여진 도형의 면적이 A, 그 중심이 g_A, 그리고 중심의 x좌표를 x_g라 하면 y축에 대한 관성 모멘트 I_y는 다음 식으로 구할 수 있다. 한편, I_x는 (4.24)식으로 직접 구할 수 있다.

$$I_y = I_g + A \cdot x_g^{\,2} \qquad (4.34)$$

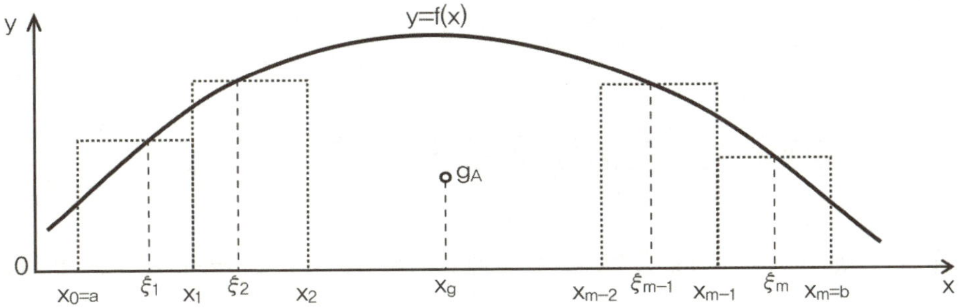

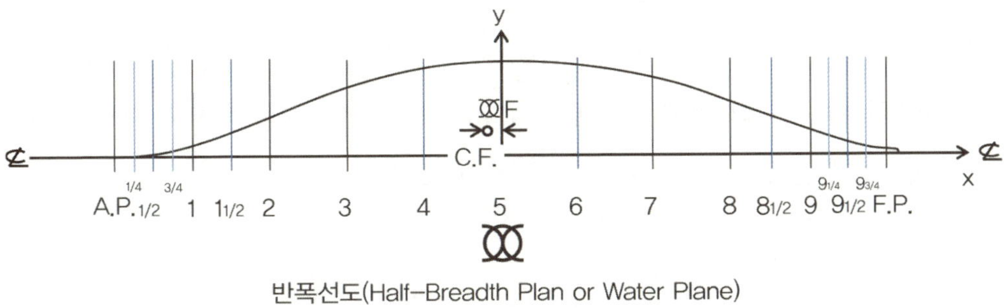

▶▶▶ 그림 4-14 선체중앙부⨂로 y측을 옮긴 경우의 좌표계와 부면심의 위치

지금 j(j=0~n)번째 수선면의 중심 즉 부면심(Center of Flotation)에 대한 관성 모멘트 $I_F(j)$는 직접 구하기가 쉽지 않지만 (4.29)식 또는 (4.31)식과 (4.34)식을 이용하여 다음과 같은 방법으로 간단히 구할 수 있다.

즉 (4.34)식에서 I_y는 j(j=0~n)번째 수선면의 y축에 대한 관성 모멘트이기 때문에 y축을 선체중앙부⨂로 옮겨 선체중앙부⨂에 대한 관성 모멘트 $I_{⨂}(j)$를 (4.27)식 또는 (4.31)식의 근사 적분식인 (4.33)식으로 구한다. 또한 면적 A는 수선면적 $A_w(j)$, x_g는 선체중앙부⨂에서 부면심(C.F.)까지의 거리 ⨂F(j)이기 때문에 $A_w(j)$를 (4.10)식 및 ⨂F(j)를 (4.23)식으로 구할 수 있다. 따라서 주어진 $I_{⨂}(j)$, $A_w(j)$ 및 ⨂F(j)를 (4.31)식에 대입하면 부면심에 대한 관성 모멘트 $I_F(j)$는 다음 식으로 구할 수 있다.

$$I_F(j) = I_{\text{ꝏ}}(j) - A_w(j) \cdot \text{ꝏ}F(j)^2 \tag{4.35}$$

4.3.4 용적(Volume)과 관련 항목의 계산법

그림 4-15에서 보는바와 같이 어떤 물체가 직선 x=a, x=b와 xz-평면 위의 두 곡선 z=f(x), z=g(x)와 두 곡면 y=F(x, z), y=G(x, z)로 둘러싸여진 범위의 입체라고 하자. 다만 곡선 z=f(x)와 z=g(x), 곡면 y=F(x,z)와 y=G(x,z)는 [a,b]에서 연속인 함수이고f(x)≧g(x) 및 F(x,z)≧G(x,z)인 경우를 다루기로 한다.

이 경우 물체의 용적 V는 다음 식으로 구할 수 있다.

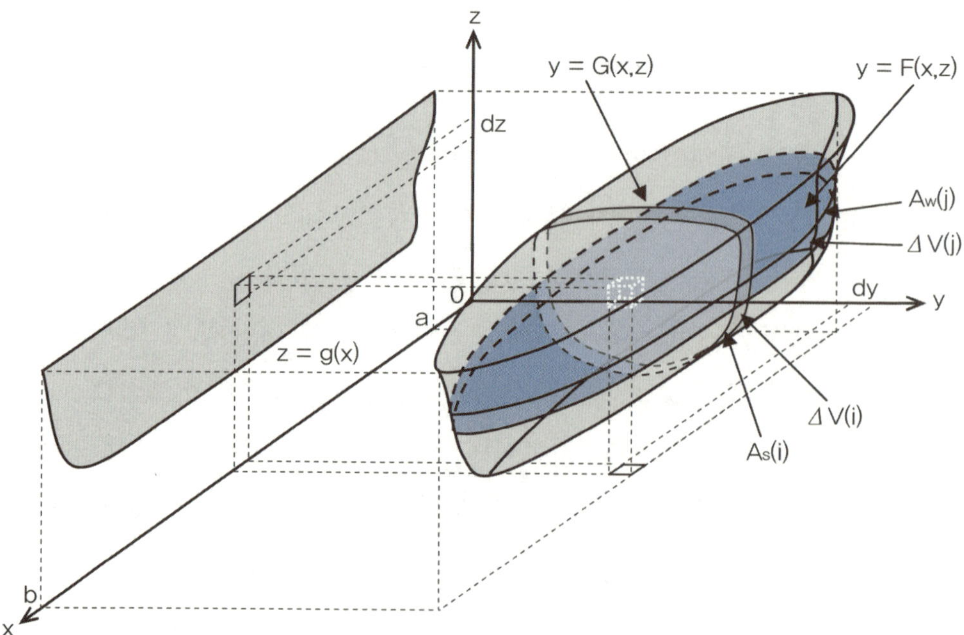

▶▶▶ 그림 4-15 곡면으로 둘러싸인 부분의 용적 적분을 위한 좌표계

$$V = \lim_{m\to\infty} \sum_{i=1}^{m} \varDelta V(i) = \lim_{m\to\infty} \sum_{i=1}^{m} A_S(i) \cdot \varDelta x$$

여기서, 횡단면적 $A_S(i) = \lim_{n\to\infty} \sum_{j=1}^{n} \{F(\xi_i, \eta_j) - G(\xi_i, \eta_j)\} \cdot \varDelta z$

$A_S(i)$는 수선간길이를 m분할하고, i번째(i=1~m) 분할 점의 횡평면에서 선체를 절단했을 때의 횡단 면적

$\varDelta V(i)$는 $A_S(i)$에 미소구간$\varDelta x$를 곱하여 얻어지는 체적 요소

ξ_i는 (4.6)식을 나타낼 때의 구간 [a, b]에 있는 소구간 $\varDelta x$내의 점

η_j는 구간[g(x),f(x)]에 있는 소구간 $\varDelta z$내의 점

$\varDelta x$는 (4.10)식의 정의와 같음

$\varDelta z$는 (4.9)식의 정의와 같음

이 극한값은 일반적으로 다음 식과 같이 나타낼 수 있다.

$$V = \int_a^b dx \int_{g(x)}^{f(x)} \{F(x,z) - G(x,z)\} \cdot dz \tag{4.36}$$

또는 용적 V는 다음 식으로 구할 수 있다.

$$V = \lim_{n\to\infty} \sum_{j=1}^{n} \varDelta V(j)$$

$$= \lim_{n\to\infty} \sum_{j=1}^{n} A_w(j) \cdot \varDelta z$$

여기서, 수선면적 $A_w(j) = \lim_{m\to\infty} \sum_{i=1}^{m} \{F(\xi_i, \eta_j) - G(\xi_i, \eta_j)\} \cdot \varDelta x$

$A_w(j)$는 계산 기점(일반 상선의 경우는 기선)으로부터 최대 계산 흘수까지를 n 분할했을 때 j번째 (j=1~n) 수선면적

$\varDelta V(j)$는 $A_w(j)$에 미소 구간 $\varDelta z$를 곱하여 얻은 체적 요소

이 극한값은 일반적으로 다음 식과 같이 나타낼 수 있다.

$$V = \int_{g(x)}^{f(x)} dz \int_{a}^{b} \{F(x,z) - G(x,z)\} \cdot dx \tag{4.37}$$

(4.36)식과 (4.37)식은 적분 순서를 바꾸었을 뿐이지 같은 결과를 얻는다.

(4.36)식과 (4.37)식을 선체 형상에 적용하여 생각하면, (4.36)식은 수선간길이를 m분할 한 경우 각 분할 점에서 스퀘어 스테이션의 횡단면적 $A_S(i,j)$를 (4.9)식으로 구하고 이것을 배의 길이 방향으로 적분하여 선체 용적을 구하는 식이고, (4.37)식은 계산 기점으로부터 최대 계산 흘수까지를 n분할 한 경우 각 분할 점에서 수선면적 $A_w(j)$를 (4.10)식으로 구하여 이것을 배의 깊이 방향으로 적분하여 선체 용적을 구하는 식이다. 따라서 어느 방법으로 계산하여도 똑같은 결과를 얻을 수 있다는 것을 보여주고 있다.

4.3.4.1 횡단면적을 이용한 선체 용적의 계산

(4.36)식을 사다리꼴 공식으로 근사하기 위하여 먼저 수선간길이를 m분할한다. 그리고 $i(i=0\sim m)$번째 스퀘어 스테이션의 횡단면을 계산 기점으로부터 최대 계산 흘수까지 n분할하여 계산 기점으로부터 $j(j=0\sim n)$번째까지의 각 횡단면적 $A_S(i,j)$를 (4.9)식으로 구한다. 주어진 횡단면적 $A_S(i,j)$를 이용하여 배의 길이 방향으로 사다리꼴 공식을 적용하면 다음 식과 같이 선체 용적 $V(j)$를 구할 수 있다.

$$V(j) = \sum_{i=1}^{m} \frac{A_S(i-1,j) + A_S(i,j)}{2} \cdot \Delta x \tag{4.38}$$

4.3.4.2 수선면적을 이용한 선체 용적의 계산

(4.37)식을 사다리꼴 공식으로 근사하기 위하여 먼저 선체를 계산 기점으로부터 최대 계산 흘수까지 n분할한다. 그리고 각 분할 점의 수선면을 수선간길이를 m 분할 한 점으로 분할하여 수선면적 $A_w(j)$를 (4.10)식으로 구한다. n분할하여 얻어진 분할 점의 수선면적 $A_w(j)$를 이용하여 배의 깊이 방향으로 사다리꼴 공식을 적용하여 선체 용적 V(j)를 구하면 다음 식과 같이 된다.

$$V(j) = \sum_{j=1}^{n} \frac{A_w(j-1) + A_w(j)}{2} \cdot \Delta z \tag{4.39}$$

4.3.4.3 형형상의 배수량 계산

(4.38)식 또는 (4.39)식으로부터 구하여지는 선체 용적V(j)를 이용하면, 배의 배수량 $W_{mld}(j)$는 다음 식으로 구할 수 있다.

$$W_{mld}(j) = V(j) \cdot \gamma \tag{4.40}$$

당연하지만 선체 용적이 선체 형형상(Molded Form)에 대한 것이기 때문에 (4.40)식으로 얻을 수 있는 배수량 $W_{mld}(j)$는 선체 외판을 포함하지 않은 형형상의 배수량(Displacement of Molded Form)이다.

4.3.4.4 선형계수 C_b, C_p, C_{vp}의 계산

선형계수 C_b, C_p 및 C_{vp}의 계산은 제2장에서 설명한바와 같이 모든 경우에 선체 용적V(j)를 사용한다.

계산 기점으로부터 j번째 임의 흘수까지의 방형계수(Block Coefficient) $C_b(j)$는 제2장 2.2에서 보여준 (2.1)식에 (4.38)식 또는 (4.39)식에서 얻을 수 있는 선체 용적 V(j)를 이용하면 다음 식으로 구할 수 있다.

$$C_b(j) = \frac{V(j)}{L \times B \times d(j)} \tag{4.41}$$

여기서, d(j)는 계산 기점으로부터 j번째까지의 흘수

계산 기점으로부터 j번째 임의 흘수까지의 주형계수(柱形係数 : Prismatic Coefficient) $C_p(j)$는 제2장 2.4에서 보여준 (2.3)식에 (4.38)식 또는 (4.39)식에서 얻을 수 있는 선체 용적 V(j)와 (4.9)식으로 얻어지는 횡단면적 $A_S(m/2,j)$ 즉 $A_{\otimes}(j)$를 이용하여 다음 식으로 구할 수 있다.

$$C_p(j) = \frac{V(j)}{A_{\otimes}(j) \times L} \tag{4.42}$$

여기서, $A_{\otimes}(j)$는 계산 기점으로부터 j번째의 수면선 WSL까지의 중앙 횡단면적

계산 기점으로부터 j번째 임의 흘수까지의 연직주형계수(Vertical Prismatic Coefficient) $C_{vp}(j)$는 제2장 2.6에서 보여준 (2.5)식에 (4.38)식 또는 (4.39)식에서 얻을 수 있는 선체 용적 V(j)와 (4.10)식으로 얻어지는 수선면적 $A_w(j)$를 이용하면 다음 식으로 구할 수 있다.

$$C_{vp}(j) = \frac{V(j)}{A_w(j) \times d(j)} \tag{4.43}$$

여기서, $A_w(j)$는 기선으로부터 j번째 수선면적

4.3.4.5 횡메타센터(Transverse Metacenter) 반경 BM와 종메타센터(Longitudinal Metacenter) 반경 BM_L의 계산

횡메타센터 반경 BM은 일반적으로 선체중심선℄에 대한 수선면의 관성 모멘트를 선체 용적으로 나눔으로써 구할 수 있다. 즉 기선으로부터 j번째 수선면의 선체중심선℄에 대한 관성 모멘트 $I_{℄}(j)$를 (4.32)식으로 구하여, j번째 흘수까지의 용적 V(j)를 (4.38)식 또는 (4.39)식으로 구하면 임의의 흘수에 대한 횡메타센터 반경 BM(j)는 다음 식으로 구할 수 있다.

$$BM(j) = \frac{I_{℄}(j)}{V(j)} \tag{4.44}$$

또한 종메타센터 반경 BM_L은 일반적으로 부면심에 대한 수선면의 관성 모멘트를 선체 용적으로 나눔으로써 구할 수 있다. 즉 기선으로부터 j번째 수선면의 부면심에 대한 관성 모멘트 $I_F(j)$를 (4.35)식으로 구하여, j번째 흘수에 대한 용적 V(j)을 (4.35)식 또는 (4.39)식으로 구하면 임의 흘수에 대한 종메타센터 반경 $BM_L(j)$는 다음 식으로 구할 수 있다.

$$BM_L(j) = \frac{I_F(j)}{V(j)} \tag{4.45}$$

4.3.5 용적 모멘트와 관련 항목의 계산법

그림 4-15에서 한 변의 소구간을 Δx, Δy 및 Δz로 이루어지는 체적 요소 $\Delta V(=\Delta x \cdot \Delta y \cdot \Delta z)$를 생각한다. 이 소구간 Δx, Δy 및 Δz내의 임의의 점은

소구간을 한없이 작게 하여 가면 소구간 내에서 어떻게 골라 내여도 일정한 값에 가까워진다. 이 때문에 체적 요소 ⊿V에 소구간 ⊿x, ⊿y 및 ⊿z내의 임의의 점 x, y 및 z를 곱하여 극한값을 얻으면 yz면, xz면 및 xy면에 대한 용적 모멘트를 구할 수 있다.

yz면에 대한 용적 모멘트 M_{yz}는 다음 식으로 나타낼 수 있다.

$$M_{yz} = \int_a^b \int_{G(x,z)}^{F(x,z)} \int_{g(x)}^{f(x)} x \cdot dx \cdot dy \cdot dz$$

마찬가지로 xz면 및 xy면에 대한 용적 모멘트 M_{xz}와 M_{xy}는 다음 식으로 나타낼 수 있다.

$$M_{xz} = \int_a^b \int_{G(x,z)}^{F(x,z)} \int_{g(x)}^{f(x)} y \cdot dx \cdot dy \cdot dz$$

$$M_{xy} = \int_a^b \int_{G(x,z)}^{F(x,z)} \int_{g(x)}^{f(x)} z \cdot dx \cdot dy \cdot dz$$

이 식을 선체에 적용하기 위하여 **그림 4-15**에서 선체중심선면을 xz면에 일치시키고, 선미 수선(A.P.)를 z축, 기선을 x축으로 잡으면 **그림 4-16**과 같이 된다.

선체는 좌우 대칭이므로 xz면에 대한 용적 모멘트는 0(zero)이며, yz면과 xy면에 대한 용적 모멘트 M_{yz}와 M_{xy}는 다음 식과 같이 나타낼 수 있다.

$$\begin{aligned} M_{yz} &= \int_a^b \left\{\int_{g(x)}^{f(x)} [F(x,z) - G(x,z)] \cdot dz\right\} \cdot x \cdot dx \\ &= \int_a^b A_S(x) \cdot x \cdot dx \qquad (4.46) \end{aligned}$$

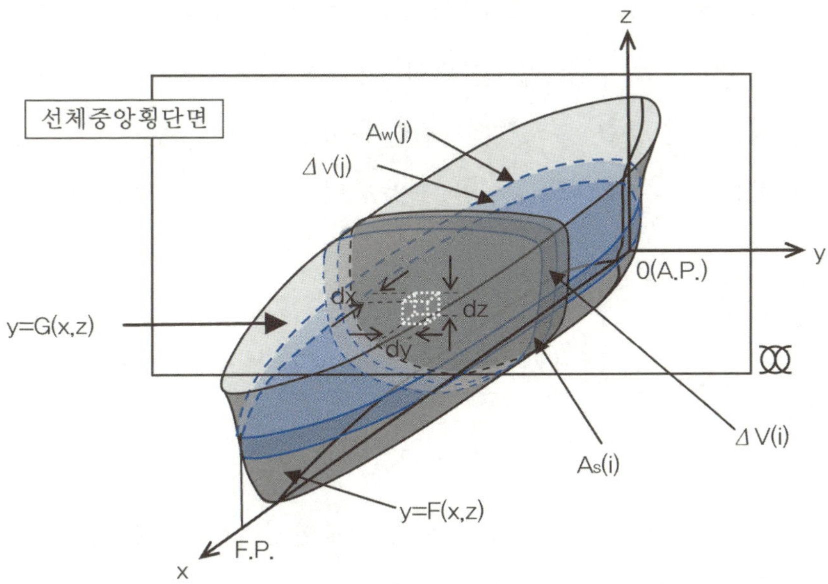

▶▶▶ 그림 4-16 용적 모멘트 계산을 위한 좌표계

$$M_{xy} = \int_{g(x)}^{f(x)} \{\int_a^b [F(x,z) - G(x,z)] \cdot dz\} \cdot z \cdot dz$$

$$= \int_{g(x)}^{f(x)} A_w(z) \cdot z \cdot dz \quad (4.47)$$

(4.46)식은 A.P.로부터 x의 점에 있는 배의 횡단면적 $A_S(x)$에 거기까지의 거리 x를 곱하여 종방향(길이 방향)으로 적분 한 것이며, (4.47)식은 기선으로부터 z의 점에 있는 배의 수선면적 $A_w(z)$에 기선(Base Line)으로부터의 거리 z를 곱하여 깊이 방향으로 적분 한 것이다.

4.3.5.1 임의 흘수 밑 선체의 기선에 대한 용적 모멘트와 기선으로부터의 부심 높이 KB

j(j=0~n)번째까지의 흘수 밑 선체의 기선에 대한 용적 모멘트 $M_{VBL}(j)$는 (4.47)식을 적용하면 구할 수 있다. $A_w(j)$가 (4.10)식으로 얻을 수 있기 때문에 이 결과를 이용하여 사다리꼴 공식을 적용하면 (4.47)식은 다음 식으로 나타낼 수 있다.

$$M_{VBL}(j) = \sum_{j=1}^{n} \frac{A_W(j-1) + A_w(j)}{2} \cdot \frac{z_{j-1} + z_j}{2} \cdot \Delta z \tag{4.48}$$

또한 임의 스퀘어 스테이션에 있는 선체 횡단면의 기선에 대한 면적 모멘트에 대하여서는 4.3.2.1에서 설명한 바와 같다. 따라서 i(i =0~m)번째 스퀘어 스테이션에서 j(j=0~n)번째 수면선 WSL까지의 선체 횡단면의 기선에 대한 면적 모멘트 $M_{BL}(i,j)$를 (4.20)식으로 구하여 배의 종방향(길이 방향)으로 적분함으로써 j번째 흘수 밑 선체의 기선에 대한 용적 모멘트 $M_{VBL}(j)$를 다음 식으로 구할 수 있다.

$$M_{VBL}(j) = \sum_{i=1}^{m} \frac{M_{BL}(i-1,j) + M_{BL}(i,j)}{2} \cdot \Delta x \tag{4.49}$$

따라서 기선으로부터 j번째 흘수까지의 선체 용적 V(j)는 (4.38)식 또는 (4.39)식으로 얻을 수 있으므로 (4.48)식 또는 (4.49)식을 이용하여 기선으로부터 용적 중심, 즉 부심 B까지의 높이 KB(j)는 다음 식으로 구할 수 있다.

$$KB(j) = \frac{M_{VBL}(j)}{V(j)} \tag{4.50}$$

4.3.5.2 기선으로부터 횡메타센터 높이 KM와 종메타센터 높이 KM_L

횡메타센터 반경 BM(j)를 (4.44)식, 종메타센터 반경 $BM_L(j)$를 (4.45)식으로 얻을 수 있으므로 앞 절에서 구하여지는 기선으로부터 부심 B까지의 높이 KB(j)를 이용하면 기선으로부터 횡메타센터 높이 KM(j)와 종메타센터 높이 $KM_L(j)$는 다음 식으로 구할 수 있다.

$$KM(j) = KB(j) + BM(j) \tag{4.51}$$

$$KM_L(j) = KB(j) + BM_L(j) \tag{4.52}$$

4.3.5.3 임의 흘수 밑 선체의 선체중앙부⊗에 대한 용적 모멘트와 용적 중심(부심)의 전후 위치 ⊗B

j(j=0~n)번째까지의 흘수에 대한 흘수 밑 선체의 선체중앙부⊗에 대한 용적 모멘트 $M_{V⊗}(j)$는 (4.46)식을 적용하면 구할 수 있다. $A_S(i,j)$가 (4.9)식으로 얻을 수 있으므로 그 결과를 이용하여 사다리꼴 공식을 적용하면 (4.46)식은 다음 식으로 나타낼 수 있다.

$$M_{V⊗}(j) = \sum_{i=1}^{m} \frac{A_S(i-1,j)+A_S(j,j)}{2} \frac{(x_{⊗}-x_{i-1})+(x_{⊗}-x_i)}{2} \cdot \Delta x \tag{4.53}$$

또한 j(j=0~n)번째까지의 각 수선면의 선체중앙부⊗에 대한 면적 모멘트 $M_⊗(j)$를 (4.22)식으로 구하고, 배의 깊이 방향으로 사다리꼴 공식을 적용한다면 j번째 흘수 밑 선체의 선체중앙부⊗에 대한 용적 모멘트 $M_{V⊗}(j)$를 다음 식으로 구할 수 있다.

$$M_{Vꝏ}(j) = \sum_{j=1}^{n} \frac{M_{ꝏ}(i-1,j) + M_{ꝏ}(j,j)}{2} \cdot \Delta z \qquad (4.54)$$

따라서 기선으로부터 j번째 흘수까지의 선체 용적 V(j)는 (4.38)식 또는 (4.39)식으로 얻을 수 있으므로 (4.53)식 또는 (4.54)식을 이용하면 선체중앙부ꝏ로부터 j번째 흘수 밑 선체의 용적 중심 즉 부심 B까지의 거리 ꝏB(j)는 다음 식으로 구할 수 있다.

$$ꝏB(j) = \frac{M_{Vꝏ}(j)}{V(j)} \qquad (4.55)$$

(4.55)식은 선체 용적의 중심 즉 부심 위치 ꝏB가 선체중앙부ꝏ보다 뒤쪽에 있으면 플러스(+), 앞쪽에 있으면 마이너스(−)가 된다.

4.3.6 단위(cm)트림당 모멘트(Moment to change trim per 1 cm)

「제1장 1.9.11 흘수와 트림의 관계」에서 설명한 바와 같이 선미흘수가 선수흘수보다 큰 경우를 선미트림(Trim by Stern) 그 반대로 작은 경우를 선수트림(Trim by Stem) 그리고 선미흘수와 선수흘수가 같아서 트림하지 않은 경우를 이븐 키일(Even Keel)이라고 한다.

그림 4-17과 같이 선내에 있는 무게 w(톤)인 화물을 선미 방향으로 거리 l(m)만 이동 시키면 배의 중심 G는 화물의 중심 이동과 평행하게 G′로 이동하고 종경사 상태 즉 트림 상태로 된다. 이때 배의 중심 이동 GG′는 다음 식으로 구할 수 있다.

$$GG' = \frac{w \times 1}{W} \tag{4.56}$$

여기서, W는 화물의 무게를 포함한 배의 배수량

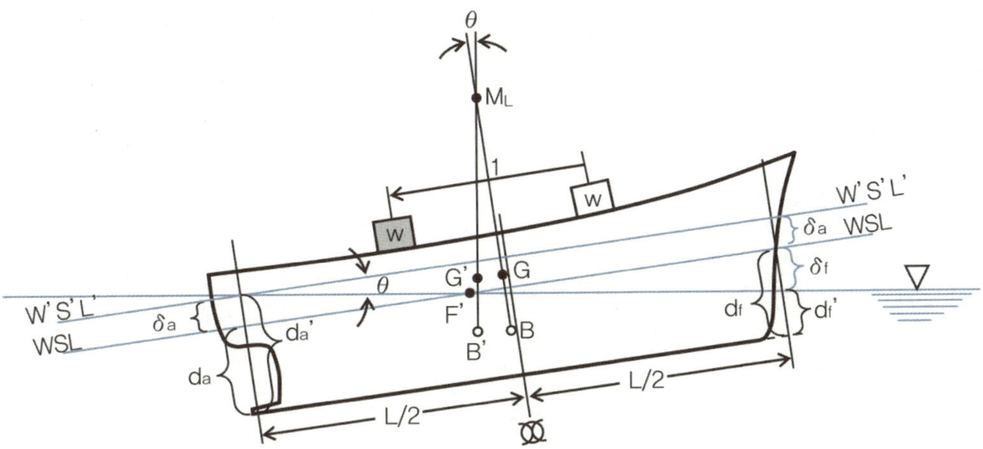

▶▶▶ 그림 4-17 화물의 이동에 의한 트림 상태

또한 배가 종경사(트림)함으로써 부심은 B로부터 이동 한 후의 중심 G′를 지나는 연직선 위의 B′로 올 때까지 이동하여 균형 상태가 된다. 종경사가 작은 경우 부심 B와 B′를 지나는 부력 작용선의 교차점은 정점에 있다고 해도 지장이 없고 이 점을 종메타센터(Longitudinal Metacenter) M_L이라고 한다. 또한 이때 중심 G로부터 M_L까지의 거리를 종메타센터 높이(Longitudinal Metacentric Height) GM_L이라고 한다.

이상으로부터 종경사각을 θ로 했을 때 배의 중심 이동 GG′는 다음 식으로 나타낼 수 있다.

$$GG' = GM_L \times \tan\theta \tag{4.57}$$

(4.56)식과 (4.57)식으로부터 $\tan\theta$는 다음 식으로 나타낼 수 있다.

$$\tan\theta = \frac{w \times 1}{W \times GM_L} \tag{4.58}$$

배가 종경사(트림)한다는 것은 배의 선수 및 선미 흘수가 변화하는 것이고 그림 4-17의 경우는 선미 흘수가 δ_a만 증가하고 선수 흘수가 δ_f만 감소하고 있음을 보여주고 있다. 즉 트림 후의 새로운 선수 및 선미 흘수를 d_f'와 d_a'라 하면 각각 다음 식으로 구할 수 있다.

$$d_f' = d_f - \delta_f \tag{4.59}$$

$$d_a' = d_a + \delta_a \tag{4.60}$$

새로운 선수 및 선미 흘수에 의한 트림의 크기는 (4.59)식과 (4.60)식의 관계로부터 다음 식과 같이 나타낼 수 있다.

$$\Delta t = d_a' - d_f' = \delta_a + \delta_f$$

이것은 그림 4-17에서 배가 종경사 한 후 선미 흘수점으로부터 경사 이전의 수면선 WSL에 평행하게 그은 수면선 W'S'L'가 보여주는 선수 흘수에서 트림의 변화량 Δt를 보여 주고 있다.

따라서 종경사각 θ와 트림 변화량 Δt와는 다음 식과 같은 관계에 있다.

$$\tan\theta = \frac{\Delta t}{L} \tag{4.61}$$

(4.58)식과 (4.61)식으로부터 $\tan\theta$를 지우고 트림 변화량 Δt를 cm 단위로 구

하면 다음 식과 같이 된다.

$$\Delta t = \frac{w \times l}{W \times GM_L} \cdot 100L \tag{4.62}$$

트림 변화량 Δt를 1cm 변화시키는데 필요한 경사 모멘트 $w \times l$의 값을 MTC 라하면 이 값을 단위(cm)트림당 모멘트(Moment to change trim per 1cm)라고 부르며, j(j=0~n)번째 수면선 WSL에 대한 MTC(j)는 다음 식으로 나타낼 수 있다.

$$MTC(j) = \frac{W \times GM_L(j)}{100L} \tag{4.63}$$

여기서 종메타센터 높이 GM_L은 중심 G의 위치(KG)가 얻어져 있어야 결정할 수 있다. 배수량등의 계산시에는 근사적으로 $GM_L(j) \fallingdotseq BM_L(j)$로 놓고 계산한다.

4.3.7 단위(cm) 트림 수정 톤 (Correction of Displacement for change of trim per 1 cm)

배가 트림 상태의 수면선 WSL에서 균형 상태에 있는 경우 배수량은 선수 및 선미 흘수를 이용하여 구할 수 있다.

그림 4-18에서 보는바와 같이 수면선 WSL에서 균형 상태에 있을 때의 선수 흘수를 d_f 및 선미 흘수를 d_a라고 하면 평균 흘수 d_{mid} 및 트림t는 다음 식으로 주어진다.

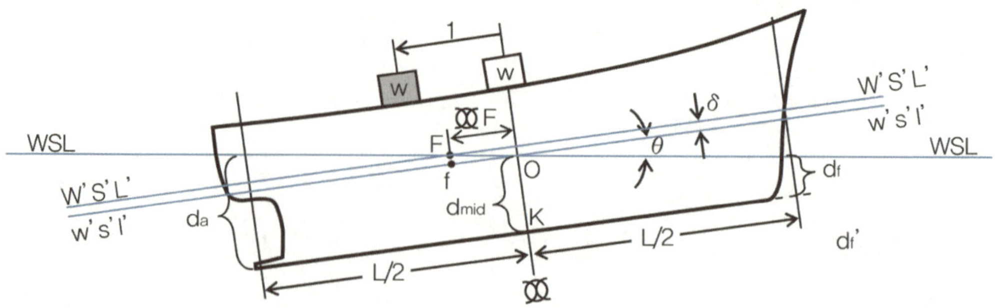

▶▶▶ 그림 4-18 화물의 이동에 의한 트림 상태와 균일 침하량

$d_{mid} = (d_f + d_a)/2$

$t = d_a - d_f$

이 때 평균 흘수 d_{mid}에 대한 배수량은 배수량등 곡선에서 얻을 수 있지만 그림 4-18에서 알 수 있듯이 평균 흘수 d_{mid}을 통과하는 수면선 w′s′l′가 부면심 F를 지나면 문제는 없다. 그러나 θ만큼 종경사(트림)했을 때의 부면심 F가 선체중앙부⊗로부터 ⊗F만한 거리에 있으면 트림 상태에 있는 배의 배수량과 평균 흘수 d_{mid}에 대한 배수량은 다르기 때문에 수정하여야 한다.

지금 평균 흘수 d_{mid}의 이븐 키일(Even Keel) 상태로 균형 상태에 있는 배에 무게 w(톤)인 화물을 선체 중심 위에 적재하면 배는 균일하게 δ만 침하 한다. 균일하게 침하했을 때의 수면선을 W′S′L′이라 하고 화물 w를 선미 방향으로 l(m)만 이동시켜 트림 상태로 되였을 때의 수면선을 WSL이라하면, 이 수면선 WSL은 수면선 W′S′L′의 부면심 F를 통과한다. 또한 균일 침하량 δ는 일반적으로 작기 때문에 이 부면심 F는 수면선 w′s′l′의 부면심 f와 같은 ⊗F라고 하여도 지장이 없다.

따라서 종경사각 θ와 트림 변화량 Δt와는 다음 식과 같은 관계에 있다.

$$\tan\theta = \frac{\Delta t}{L} = \frac{fF}{Of}$$

즉 $fF=\delta$, $Of=$⊗F이기 때문에 균일 침하량 δ(m)를 구하면 다음 식과 같이 된다.

$$\delta = \frac{\Delta t}{L} \cdot ⊗F \tag{4.64}$$

또한 화물 w에 의하여 배가 균일하게 침하하고 흘수가 δ만큼 증가했기 때문에 이 w를 수면선 w′s′l′에 있어서의 단위(cm) 침하당 배수톤(Tons per 1cm immersion) TPC를 가지고 나타내면 다음 식과 같이 된다.

$$w = TPC \cdot \delta = TPC \cdot \frac{\Delta t}{L} \cdot ⊗F$$

⊗F는 선체중앙부⊗보다 뒤쪽에 있는 경우를 플러스(+)로 앞쪽에 있는 경우를 마이너스(−)로 한다.

따라서 j(j=0~n)번째 흘수에 대한 배수량 즉 수면선 W′S′L′에 대한 배수량 W(j)는 평균 흘수 d_{mid}에 대한 배수량 $W_{mld}(j)$에 δ만큼 흘수를 균일 침하 시키는데 필요한 무게 w(j)를 가하여 다음 식으로 구할 수 있다.

$$W(j) = W_{mld}(j) + TPC(j) \cdot \frac{\Delta t}{L} \cdot ⊗F(j) \tag{4.65}$$

우변 두 번째 항이 트림에 대한 배수량 수정 톤이다. (4.65)식의 우변 두 번째 항에 있어서 Δt=1cm의 경우인 배수량 수정 톤을 단위 트림 수정 톤(Correction of Displacement for change of trim 1cm)이라고 부르며, 다음 식으로 나타낸다.

$$w(j) = TPC(j) \cdot \frac{\text{ꝏ}F(j)}{L} \tag{4.66}$$

4.3.8 곡선의 길이(Length of Curve) 및 곡면의 면적(Area of Curved Surface)과 관련 항목의 계산법

지금 그림 4-19에서 보는바와 같이 함수 $f(x)$가 구간[a, b]에서 연속이며 $x=a$로부터 $x=b$까지 m분할 되어있는 경우 구간 [a, b] 사이의 곡선 위의 점 q_0으로부터 q_m까지의 곡선 길이 l은 곡선의 각 선분 q_0q_1, q_1q_2, …, $q_{m-2}q_{m-1}$, $q_{m-1}q_m$의 합으로서 다음 식으로 구할 수 있다.

$$l = \sum_{i=1}^{m} q_{i-1}q_i \tag{4.67}$$

여기서, 구간 [a, b]를 m 분할하는 점을 x_0, x_1, x_2, …, x_{m-1}, x_m로 한다. $q_{i-1}q_i$는 소구간을 $x_1 - x_0 = x_2 - x_1 = \cdots = x_m - x_{m-1} = (x_m - x_0)/m = \Delta x$로 한 경우 소구간 내의 곡선 위 선분을 나타내고 있다. Δx는 반드시 동일한 간격이 아니라도 좋다.

(4.67)식의 선분 $q_{i-1}q_i$는 피타고라스의 정리를 이용하면 다음 식과 같이 근사할 수 있다.

$$q_{i-1}q_i^{\,2} = \Delta x^2 + [f(x_i) - f(x_{i-1})]^2$$

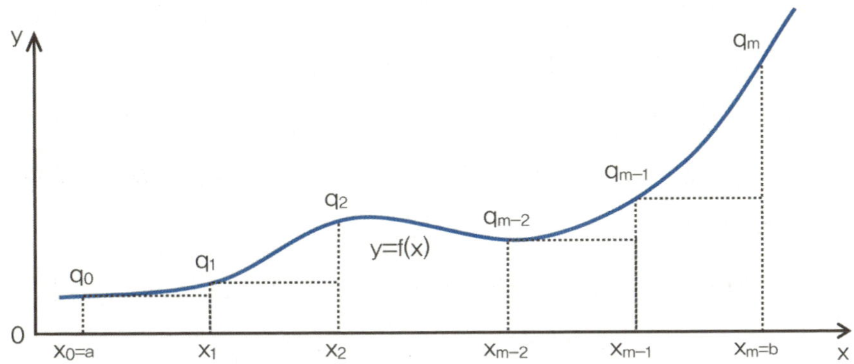

▶▶▶ 그림 4-19 곡선의 표시

즉,

$$q_{i-1}q_i = \sqrt{1 + \frac{[f(x_i) - f(x_{i-1})]^2}{\varDelta x^2}} \cdot \varDelta x \tag{4.68}$$

(4.68)식을 (4.67)식에 대입하고 소구간 $\varDelta x$를 한없이 작게 하여 곡선 위의 점 q_0으로부터 q_m까지의 곡선 길이 l을 극한값으로 나타내면 다음 식과 같이 된다.

$$l = \lim_{m \to \infty} \sum_{i=1}^{m} \sqrt{1 + \frac{[f(x_i) - f(x_{i-1})]^2}{(x_i - x_{i-1})^2}} \cdot (x_i - x_{i-1}) \tag{4.69}$$

이러한 극한값은 일반적으로 다음 식과 같이 나타낼 수 있다.

$$l = \int_a^b \sqrt{1 + f'(x)^2} \cdot dx \tag{4.70}$$

여기서, f′(x)는 함수 f(x)의 도함수 즉 함수 f(x)를 미분 한 것이다.

한편 곡면의 면적은 곡면을 작은 영역으로 분할하여 작은 영역의 면적의 합으로서 구한다. 그러나 **그림 4-20**에서 보는바와 같이 곡면 위의 작은 영역은 정사각형이나 또는 직사각형이 아니라 평행사변형이 되는 부분도 있기 때문에 작은 영역의 가로변 및 세로변의 길이인 소구간 곡선의 길이를 곱해도 정확한 곡면 면적을 구할 수 없다.

지금 **그림 4-20**과 같이 곡면 $y=F(x, z)$위에서 폐곡선으로 둘러싸여진 곡면을 S라 하고 이를 xz평면으로 정사영(正射影)한 평면을 A로 한다.

평면 A를 소구간으로 분할하여 얻어진 작은 영역을 $\Delta A_{i,j}$라하고 이 $\Delta A_{i,j}$내의 한 점을 가지고 이에 대응하는 곡면 $y=F(x,z)$상의 점을 $P_{i,j}(x_{i,j}, y_{i,j}, z_{i,j})$로 한다. 또한 작은 영역 $\Delta A_{i,j}$의 정점에서 y축에 평행 한 모선을 가진 기둥면이 점 $P_{i,j}$에 있어서의 곡면과의 접평면에서 잘라내는 부분의 면적을 $\Delta S_{i,j}$로 하고, 접평면이

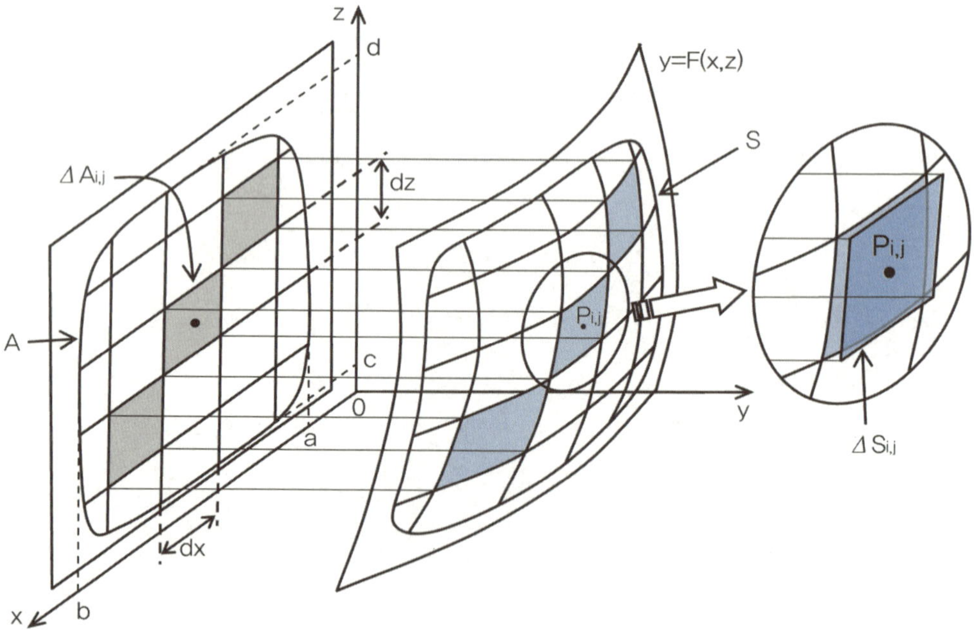

▶▶▶ **그림 4-20 곡면 표시**

xz 평면과 이루는 각을 $\theta_{i,j}$라 하면, xz 평면의 작은 영역 $\Delta A_{i,j}$와 접평면내의 면적 $\Delta S_{i,j}$와는 다음 식 같은 관계에 있다.

$$\Delta A_{i,j} = \Delta S_{i,j} \cdot \cos\theta_{i,j} \tag{4.71}$$

접평면과 xz평면이 이루는 각이 $\theta_{i,j}$이기 때문에 $\cos\theta_{i,j}$는 일반적으로 다음 식과 같이 표현 된다.

$$\cos\theta_{i,j} = \frac{1}{\sqrt{1+F_x^2+F_z^2}}$$

여기서, F_x와 F_z는 함수F(x,z)의 편도함수

이 식과 (4.71)식으로부터 접평면의 면적 $\Delta S_{i,j}$는 다음 식으로 구할 수 있다.

$$\begin{aligned}\Delta S_{i,j} &= \sqrt{1+F_x^2+F_z^2} \cdot \Delta A_{i,j} \\ &= \sqrt{1+F_x^2+F_z^2} \cdot dx \cdot dz\end{aligned}$$

따라서 곡면 $y=F(x,z)$ 위에서 $x=a$로부터 $x=b$까지의 구간 [a, b]와 $z=c$로부터 $z=d$까지의 구간 [c, d]내에서 폐곡선으로 의해 둘러싸여진 곡면 S의 면적을 A_S라고 하면 다음 식으로 구할 수 있다.

$$A_S = \int_a^b \int_c^d \sqrt{1+F_x^2+F_z^2} \cdot dx \cdot dz \tag{4.72}$$

4.3.8.1 거스(Girth)를 구하는 방법

선체 둘레의 한쪽 거널(Gunwale or Gunnel)로부터 선측, 빌지 부, 선저 및 선체중심선(용골 중심)℄을 통하여 반대쪽 거널까지를 횡단면곡선에 따라 측정한 곡선의 길이를 거스(Girth)라고 한다.

이전에는 거스를 선체선도의 정면선도를 이용하여 횡단면곡선에 따라 다양한 방법으로 측정함으로서 구하였고, 외판 전개도를 얻는 데나 배 길이 방향으로 적분하여 선체의 침수 표면적을 얻기 위하여 이용하였다.

여기에서는 이전 방법에 대하여서는 언급하지 않고, 거스를 구하여야 할 때는 곡선의 길이를 구하는 (4.69)식 또는 (4.70)식을 이용하도록 한다.

지금 (4.9)식에 쓰여 있는 정의에 따라 i(i=1~m)번째 스퀘어 스테이션의 횡단면곡선과 계산 기점으로부터 최대 계산 흘수까지를 n 분할 한 경우에 얻을 수 있는 j(j=1~n)번째 수면선 WSL과의 교점의 중심선℄으로부터의 거리를 $y_{i,j}$로 한다. 이 $y_{i,j}$를 사용하면 i(i=1~m)번째 스퀘어 스테이션의 거스에서 j(j=1~n)번째 수면선 WSL과의 한쪽 교점으로부터 선저를 통해서 반대쪽 교점까지의 길이 $L_g(i)$는 다음 식으로 구할 수 있다.

$$L_g(i) = 2\sum_{j=1}^{n}\sqrt{1+\frac{(y_{i,j}-y_{i,j-1})^2}{(z_j-z_{j-1})^2}}\cdot(z_j-z_{j-1}) \tag{4.73}$$

여기서, (4.73)식은 반폭에 대한 거스를 2배하고 있다.

4.3.8.2 침수표면적(Wetted Surface Area)과 외판배수량(Displacement of Sell Plating) 등의 계산

선체가 주어진 흘수선으로 뜨고 있을 때 그 흘수선 밑 선체 표면을 침수표면(Wetted Surface)이라고 한다.

선체 표면의 침수표면적(Wetted Surface Area)은 지금까지 거스를 선체선도의 정면선도를 이용하여 횡단면곡선에 따라 측정하고 이를 배의 길이 방향으로 적분하여 구하여 왔다. 그러나 이렇게 하여 구한 침수표면적은 선수로부터 선미까지의 수선 WL의 구부러짐을 고려하면 그 구부러짐에 대한 수정이 필요하다. 거스 및 침수표면적을 구하는 방법은 수선 WL의 구부러짐을 고려하는 여러 수정 방법 등이 제안되어 있지만 이러한 기존 방법에 대하여서는 여기에서 언급하지 않는다.

침수표면을 정확하게 추정하는 것은 선체 마찰 저항의 추정에 필수적이며 새로운 배의 건조상에서는 선저 도료의 양을 추정하는 데에도 필요하다.

또한 목선을 포함한 소형선박을 제외한 일반 상선의 경우는 제1장에서 설명한대로 선체선도가 형(뼈대)형상(Molded Form)으로 그려져 있기 때문에 선체선도에서 얻은 오프셋(Offsets)을 이용한 배수량등은 외판의 두께를 제외한 형형상에 대하여 계산된다. 따라서 외판의 두께를 고려한 외판 배수량등 은 침수표면적에 평균 두께를 곱하여 외판 용적을 구하고 이것에 물(해수)의 비중량 γ를 곱하여 구하여야 한다.

선체 표면의 침수표면적 $A_{WS}(j)$는 (4.72)식을 이용하면 다음 식으로 구할 수 있다.

$$A_{WS}(j) = \sum_{i=1}^{m} \sum_{j=1}^{n} \sqrt{1 + \frac{(y_{i,j} - y_{i-1,j})^2}{(x_i - x_{i-1})^2} + \frac{(y_{i,j} - y_{i,j-1})^2}{(z_j - z_{j-1})^2}} \times (x_i - x_{i-1})(z_j - z_{j-1}) \tag{4.74}$$

여기서, x_i는 (4.10)식의 정의와 같음

$y_{i,j}$는 (4.9)식의 정의와 같음

z_j는 (4.20)식의 정의와 같음

따라서 외판 배수량 $W_{SP}(j)$는 외판의 평균 두께를 t, 해수의 비중량을 γ라 하면 (4.74)식을 이용하여 다음 식으로 구할 수 있다.

$$W_{SP}(j) = A_{WS}(j) \times t \times \gamma \qquad (4.75)$$

4.3.8.3 외판을 포함한 배수량 계산

「4.2.3 아르키메데스의 원리와 배와 배수량」에서 설명 한 것처럼 배가 수면에 떠 있는 상태의 선체 중량은 수면 아래 선체 용적에 의하여 배수 한(밀어 낸) 물의 무게와 같음으로 이를 배수량이라 부른다.

배가 수면에 뜨고 있는 상태에서 수면 밑에 있는 선체 용적은 선체 외판 및 기타 프로펠러(Propeller)와 타(Rudder)등의 부가물(Appendage)을 포함한 것이기 때문에 (4.5)식이 나타내는 배의 배수량 W(j)는 이 모든 것을 포함한 것이라야 한다. 따라서 배가 수면에 뜨고 있는 상태의 전 배수량(Total Displacement) W(j)는 (4.40)식의 형형상의 배수량 $W_{mld}(j)$ 및 (4.75)식의 외판 배수량 $W_{SP}(j)$를 이용하고 또한 부가물 배수량(Displacement of Appendage)을 W_{app}라 하면, 이들 모두를 합하여 다음 식으로 구할 수 있다.

$$W(j) = W_{mld}(j) + W_{SP}(j) + W_{app} \qquad (4.76)$$

4.4 배수량등 곡선도(Hydrostatic Curves)

배가 계획만재흘수선(DLWL)으로 정수면에 뜨고 있는 상태를 기준으로 항해

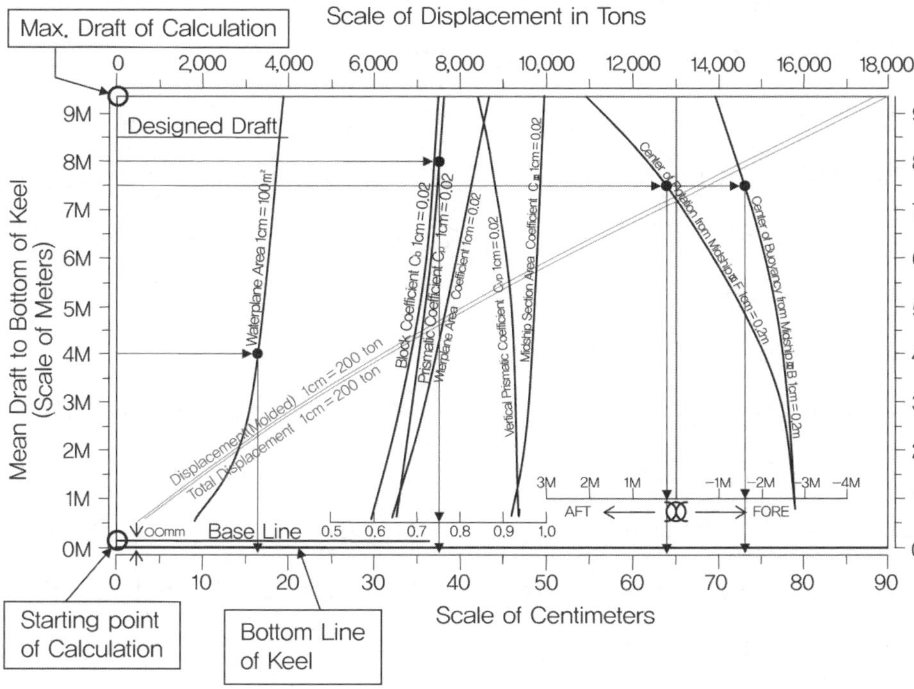

▶▶▶ 그림 4-21 배수량등 곡선도 - 좌표와 눈금등의 정의

중의 흘수의 변화를 포함한 어떠한 흘수 상태에서도 배수량 및 기타 항목 등의 유체 정역학적인 성격을 하나의 곡선군으로 정리하여 표시 한 그림이 그림 4-21과 같은 배수량등 곡선도(Hydrostatic Curves)이다.

배수량등 곡선도는 다음과 같은 정의에 의하여 표시되고 있다.

4.4.1 배수량등 곡선도의 좌표

세로축은 일반적인 이븐 키일(Even Keel)의 배에 대하여서는 그림 4-21과 같이 킬 아랫면(Bottom of Keel)으로부터의 평균 흘수(Mean Draft)를 표시하지 만 위쪽 한도는 계획만재흘수(Designed Draft)보다 약간 위의 흘수를 나타내는 최대계산흘수(Max. Draft of Calculation)까지로 한다. 또한 계획 트림(Designed Trim)인 선박에 대하여서는 선체중앙부ꝏ의 킬 아랫면으로부터의 평균 흘수를 표시한다. 두 경우 모두 기선(Base Line)을 선체 최하부를 나타내는 선(Bottom Line of Keel)으로부터 용골의 두께를 잡아 가로축과 평행하게 그려 넣고, 계획 트림인 배의 경우는 세로축 옆에 선체중앙부ꝏ의 킬 부근의 약도를 그려 넣는다. 편의상 그림의 오른쪽 측에도 같은 평균 흘수를 그려 넣는다.

가로축은 여러 흘수 상태에서의 배수량 및 기타 여러 항목을 나타내기 위한 눈금이 표시되어 있지만, 일반적으로는 **그림 4-21**과 같이 아랫변에 cm단위(Scale of Centimeters)의 현척(실제 치수) 눈금을 표시하는 경우가 많다. 또한 **그림 4-21**의 윗변에 표시 한 바와 같이 아랫변과는 다른 측도 눈금을 표시 할 수도 있다. 이것은 하나의 측도 눈금뿐만 아니라 표시된 여러 항목들의 곡선에서 올바른 값을 구할 수 있도록 하기 위한 것이며, 여러 항목 별로 곡선 이름을 붙여 측도 눈금을 붙이거나, 관련된 몇 가지 곡선군을 함께 하여 곡선군의 측도 눈금으로서 표시 할 수도 있다.

또한 **그림 4-21**의 아랫변 오른쪽에는 선체중앙부ꝏ를 중심으로 하여 선체 앞뒤 방향을 나타내는 측도 눈금이 그려져 있다. 이것은 선체 부면심(Center of Flotation) F와 부심(Center of Buoyancy) B가 흘수에 따라 변화하는 위치를 선체중앙부ꝏ로부터의 거리(ꝏF와 ꝏB)로 나타내고 있어 임의 흘수에 대한 각 위치를 알기 위한 측도 눈금이다.

또한 아랫변 중앙부근에 0.5로부터 1.0까지의 무차원값(단위가 없는 숫자)인 측도 눈금이 그려져 있고, 이것은 선체의 선형계수를 알기 쉽게 표시하기 위한 것이다.

아랫변의 cm단위인 현척 눈금 이외의 측도 눈금은 서로 독립 한 눈금처럼 보

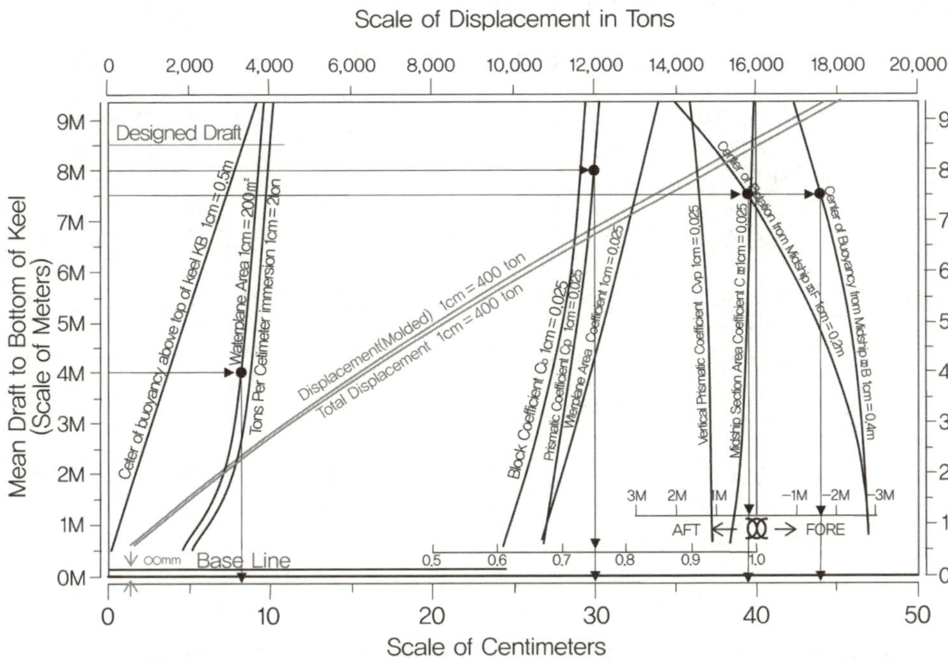

▶▶▶ 그림 4-22 배수량등 곡선도-현척 눈금이 다른 경우

이지만, 아랫변의 cm단위와 긴밀히 연계되어 있다.

배수량등 곡선도의 아랫변 눈금에 대한 이해를 깊게 하기 위하여 그림 4-21 아랫변의 현척 눈금 크기를 바꾸어 표시한 것이 그림 4-22이다.

따라서 그림 4-21과 그림 4-22는 서로 다른 아랫변의 현척 눈금에 대응하여 표시되고 있지만 당연히 얻어지는 결과는 똑같다.

배수량등 곡선도에 표시하는 여러 항목 곡선의 배치 등을 고려하여 아랫변의 형척 눈금 크기와 계수 등의 위치를 결정하면 읽기 쉬운 곡선도로 된다.

4.4.2 수선면적 $A_W(j)$의 곡선

수선면적 $A_w(j)$는 흘수의 변화에 따라 (4.10)식으로 구할 수 있다.

구하여진 수선면적은 소형선박, 중형선박 또는 대형선박에 따라 아래쪽의 현척 눈금 1cm를, 예를 들면 $10m^2$로부터 수 $100m^2$까지 적당한 값으로 바꾸어 놓아 곡선으로 나타낸다.

그림 4-21의 예시는 $1cm=100m^2$의 경우를 나타내고 있다. 그림 4-21에 있어서 임의 흘수, 예를 들어 4m때 아래쪽의 현척 눈금이 16cm이기 때문에 수선 면적은 $100m^2/cm \times 16cm = 1,600m^2$이라는 것을 알 수 있다. 또한 그림 4-22에서는 아래쪽의 현척 눈금 1cm를 $200m^2$로 바꾸어 놓은 경우이기 때문에 흘수 4m 일 때 아래쪽 현척 눈금은 8cm이고, 따라서 수선 면적은 $200m^2/cm \times 8cm = 1,600m^2$이라는 것을 알 수 있다.

4.4.3 방형계수 $C_b(j)$, 중앙횡단면적계수 $C_{\otimes}(j)$, 주형계수 $C_p(j)$, 수선면적계수 $C_w(j)$ 및 연직주형계수 $C_{vp}(j)$의 곡선

방형계수 $C_b(j)$, 중앙횡단면적계수 $C_{\otimes}(j)$, 주형계수 $C_p(j)$, 수선면적계수 $C_w(j)$ 및 연직주형계수 $C_{vp}(j)$는 흘수의 변화에 따라 각각 (4.41)식, (4.11)식, (4.42)식, (4.12)식과 (4.43)식으로 구할 수 있다.

구하여지는 이러한 계수는 특수한 선박을 제외하고는 1.0이하의 무차원값이므로 소형선박이다 또는 대형선박이다 하는 구별이 없다. 따라서 일반적으로 아랫변의 현척 눈금 1cm를 예를 들어 0.02나 혹은 0.05로 바꾸어 놓아 곡선으로 나타낸다. 또는 아랫변의 현척 눈금 외에 이러한 계수 만에 대응 한 눈금을 마련하여 나타 낼 수도 있다.

그림 4-21은 1cm를 0.02로 바꾸어 놓은 계수 눈금을 표시하고 있는 경우를 예시한 것이며, 그림 4-22는 1cm를 0.025로 바꾸어 놓은 경우를 예시 한 것이다. 따라

서 원점으로부터 아랫변의 현척 눈금과 각 계수에 대응 한 눈금을 대비하여 읽으면 **그림 4-21**는 현척 눈금 25cm에서 계수 눈금은 0.5이고, 30cm에서 0.6, 그리고 50cm에서 1.0로 되어 있으며, **그림 4-22**는 20cm에서 0.5, 30cm에서 0.75, 그리고 40cm에서 1.0로 되어 있다. 임의의 흘수 예를 들면 8m 때 주형계수 $C_p(j)$의 아랫변 현척 눈금은 **그림 4-21**에서는 37.5cm로 읽을 수 있기 때문에 주형계수는 0.02/cm×37.5cm=0.75임을 알 수 있고, **그림 4-22**에서는 아랫변 현척 눈금이 30.0cm이기 때문에 주형계수는 0.025/cm × 30.0cm=0.75 임을 알 수 있어, 두 경우가 같은 값을 얻을 수 있는 표시라는 것을 알 수 있다.

그 외에 방형계수 $C_b(j)$, 중앙횡단면적계수 $C_{\otimes}(j)$, 수선면적계수 $C_w(j)$ 및 연직주형계수 $C_{vp}(j)$도 같은 눈금 범위 내에서 같은 방법으로 각각 계수를 얻을 수 있다.

4.4.4 단위(cm) 침하당 배수톤 TPC(j)의 곡선

단위 침하당 배수톤 TPC(j)는 흘수의 변화에 따라 (4.15)식으로 구할 수 있다.

구하여지는 단위 침하당 배수톤은 소형선박, 중형선박 또는 대형선박에 따라 아랫변 현척 눈금 1cm를 예를 들면 0.1ton에서 10ton까지의 적당한 값으로 바꾸어 곡선으로 나타낸다.

그림 4-22에는 아랫변의 현척 눈금 1cm를 2ton로 바꾸어 놓은 눈금을 예시하고 있다.

4.4.5 ⊗F(j)와 ⊗B(j)의 곡선

수선면적 $A_w(j)$는 흘수의 변화에 따라 변화하지만 그 변화에 따른 수선면적의 중심 위치 즉 흘수의 변화에 대한 선체중앙부⊗로부터 부면심까지의 거리 ⊗F(j)는 (4.23)식으로 구할 수 있다.

또한 수면 밑 선체 용적 V(j)도 흘수의 변화에 따라 변화한다. 이 변화에 따른 선체 용적의 중심 위치 즉 선체중앙부⊗로부터 부심까지의 거리 ⊗B(j)는 (4.55)식으로 구할 수 있다.

구할 수 있는 ⊗F(j)와 ⊗B(j)는 **그림 4-21, 그림 4-22**에 예시하고 있는 것처럼 아랫변의 현척 눈금 외에 선체중앙부⊗를 중심으로 오른쪽에 선수 방향(Fore) 왼쪽에 선미 방향(Aft)의 눈금을 마련하여 표시하고 있다. 이 경우 선수 방향을 마이너스(−)의 값, 선미 방향을 플러스(+)의 값으로 잡고 눈금 1cm를 예를 들면 0.1m라든지 0.5m와 같이 표시하기 쉬운 적당한 값으로 바꾸어 곡선으로 나타내고 있다.

그림 4-21에는 아랫변의 현척 눈금 1cm를 0.2m로 바꾸어 놓은 경우를, **그림 4-22**에는 아랫변의 현척 눈금 1cm를 0.4m로 바꾸어 놓았을 때의 예를 보여주고 있다.

그림 4-21에서는 원점보다 아랫변의 현척 눈금을 읽으면 50cm에서 3M, 55cm에서 2M, 60cm에서 1M 그리고 65cm에서 0M이고, 65cm보다 크면 5cm 늘어날 때마다 −1m(그림에서는 M 표시)씩 증가하도록 표시되어 있다. 즉 아랫변의 현척 눈금 65cm를 원점으로 큰 쪽을 마이너스(−), 작은 쪽을 플러스(+)로 표시하고 있다. 또한 **그림 4-22**에서는 아랫변의 현척 눈금 40cm를 원점으로 2.5cm의 증감에 대하여 1m씩 감소 또는 증가 하도록 표시하고 있다.

예를 들면 임의 흘수 7.5m일 때 ⊗F(j)와 ⊗B(j)의 아랫변의 현척 눈금은 **그림 4-21**에서는 각각 64cm와 73cm로 읽을 수 있기 때문에 ⊗F(j)는 1m/5cm×(65−64)cm=0.2m이고 ⊗B(j)는 1m/5cm×(65−73)cm=−1.6m이다. 아랫변의 현척 눈금이 다른 **그림 4-22**에서도 같은 임의 흘수 7.5m에서 ⊗F(j)와 ⊗B(j)의 아랫변 현척 눈금이 각각 39.5cm와 44cm로 읽을 수 있기 때문에 ⊗F(j)는 1m/2.5cm×(40−39.5)cm=0.2m, ⊗B(j)는 1m/2.5cm×(40−44)cm=−1.6m가 된다는 것을 알 수 있다.

그림 4-21과 그림 4-22는 같은 배수량등 곡선을 아랫변 현척 눈금의 크기를 바꾸어 표시 한 것이기 때문에 당연히 이 그림들에서 읽은 결과는 똑같다.

4.4.6 형형상의 배수량과 전배수량 곡선

배의 형형상(Molded Form)의 배수량 $W_{mld}(j)$는 흘수의 변화에 따라 변화하지만 그 변화하는 형 배수량은 (4.40)식으로 구할 수 있다.

구하여진 배의 형형상 배수량은 소형선박, 중형선박 또는 대형선박에 따라 아랫변 현척 눈금 1cm를 수 ton으로부터 수 100ton의 적당한 값으로 바꾸어 곡선으로 나타낸다. 이렇게 할 경우 반드시 형형상의 배수량임을 명시해야 한다.

그림 4-23의 예시는 1cm=400ton인 경우의 형 배수량 곡선을 나타내고 있어, 윗변 눈금은 1cm=400ton의 측도 눈금을 표시하고 있다.

또한 외판 두께 및 부속물을 포함한 선체 전 배수량은 흘수의 변화에 따라 변화하지만 그 변화하는 전 배수량은 (4.76)식으로 구할 수 있다. 그림 4-23에는 1cm=400ton인 경우의 전 배수량 곡선을 형 배수량 곡선과 함께 표시하고 있다.

4.4.7 기선으로부터 부심 높이 KB(j)의 곡선

흘수의 변화에 따라 변화하는 부심의 기선으로부터의 높이 KB(j)는 (4.50)식으로 구할 수 있다.

구하여진 기선으로부터의 부심 높이는 소형선박으로부터 대형선박에 이르기까

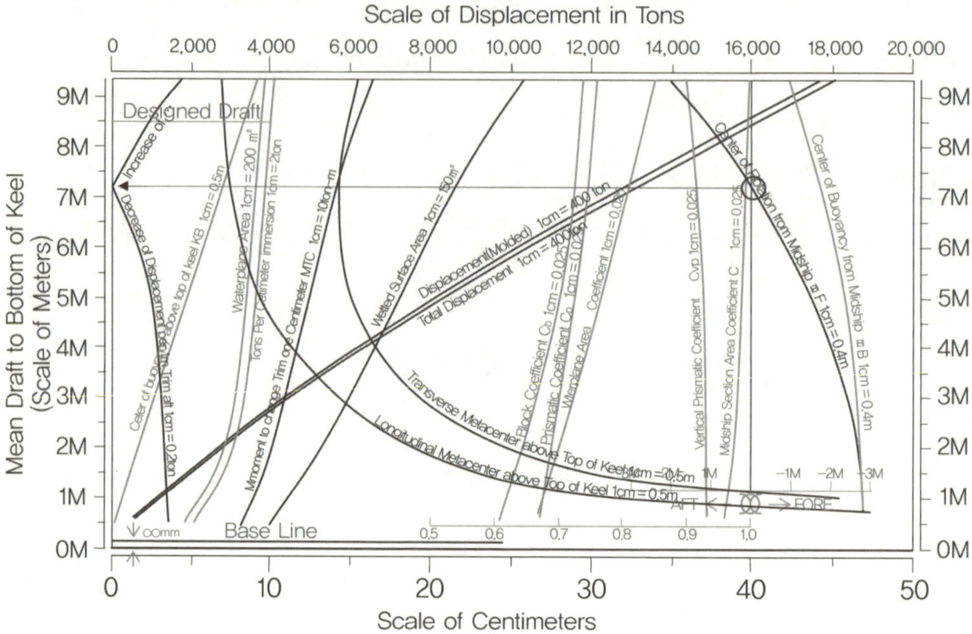

▶▶▶ 그림 4-23 배수량등 곡선도

지 아랫변 현척 눈금 1cm를 0.1m로부터 0.5m의 적당한 값으로 바꾸어 표시하기 쉬운 곡선으로 나타낸다.

그림 4-22에는 아랫변 현척 눈금 1cm를 0.5m로 바꾸어 놓았을 때의 기선으로부터의 부심 높이 KB(j)의 곡선의 예를 보여주고 있다.

4.4.8 기선으로부터 횡메타센터 높이 KM(j)와 종메타센터 높이 KM_L(j)의 곡선

흘수의 변화에 따라 변화하는 기선으로부터 횡메타센터 높이 KM(j)와 종메타센터 높이 KM_L(j)는 각각 (4.51)식과 (4.52)식으로 구할 수 있다.

구하여진 기선으로부터 횡메타센터 높이 KM(j)와 종메타센터 높이 KM_L(j)는 그 크기가 크게 다르고 더구나 소형선박과 대형선박 사이에도 그 크기가 크게 다르기 때문에 횡 및 종메타센터 또는 선박의 크기에 따라 아랫변 현척 눈금 1cm를 0.1m로부터 수 m등의 적당한 값으로 바꾸어 표시하기 쉬운 곡선으로 나타낸다.

그림 4-23에는 아랫변 현척 눈금 1cm를 0.5m로 바꾸어 놓았을 때의 기선으로부터 횡메타센터 높이 KM(j)와 종메타센터 높이 KM_L(j) 곡선의 예를 보여 주고 있다.

4.4.9 단위(cm) 트림당 모멘트 MTC(j)의 곡선

단위 트림당 모멘트 MTC(j)는 종메타센터 높이 GM_L(j)가 선체 중심 G의 기선으로부터의 높이 KG가 얻어져야 결정할 수 있기 때문에 근사적으로 GM_L(j)≒ BM_L(j)라 두면 (4.63)식으로 구할 수 있다.

구하여진 단위 트림당 모멘트는 소형선박과 대형선박에 있어서 그 크기가 크게 다르기 때문에 아랫변 현척 눈금 1cm를 0.1ton-m로부터 수 10ton-m등의 적당한 값으로 바꾸어 표시하기 쉬운 곡선으로 나타낸다.

그림 4-23에는 아랫변 현척 눈금 1cm를 10ton-m로 바꾸어 놓았을 때의 단위 트림당 모멘트 MTC(j)곡선의 예를 보여 주고 있다.

4.4.10 단위 트림 수정 톤의 곡선

흘수의 변화에 따라 변화 하는 단위 트림 수정 톤은 (4.66)식으로 구할 수 있다. (4.66)식은 선체중앙부⊗로부터 부면심까지의 거리 ⊗F(j)가 변수로 되어 있기 때문에 이것이 0(zero)으로 되는 흘수(**그림 4-23**에서 ◀──○의 흘수)에서는 단위 트림 수정 톤도 0(zero)으로 된다. 또한 **그림 4-23**과 같이 임의 흘수가 이 흘수보다 작은 경우는 ꝏF(j)가 마이너스(−)로 되어 있기 때문에 수정 톤은 마이너스로 되고, 이 흘수보다 큰 경우는 반대로 수정 톤은 플러스(+)로 된다. 따라서 단위 트림 수정 톤을 나타내는 곡선은 배수량등 곡선도의 왼쪽 수직선과 접하고, 접점보다 위쪽에 수정 톤 증가 아래쪽에 수정 톤의 감소를 나타내고 있다.

구하여진 단위 트림 수정 톤은 소형선박인 경우는 그 양이 작기 때문에 생략할 수도 있지만, 중 또는 대형선박은 선체에 따라 그 크기가 다르기 때문에 아랫변 현척 눈금 1cm를 0.1ton으로부터 수 ton 등의 적당한 값으로 바꾸어 표시하기 쉬운 곡선으로 나타낸다.

그림 4-23은 아랫변 현척 눈금 1cm를 0.2ton으로 바꾸어 놓았을 때의 단위 트림 수정 톤 곡선의 예를 보여주고 있다.

4.4.11 침수표면적 $A_{WS}(j)$의 곡선

흘수의 변화에 따라 변화하는 선체 표면의 침수표면적 $A_{WS}(j)$는 (4.74)식으로 구할 수 있다.

구하여진 침수표면적은 소형선박, 중형선박 또는 대형선박에 따라 아랫변 현척 눈금 1cm를 $10m^2$으로부터 수 $100m^2$ 등의 적당한 값으로 바꾸어 표시하기 쉬운 곡선으로 나타낸다.

그림 4-23에는 아랫변 현척 눈금 1cm를 $200m^2$로 바꾸어 놓은 경우의 침수표면적$A_{WS}(j)$ 곡선의 예를 보여주고 있다.

4.5 배수량등 곡선도의 체크 포인트

그림 4-21에서 그림 4-23까지의 배수량등 곡선도에는 17개의 여러 항목 곡선이 그려져 있지만 반드시 이 모든 곡선을 그려야 한다는 것은 아니다. 수선면적 A_w(j)이나 연직주형계수 C_{vp}(j) 곡선은 생략 할 수도 있다.

배수량등 곡선도에 그려진 여러 항목 곡선은 특수한 선형을 가진 배가 아닌 한 대부분의 경우는 매끄러운 곡선을 이루고 있다.

따라서 이들을 염두에 두고 다음 사항에 관한 체크를 실시한다.

① 배수량등 곡선도에 필요한 여러 항목 곡선의 수를 확인 한다.

② 배수량등 곡선도는 킬 아랫면으로부터의 평균 흘수를 잡고 있으므로 계획만재흘수선(DLWL)과 기선의 위치를 확인 한다.

③ 계획만재흘수선(DLWL)에서 선체 형형상의 배수량이 계획대로 되고 있는지 확인한다.

④ 계획만재흘수선(DLWL)에서 선체 전 배수량이 계획대로 되고 있는지 확인한다.

⑤ 선체 형형상 배수량과 전 배수량 곡선이 위로 갈수록 약간 펼쳐져 가지만 같은 경향을 가진 곡선으로 그려져 있음을 확인 한다.

⑥ 계획만재흘수선(DLWL)에서 C_b가 계획한 값으로 되고 있는지 확인 한다.

⑦ 배수량등 곡선도에서 계획만재흘수선(DLWL)에 대한 C_p, C_b 및 $C_{\otimes}$의 값를 각각 구하여서 $C_p = C_b / C_{\otimes}$의 관계로 되어 있는지 확인 한다.

⑧ 배수량등 곡선도에서 계획만재흘수선(DLWL)에 대한 C_{vp}, C_b 및 C_w의 값을 각각 구하여서 $C_{vp} = C_b / C_w$의 관계로 되어 있는지 확인 한다.

⑨ $\otimes F$(j)와 $\otimes B$(j)의 곡선은 흘수가 커져 가면 즉 위로 갈수록 펼쳐져 가지만

경사 경향은 같고, 흘수가 작아져 가면 같은 값으로 접근하여 가는 것을 확인 한다.

⑩ 기타 여러 항목 곡선에 대하여서도 최대한 근사 계산법 등을 이용하여 확인 작업을 실시한다.

참고문헌

국토해양부. 선박법 시행규칙, 국토해양부 (2012)

국토해양부. 선박톤수의 측정에 관한 규칙, 국토해양부 (2012)

국토해양부. 강선의구조기준, 국토해양부 (2012)

한국선급. 선박만재흘수선기준, http://www.krs.co.kr/ (2013)

국토해양부. 선박구획기준, 국토해양부 (2008)

E.L.ATTWOOD. TEXT-BOOK of THEORETICAL NAVAL ARCHITECTURE, LONGMANS, GREEN AND CO. (1919)

野村省吾. 船の線図を画く順序, 東洋図書株式合資会社 (1929)

E. L. ATTWOOD, H. S. PENGELLY, AND A. J. SIMS. THEORETICAL NAVAL ARCHITECTURE, LONGMANS, GREEN AND CO LTD (1962)

上野喜一郎 他 監修. 船舶辞典, 天然社 (1963)

三浦久吉. 鋼船現図法, 海文堂出版㈱ (1966)

山口増人. 新版造船用語辞典, 海文堂出版㈱ (1966)

W. Selkirk Owen and John C. Niedermair. Principles of Naval Architecture Chapter 1, THE SOCIETY OF NAVAL ARCHITECTS AND MARINE ENGINEERS (1967)

鋼船工作法研究委員会編. 鋼船工作法 第Ⅱ巻, 株式会社産報 (1971)

大串雅信. 理論船舶工学(上巻), 海文堂出版㈱ (1976)

上野喜一郎. 基本造船学, ㈱成山堂書店 (1976)

高城清. 実用 船舶工学, 海文堂出版㈱ (1978)

John V. Noel. THE VNR DICTIONARY OF SHIPS & The SEA, VAN NOSTRAND REINHOLD COMPANY (1981)

逆井保治. 英和海事大辞典, ㈱成山堂書店 (1981)

全国造船教育研究会編. 造船工学, 海文堂出版㈱ (1981)

橋本 進 他. 船体関係図面の見方, ㈱成山堂書店 (1981)

造船テキスト研究会. 商船設計の基礎(上巻), ㈱成山堂書店 (1982)

池田 勝. 小型船の設計と製図, 海文堂出版㈱ (1983)

関西造船協会編. 造船設計便覧, 海文堂出版㈱ (1983)

日本小型船舶工業会. 通信教育造船科講座 基本設計, 日本財団図書館 (1993)

有馬 光孝 他. 船舶安全法の解説 －法と船舶検査の制度－〈改訂版〉, ㈱成山堂書店 (1996)

森 正彦. 船型設計, ㈱船舶技術協会 (1997)

(社)日本船舶海洋工学会編集「船舶」一問一答. ㈱海事プレス社 (2006)

山口 幸彦 編著. 三菱長崎技術学校の造船マン, 株式会社長崎新聞社 (2009)

대한조선학회편. 개정판 표준선박제도, 東明社 (2012)

대한조선학회편. 선박해양공학개론, 인터비전 (2012)

茅 誠司. 学研物理, 学研(学習研究社) (1964)

岩切 晴二. 微分積分学精説, ㈱培風館 (1965)

矢野 健太郎 他. 微分積分学, ㈱裳華房 (1976)

맺는 말

이 「조선기하학」은 조선학 중에서 선체 형상에 관한 가장 기초적이고 필수적인 사항들에 대하여 설명한 서적이다. 즉 선체 형상을 표시하는 주요 치수의 정의, 「선체선도」의 특징 · 역할, 선체의 형상 · 비척, 「선체선도」를 그리는 방법 및 배수량등의 계산법과 곡선도에 대하여 가능한한 그림으로 나타내어 자세히 설명하고 조선학을 배우는데 또는 조선 설계를 실시하는데 있어서 알아 두어야 할 기초적인 지식에 대하여 설명하고 있다.

더구나 이 책에 쓰인 내용의 대부분은 일본 長崎総合科学大学(나가사키종합과학대학교 : 구 나가사키조선대학교) 공과대학 선박공학과에서 개강하고 있는 「조선기하(造船幾何)」와 「설계 제도(設計製図)」의 강의 내용으로 구성되어 있다.

따라서 「조선(造船)」과 관련된 학과라는 교육 · 연구자리와 이 책을 쓰게 될 계기가 된 두 개강 과목의 담당을 마련하여 준 학교 법인 長崎総合科学大学(2012년 창립70주년) 및 선박공학과에 깊이 감사드립니다.

또한 항상 조선(造船) · 선박(船舶) · 해양(海洋)에 관한 새로운 정보를 제공하여 주신 日本船舶海洋工学会(일본 선박해양공학회) 및 각 조선소, 특히 旧西部造船会(구 서부조선회)와 現西部造船会性能部会(현 서부조선회 성능부회)의 위원 여러분들에게는 「조선」이라는 세계가 얼마나 좋은 곳인지 가르쳐 주시고 조선에 관련한 일원으로 키워주신데에 대해 깊이 감사드린다고 전해드리고 싶다.

또한, 저자의 아내 강 순자는 39년 동안 저의 그림자처럼 저를 따라 오로지 노력하고, 가정을 지키고, 세 명의 자녀를 훌륭하게 키워 주었다. 이 기회를 빌어 심심한 사의를 담아 감사하는 바이다.

이 책을 쓰게 된 직접적인 계기는 저자와 같이 조선계에 몸을 두고 있는 아들인 신 승진 박사(공학)로부터 「교수 재직 중에 연구 논문뿐만 아니라 학생들에게 가르치고 있는 내용의 교과서 한 권 정도는 출판해야 하는 것 아닙니까」라는 한마디를 들었기 때문이다. 좋은 계기를 준 것에 대해 아들에게도 감사를 표하고 싶다.

찾 아 보 기

(ㄱ)

가아보오드판 / 52
갑판 가장자리 / 54
갑판보 / 57
갑판선 / 44
강도부품 / 141
강선 / 21
강선의 구조기준 / 37, 39, 50, 56
강화 / 57
거널 / 56, 227, 228, 266
건현 / 59
건현갑판 / 60
건현용 길이 / 37, 39
건현용 깊이 / 56, 58
경사선수 / 34
경하중량 / 122
계획 트림 / 31, 51, 66
계획만재흘수 / 174
계획만재흘수선 / 68, 69
계획만재흘수선면 / 74
계획상태 / 25, 169
계획선 / 119
계획수선길이 / 36
계획흘수 / 68
곡면의 면적 / 262
곡선의 길이 / 262
구상선수 / 34, 139
구조흘수 / 68
근사 적분법 / 221, 225
기선 / 25
기선에 대한 면적 모멘트 / 237
기선에 대한 용적 모멘트 / 254
기준선 / 93, 119, 133
기하학적 항목 / 221

(ㄴ)

늑골 / 49, 54
능파성 / 46, 157

(ㄷ)

단위 침하당 배수톤 / 261, 273
단위 트림 수정 톤 / 261, 277
단위 트림당 모멘트 / 259, 277
데이터베이스 / 203
도입각 / 169
동기만재흘수선 / 67
동기북대서양만재흘수선 / 67

둥근 거널 / 55, 58
등가폭 / 173, 177
등록길이 / 36
등록장 / 37

(ㄹ)

레비트 / 53, 55

(ㅁ)

만곡부 반경 / 142, 144, 164
만재배수량 / 121
만재흘수선 / 66
만재흘수선기준 / 37, 68
만재흘수선표시 / 60
면적계 / 178, 224
목선 / 22, 29, 53, 55, 229, 267
몰디드라인 / 22
무게 / 207, 208
무차원값 / 270, 272
물가름각 / 169
물의 밀도 / 96
물의 비중량 / 212, 217, 219, 220

(ㅂ)

반폭선도 / 21, 74
방형계수 / 96, 272
방형용골 / 29, 52, 63, 66
배수 용적 / 96, 106, 123
배수 중량 / 220
배수량 / 205, 216, 249, 268
배수량등곡선도 / 275, 279
배의 길이 / 31, 39
배의 형상 / 93
복원력 / 55, 59, 200
본잔 곡선 / 227
부가물 / 268
부가부 / 224
부력 / 207
부면심 / 238, 244
부심 / 254
부심 높이 / 254, 276
부심 위치 / 256
부양성 / 93
불워크 / 163
불워크 톱 라인 / 163
비척 / 93
비척계수 / 95, 233
빌지 / 142, 144

(ㅅ)

사다리꼴 공식 / 225, 232, 248
사양서 / 93, 119
사절면 / 82
사절선 / 82

살찐 배 / 94, 135
상갑판 / 44
상갑판 중심선 / 45, 46, 166
상갑판선측선 / 44, 157, 163
상용출력 / 122
선교갑판 / 46
선급 / 119
선급원부 / 119
선급협회 / 58, 119
선미곡선 / 77, 192
선미골재 / 28, 140
선미돌출부 / 35, 36
선미루갑판 / 46
선미루갑판선측선 / 79, 184, 197
선미수선 / 33, 34
선미트림 / 256
선미현호높이 / 47, 163
선미형상 / 36, 169
선미흘수 / 65, 70, 256
선박구획기준 / 39, 70
선박만재흘수선기준 / 37, 39, 47, 59, 68, 157
선박법시행규칙 / 36, 49, 50, 55, 63
선박톤수의 측정 / 37, 50, 55
선수 초크 / 140, 163
선수 초크 라인 / 163, 184
선수곡선 / 77, 191
선수끝현호높이 / 47
선수루갑판 / 46
선수루갑판선측선 / 79, 184, 196, 197
선수미곡선 / 77, 79, 86
선수수선 / 33, 139
선수트림 / 71, 256
선수현호높이 / 47, 160
선수형상 / 33, 34, 169, 170
선수흘수 / 65, 70, 256
선저경사 / 28, 143
선저구배 / 28, 80, 142, 144
선저부경계선 / 28, 52
선저외판 / 55, 142
선체 부면심 / 270
선체강도 / 69
선체선도 / 21, 72
선체용적 / 249
선체저항 / 127, 135, 169, 195
선체주요부 / 224
선체중심선 / 27
선체중심선면 / 27, 77
선체중심선종단면 / 27
선체중앙부 / 43
선체중앙평행부 / 47, 169
선체최하부 / 63, 66
선체치수표 / 95, 196, 200
선체형상 / 21, 31
선측면선 / 80
선측선 / 142, 144
선형 / 97, 119
선형계수 / 113, 233, 249

설계 트림 / 72, 76, 140
소형선박 / 21, 30
속력 / 122
수면 아래 형상 / 94
수면선 / 72, 74
수선 / 25
수선 WL / 76, 187, 238
수선간길이 / 33
수선간장 / 35
수선길이 / 36
수선면 / 74
수선면 계수 / 110
수선면의 면적 / 240
수선면의 중심 / 245
수선면적 / 245, 249, 271
수선면적계수 / 111, 272
수선면형상 / 26
수선반폭 / 177, 196
수선장 / 36
수직선측 / 103
수평면 / 21, 26, 187
순정 / 83, 185, 189, 192, 200
순톤수 / 120
스퀘어 스테이션 / 41
스퀘어 스테이션 번호 / 43
시운전 속력 / 122
실제 치수 / 200, 201, 202

(ㅇ)

아르키메데스의 원리 / 208
안전성 / 59
어선 / 72
여윈 배 / 94, 106
연직주형계수 / 111, 272
열대담수만재흘수선 / 67
예비 부력 / 59
오프셋 / 196, 200
오프셋표 / 196, 200
외판 배수량 / 266
요트 / 41, 105
용골 / 28
용골선 / 28, 51
유체 정역학 / 269
이동성 / 93, 95
일반배치도 / 140, 171
일반상선 / 60, 222

(ㅈ)

재화중량 / 122, 141
적재량 / 93
적재성 / 93
적재한도 / 68
전길이 / 32, 119
전너비 / 47
전배수량 / 275

전장 / 32, 37, 38
전통갑판 / 59, 60
전폭 / 48
접점위치 / 80
정면선도 / 21, 80, 183
정면선도의 윤곽 / 164
정수면 / 25, 207, 208
정수압 / 213, 217
정원호 캠버 / 148, 149
제2갑판선측선 / 184, 197
조종 성능 / 141
종메타센터 / 251, 255, 257
종메타센터 높이 / 255, 257, 276
종메타센터 반경 / 251, 255
종방향부력중심 / 127, 135, 138
종절선 / 74
종직선 / 41, 164, 231
종직선개소 / 41
종직선번호 / 43
종평면 / 77, 82, 84
주갑판 / 44
주기 / 122
주요 요목 / 119
주요부 / 224
주요치수 / 123, 140
주형계수 / 106
주형체 / 106
중량 / 122, 219
중력 / 127, 207, 208
중성부량 / 220
중소형 선박 / 72
중심 / 207, 230, 256
중앙횡단면 / 26
중앙횡단면계수 / 104
중앙횡단면적 / 106, 143
중앙횡단면적계수 / 104, 272
중앙횡단면형상 / 141, 142, 144
중앙흘수 / 65
직선캠버 / 153

(ㅊ)

총톤수 / 120
최대계산흘수 / 222, 270
최대너비 / 47, 49
최대폭 / 48
최대흘수 / 60, 66, 69
추진성능 / 141
추진저항 / 110
축척도 / 21, 200, 202
측도눈금 / 270
측면선도 / 21, 77, 190
측면평행부 / 81
침수표면 / 267
침수표면적 / 266, 278

(ㅋ)

캠버 / 45, 146
캠버높이 / 45, 146
캠버형상 / 45, 146
컴퓨터 소프트웨어 / 202
크루저선미 / 36
크리퍼선수 / 34
키일 / 30

(ㅌ)

타두재 / 34
타원형 선미 / 36, 169
타주 / 34, 37
트랜섬 선미 / 36, 169
트림 / 256

(ㅍ)

파랑중 운동성능 / 141
평균흘수 / 65
평판용골 / 52, 63, 143
평행부곡선 / 80
포물선현호 / 160
폭로 갑판 / 146
표준현호 / 157, 158
프로펠러축 / 140, 170
프리스마틱 곡선 / 108, 123, 127

(ㅎ)

하기담수만재흘수선 / 67
항해속력 / 122
현도장 / 147, 200
현척눈금 / 270, 274, 278
현척현도 / 200, 221
현호 / 46, 157
현호높이 / 47, 162
형기선 / 30
형깊이 / 54, 55, 56
형깊이의 선 / 45
형너비 / 48
형표면 / 21, 74
형현호선 / 38, 47
형형상 / 22, 249, 275
형형상의 배수량 / 249, 275
형흘수 / 66
횡단면 / 26, 72
횡단면곡선 / 72, 80, 175
횡단면적 / 104, 106, 224
횡단면적곡선 / 127
횡단면적분포곡선 / 230
횡단면적의 중심 / 238
횡메타센터 / 251, 255, 276
횡메타센터높이 / 255, 276
횡메타센터반경 / 251, 255
횡평면 / 43, 72
흘수 / 63

흘수표 / 63, 69

(A)

A.P. / 35, 43, 47, 63, 65, 66, 68, 76, 77, 133, 134, 160, 161, 163, 232, 239, 252, 253
Aft Draft / 65
After Perpendicular / 34, 35
Appendage / 268
Area of Curved Surface / 262

(B)

B.L. / 77
Base Line / 30, 44, 51, 52, 54, 67, 72, 76, 77, 140, 143, 169, 177, 190, 192, 225, 237, 253, 270
B_{ext} / 47
Bilge Radius / 142, 164
Block Coefficient / 96, 120, 249
B_{mld} / 48, 51, 95, 140, 148, 149, 151, 152, 154, 155, 156, 166
Body Plan / 21, 43, 72, 185
Bonjean's curves / 227, 229
Bottom Gradient / 28, 141
Bottom of Keel / 63, 269
Bottom Plating / 142
Bow and Buttock Line / 79, 191, 192, 196
Bow Chock / 140, 163, 165
Bow Line / 74, 77, 87, 191
Breadth Extreme / 47
Breadth Molded / 48, 119
Bridge Deck / 46
Bulbous Bow / 34, 64, 139, 232
Bulwark / 140
Bulwark Top Line / 79, 89, 163, 165, 177, 184, 196
Buoyancy / 93, 207, 211
Buttock Line / 74, 77, 87, 192

(C)

Camber / 45, 140, 146, 227
Camber Curve / 167
Center Line / 27, 73, 76
Center of Buoyancy / 127, 207, 270
Center of Flotation / 240, 245, 270
Center of Gravity / 207
Class / 119
Classification / 119
Clipper Stem / 34
Correction of Displacement for change of trim 1cm / 261
Counter / 35
Curve of Square Station / 43, 72, 80
Curve of the Deck Beam / 45

(D)

d_a / 65, 70, 71, 258, 259
d_{des} / 68
Dead Rise / 28, 142, 143, 164
Deadweight / 69, 122
Deck Edge / 54
Deck Line / 44
Depth Molded / 54, 120
Design Draft / 68, 120
Designed Condition / 25, 169
Designed Load Waterline / 25, 68
Designed Load Waterplane / 74
Designed Max. Load Waterline / 68
Designed Trim / 31, 51, 66, 72, 76, 140, 227, 236, 270
d_f / 65, 70, 71, 149, 258, 259
Diagonal Line / 82, 84
Diagonal Plane / 82
Displaced Volume / 96, 220
Displacement / 121, 220
Displacement of Appendage / 268
Displacement of Molded Form / 249
Distribution Curve of Sectional Area / 230
DLWL / 25, 26, 28, 29, 33, 34, 35, 36, 41, 47, 51, 52, 67, 68, 69, 85, 110, 140, 141, 142, 144, 164, 169, 171, 174, 177, 180, 268, 279
D_{mld} / 54, 58, 95, 140, 162
d_{mld} / 67, 95, 140
Draft / 63
Draft Marks / 63, 69
Draught / 63
d_{scant} / 68
DWL / 25

(E)

Elliptical Stern / 36, 169
Equivalent Breadth / 173
Even Keel / 30, 66, 70, 71, 140, 236, 256, 260, 269
Exposed Deck / 146
Extreme Draft / 66

(F)

F.P. / 33, 35, 43, 47, 63, 64, 65, 66, 68, 76, 77, 80, 133, 134, 139, 160, 161, 162, 163
Fairing / 82, 83, 95, 164, 168, 175, 185, 189, 192, 194, 195, 221
Fashion Stem / 34
Flat Plate Keel / 52, 143
Floor Line / 28, 142
Fore Draft / 65

Fore Perpendicular / 33
Forecastle / 46
Forecastle Deck Side Line / 79, 196
Forward / 33
Frame / 45, 49, 54, 68, 141, 146
Freeboard / 59
Freeboard Deck / 59, 60
Full Load Condition / 25, 169
Full Ship / 94
F'cle Deck / 46

(G)

Girth / 266
Gravity / 207
Gross Tonnage / 120
Gunnel / 54, 227, 266
Gunwale / 54, 227, 266

(H)

Half-Breadth of Waterline / 177
Half-Breadth Plan / 21, 76, 170, 194
Height of Camber / 45, 146
Height of Sheer / 47
Height of Sheer Aft / 47, 163
Height of Sheer at Counter / 47, 163
Height of Sheer at Stem / 47, 162
Height of Sheer Forward / 47, 163
Horizontal Plane / 26, 75, 82
Hydrostatic Curves / 268

(I)

Inboard Profile / 27, 77
Inclined Bottom / 28

(K)

Keel / 28, 51, 65
Keel Line / 28, 51, 222, 227

(L)

Length Between Perpendiculars / 35, 41, 119
Length of Curve / 262
Length on Load Waterline / 36, 169
Length Overall / 32, 119
Length Registered / 37
Light Weight / 122
Lines / 21, 82, 119, 140, 194, 221
Load Waterline / 25, 67, 68, 69
Longitudinal Center(Line) Plane / 27
Longitudinal Center of Buoyancy / 127, 195, 229
Longitudinal Metacenter / 251, 257
Longitudinal Metacentric Height / 257

Longitudinal Plane / 77, 82
Lowest Boundary Line of Molded Surface / 28
L_{PP} / 35, 39, 41, 95, 140, 161, 162, 180, 226, 227, 232
L_R / 37, 41, 58
L_W / 36, 39, 169
LWL / 25, 26, 36, 67, 68, 69
L_{WL} / 26, 36

(M)

Main Deck / 44
Main Engine / 122
Max. Draft of Calculation / 222, 270
Mean Draft / 65, 269
Metacenter / 195
Midship / 26, 43
Midship Draft / 65
Midship Section / 27
Midship Section Area Coefficient / 178, 183
Midship Section Coefficient / 104
Molded Base Line / 30
Molded Breadth / 48, 119, 178, 180
Molded Depth / 54, 120
Molded Depth Line / 45, 54, 146, 147, 148, 149, 150, 154, 159, 161, 167
Molded Draft / 66, 67, 120, 178
Molded Form / 21, 22, 26, 28, 46, 89, 96, 229, 249, 267, 275
Molded Line / 22
Molded Sheer Line / 47
Molded Surface / 26, 43, 46, 72, 74, 76, 77, 82, 85
Moment of an Area / 235
Moment of Inertia of an Area / 240
Moment to change trim per 1cm / 256, 259

(N)

New Ship / 119, 123, 133
Number of Ordinate / 43

(O)

Offsets / 196, 200, 236, 267
Ordinate / 41, 74, 84, 164, 169, 170, 188, 229, 231, 232
Ordinate Station / 41

(P)

Parallel Body Line / 80, 81

Perpendicular / 33
Planimeter / 178, 224
Poop Deck / 46
Poop Deck Side Line / 79, 184, 197
Prismatic Coefficient / 106, 250
Prismatic Curve / 108, 123, 178, 183
Profile / 21, 33, 77, 170, 194

(R)

Rabbet / 53
Raked Stem / 34
Reference Ship / 93, 119, 123, 133, 135, 136, 139, 178, 204
Register Length / 37
Reserve Buoyancy / 59
Restoring Force / 59
Rise of Floor / 28, 142, 143, 164
Round Gunwale / 55
Rudder Post / 34
Rudder Stock / 35

(S)

Scantling Draft / 68
Sea Kindliness / 46, 60, 157
Sea Speed / 122
Second Deck Side Line / 79, 197
Service Speed / 122
Sheer / 46, 47, 140, 157
Sheer Plan / 21, 33, 77, 170, 194
Ship Type / 119
Side Elevation / 21, 33, 77, 170, 194
Square Station / 41
Square Station Line / 43, 72
Square Station Number / 43, 74
Stability / 60
Starting Point of Calculation / 222
Station Curve / 43, 72, 80
Station Number / 43, 74
Station Section / 43, 72

(T)

Table of Offsets / 95, 196, 221
Tons per 1cm immersion / 261
Total Displacement / 268
Transom Stern / 36, 169
Transverse Metacenter / 251
Transverse Plane / 26, 43, 72, 82
Transverse Plane at Midship / 26
Transverse Section / 43, 72
Trial Speed / 122
Trim / 30, 70
Trim by Stem / 71, 256
Trim by Stern / 71, 256
Type of Ship / 119

(U)

Upper Deck Center Line / 45, 79, 166, 197
Upper Deck Side Line / 44, 47, 54, 79, 177, 196

(V)

Vertical Prismatic Coefficient / 111, 250
Volume of Displacement / 220, 230

(W)

Waterline / 26, 72, 74, 76, 189
Waterplane / 21, 26, 72, 74, 75, 76, 170, 194, 232
Waterplane Area Coefficient / 110
Waterplane Coefficient / 110
Weight / 207
Weight of Displacement / 220
Wetted Surface / 266
Wetted Surface Area / 266, 267